国家科技支撑计划（2013BAK06B03）
陕西省科技统筹创新工程计划（2015KTCQ03-10）

露天矿信息化建设

李文峰　李文娟　王　斌　编著

煤 炭 工 业 出 版 社

·北　京·

内 容 提 要

　　露天矿信息化建设是相对庞大的工程，内容较多。全书共分 13 章，主要内容包括露天矿计算机网络系统、无线传输网络、视频监视系统、工程车辆管理系统、通信系统、环境监测系统、大屏显示系统、产量计量系统、辅助系统等及其相关子系统，还介绍了露天矿应用管理软件，并附有某露天矿综合信息调度系统技术规格书。本书理论联系实践，以实际工程案例为参考，具体说明了露天矿信息化建设方案。

　　本书适合从事露天煤炭开采的工程设计人员、施工建设人员、管理人员和应用人员参考学习，也可作为高等院校相关专业师生的参考教材。

前　言

　　煤炭企业的信息化工程是综合利用网络技术、计算机技术、软件技术、虚拟现实技术、科学计算可视化技术、运筹学与控制论技术、自动化技术、现代管理学技术、矿山生产技术、危险源辨识和应急指挥等构成的技术集成体。随着我国工业化和信息化"两化深度融合"的不断加深，矿山企业的信息化建设可以使各个部门信息有效共享，使生产、管理、监督的各个环节成为有机的整体。通过对企业资源的深度开发和广泛应用，不断提高生产、经营、管理、决策的效率和水平，从而提高企业经济效益和提升企业核心竞争力。

　　露天开采与井工开采相比，具有人员及设备分散且低速移动性、生产过程封闭性差等特点。作者从事多年露天矿信息化技术开发与工程实践工作，在国内率先将无线 Mesh 网络技术应用于露天矿信息化建设，实现了一种网络同时运行高速视频、低速数据以及全双工语音等多媒体信号服务，有效解决了有线监控系统存在的布线和监控点移动问题，并且在新疆伊犁犁能煤炭公司皮里青露天煤矿、庆华能源集团公司伊犁露天矿成功应用。本书集作者教学、科研、工程应用经验之大成，以期读者了解露天矿信息化建设在生产过程监控、生产安全环境监测、生产过程信息综合利用等方面进行网络化、自动化和智能化建设的重要性；了解露天矿信息化建设实践中的典型案例；了解露天矿信息化建设的各系统结构、关键技术及相关参数指标以及建设中应用的新技术、新设备。

　　在具体章节的编写中大体结构如下：首先是用户需求分析，既有通用的功能技术指标要求，又有根据建设单位各自不同规模、地理位置、周边环境、气候条件、资金条件下的具体要求；接下来的系统设计好比是一篇命题作文，要求就是设计原则，如何破题就是系统的具体设计。设计主要依据《煤矿安全规程》《煤炭工业露天煤矿工程建设项目设计规范》《煤炭工业矿井工程建设项目设计规范》《露天矿安全条例》等规范要求，技术方案可以采用不同技术、不同实现途径、不同厂家产品设备，但总的要求是科学、合理、经济、可行！书中提到的生产厂家名字、设备型号绝没有为他们打广告的意图，而是想向读者介绍目前有哪些主流的技术、厂商及设备，这也是业内人士应该知道的知识。

本书最后给出了一个综合信息调度系统技术规格书的实例，其实就是某露天矿信息化建设招标书的技术部分真实内容，与正文内容相互印证，说明本书跟实际是多么得贴近。另外，本书8.4节专门讲述了露天矿的应急救援，掌握相关火灾事故救援，水灾事故救援，淤泥、黏土和流沙溃决事故救援，边坡坍塌和排土场滑坡事故救援，尾矿库坍塌、溃坝事故救援，烟中毒事故救援，炸药爆炸事故救援，以及医疗救援等相关知识，在关键时刻可救人一命。

本书第1、2、5、6、7、9、11章由李文峰编写，第8、10、12章由李文娟编写，第3、4章及第13.1、13.2节由王斌编写，第13.3、13.4节由代新冠编写，李文峰进行了全书审稿。感谢研究生成丹在收集资料方面付出的辛勤劳动。

本书的出版得到了国家科技支撑计划（2013BAK06B03）、陕西省科技统筹创新工程计划（2015KTCQ03 – 10）、西安市产学研协同创新计划［CXY1519（5）］和西安市碑林区科技计划项目（Gx1601）的支持，在此表示感谢！

限于作者水平，书中一定存在不妥之处，希望广大读者批评和指正。联系方式：liwenfeng@ xust. edu. cn 或 liwenfeng@ zhongnanxinxi. com。

作　者

2016 年 7 月于古城西安

目　次

1 绪 论

1.1 概 述

1.1.1 露天矿信息化建设特点

露天开采作为矿产资源开发的主要方式，在煤炭开采中一直发挥着重要作用。由于露天开采具有生产规模大、生产效率高、生产成本低、资源采出率高、生产条件好、建设速度快、环境修复条件好等突出优势，世界主要产煤大国均优先采用露天开采。目前，世界主要产煤国露天采煤量所占比重达到了 50% ~ 90%。我国作为煤炭生产国和消费国，"十一五"以来，露天开采工艺技术快速提高，大型矿用挖掘机、大吨位矿用自卸卡车、6600 t/h 轮斗挖掘机、9000 t/h 破碎站、6000 t/h 移动式破碎机、9000 t/h 排土机和18000 t/h排土机均已实现国产化。露天煤矿的规模、数量不断增加，露天采煤量比重明显提高。"十二五"期间，我国露天煤矿主要集中在内蒙古、山西和新疆等煤炭大省（自治区）。截至 2013 年，全国露天煤矿有 400 多处，其中产能在 10 Mt/a 以上的特大型露天煤矿有 17 处，产能在 20 Mt/a 以上的特大型露天煤矿有 9 处。露天采煤量由 2003 年的 80 Mt增加到 2013 年的 520 Mt，占全国煤炭总产量比重由 2003 年的 4.65% 左右提高到 2013 年的 14% 左右。目前，我国露天开采技术已经达到国际先进水平。

露天矿与井工矿相比，具有自身的一些特点：

（1）在生产环境上，设备主要在露天开采条件下使用，面临灰尘大、温差大、高温、严寒和雨雪等恶劣自然环境的影响。

（2）在生产方式上，露天矿人员及设备分布零散且具有低速移动性，生产过程封闭性差，易受到不同部门和外来人员的干扰。

（3）在安全环境上，露天矿边坡和排土场的稳定性直接关系到露天矿的安全生产和经济效益。

在我国，露天矿区大多坐落在人烟稀少、自然条件恶劣的偏远地区，信息化程度不高且从业人员文化程度较低，技术力量比较薄弱。而露天矿既具有一般煤矿的特点，又具有自身的一些特点。所以在露天矿的信息化建设中，应该针对其特殊性，构建与其相适应的信息系统。

1.1.2 露天矿信息化建设内容

露天矿建设内容较多，归纳起来主要有直接用于生产、能够直接产生经济效益的生产系统，如开采系统、剥离系统等；有为生产、经营、管理服务并间接产生经济效益的间接生产系统，如排土系统、供配电系统、集中控制系统、智能化系统等；还有一些辅助生产系统,如办公楼车间及仓库、给排水系统、采暖通风与供热系统等。每个系统又有一些具体的子系统,如图1-1所示。目前业内流行的观点是将信息化建设归入智能化系统范畴,信息化工程投资占整个建矿总投资的3%~5%,比例虽然不大,但彰显度高。

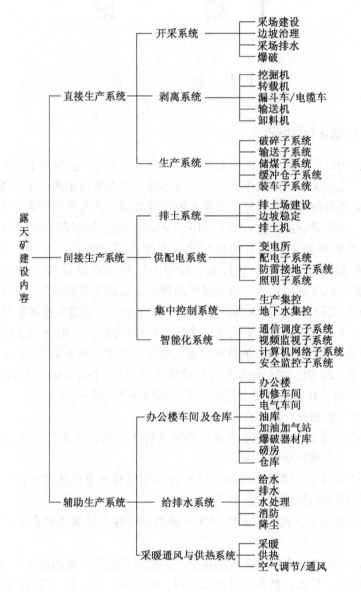

图1-1 露天矿建设内容

1.1.3 露天矿信息化建设的意义

煤炭企业的信息化工程是综合利用网络技术、计算机技术、软件技术、虚拟现实技术、科学计算可视化技术、运筹学与控制论技术、自动化技术、现代管理学技术、矿山生产技术、危险源辨识和应急指挥等构成的技术集成体,从而形成一种信息化、智能化、自动化的新型露天矿智能信息平台。

近年来，随着我国工业化和信息化"两化"深度融合的不断加深，矿山企业的信息化建设及实际应用可以使各个部门信息有效共享，使生产、管理、监督的各个环节成为有机整体；通过对企业资源的深度开发和广泛应用，不断提高生产、经营、管理、决策的效率和水平，从而提高企业经济效益和提升企业核心竞争力。具体表现在：提供决策改进，提高效率，降低成本，提高质量，快速反应，减少库存，扩大销路，缩小开发和生产周期。

1.1.4 露天矿信息化建设现状及存在问题

"十二五"期间，我国露天矿开采企业与科研院所、高校合作，在露天开采理论研究和技术攻关方面取得了重大成就。露天矿边坡稳定自动监测预警系统的应用确保了露天矿在复杂地质条件和工程背景下实现安全、经济、高效开采；数字化露天煤矿建设系统、管理信息系统、生产调度监控系统的应用，为露天煤矿生产、经营、管理提供了先进的技术手段。特别是基于第四代移动通信技术的无线 Mesh 网络在矿区建立大范围无线覆盖，满足本地监控和中心联网多级网络化监控的需求，实现一种网络同时运行高速视频和低速参数、卡车工况数据等多媒体信号的服务，有效解决了有线监控系统存在的布线和监控点移动问题，大大节省了系统建设成本和时间，其无线覆盖采用频率 2.4 GHz、回程频率 5.8 GHz、基站最远覆盖半径 20 km、最高数据传输速率 54 Mb/s 的技术指标，也标志着我国露天矿信息化技术达到了国际先进水平。

目前，露天矿信息化建设方面还存在以下问题：

(1)"鸿沟"问题。先进的技术装备与实际应用之间存在差距，没有发挥先进装备的最大功效。

(2)"黑洞"问题。矿山企业被动接受设备生产厂家和集成商宣传的所谓先进技术，自己提不出明确需求，造成许多不切实际的连续投资。

(3)"孤岛"问题。各个职能部门信息不流通、推进不同步，形成若干信息"孤岛"。

(4)"断链"问题。现场实时数据采集不到位，传输困难，局、矿二级监测监控系统主要面向事务型的应用，缺乏综合查询、分析、决策层面的功能。

1.2 露天矿信息化建设设计依据

1.2.1 工程设计原则

露天矿信息化建设的工程设计原则是立足综合信息化，满足煤矿生产短期和长远需要，本着一次规划、分步实施、长期受益的原则，保证工程的先进性、安全性、实时性、可靠性、易用性、完整性、互联性及扩展性、集成性、易维护性和经济性。

1. 先进性

采用先进的信息化平台、国际主流开发工具，基于先进的互联网标准，保证系统的实用性和先进性。使用先进、成熟、实用和具有良好发展前景的技术，使得各个子系统具有较长的生命周期，不盲目追求高档次，既能满足当前的需求，又能适应未来的发展。

2. 安全性

采用合理的设计，严格的用户权限控制，保障系统的网络安全和数据安全，减少系统故障隐患。网络的各个环节要尽可能多地提供防病毒、防黑客、防止非法或越权访问、传输加密、安全策略控制等安全保密措施，用以保证网络安全。设备和终端必须反应快速，充分配合实时性的需求。

3. 实时性

由于现代煤矿企业的安全、生产监控及调度任务、各职能部门之间业务的联系在很大程度上是以网络为基础，而安全、生产监控则对数据的实时性要求很高。因此，在设计上应保证网络的处理能力。

4. 可靠性

采用先进、成熟的技术对系统方案进行优化设计，提高系统的可实施性和可靠性。系统能提供全年365天、一天24小时不间断运作。对于安装的服务器、终端设备、网络设备、控制设备与布线系统，必须能适应严格的工作环境，特别要适应煤矿高温、爆炸危险的客观环境，以确保系统稳定。在硬件选型、线路、支撑环境及结构上都必须高质量，并保证核心网络设备具备冗余。

5. 易用性

具有良好的人机界面，便于用户掌握使用。人机界面采用统一的图形界面，能提供动态画面、多层次画面、视频画面插入、渐进画面体系等，有各系统接线图、总貌图、流程图、趋势图等，能提供信息共享与交流、信息资源查询与检索等有效工具。

6. 完整性

提供与各种外界系统的通信功能，确保信息的完整性。提供易于使用的数据库功能，让使用者能随时查询信息及制作所需的报表。

7. 互联性及扩展性

采用通用标准、主流技术，使系统具有较好的兼容能力和扩充能力。把各子系统有机结合起来，满足信息层结构中各层之间的信息沟通，增加各子系统之间的互联性和可扩展性。考虑将来的需求变化，所提供的系统平台与技术应能充分配合未来功能及扩充项目的需求，以免将来重复投资。标准化、结构化、模块化的设计思想贯彻始终，奠定了系统开放性、可扩展性、可维护性、可靠性和经济性的基础。

8. 集成性

用一个统一的平台集成所有内容。

9. 易维护性

提供开放接口，从数据库结构、文档格式到通信协议都有开放的接口，能够实现敏捷配置和柔性管理，保证企业后续发展的需要。

10. 经济性

在一定的资金资源下，尽量以适当的投入建立一个高水平、完善的网络系统。

1.2.2　露天矿信息化建设依据的标准

露天矿信息化建设依据的标准有：

- 《煤矿安全规程》
- 《煤炭工业矿井工程建设项目设计文件编制标准》GB/T 50554
- 《煤炭工业露天煤矿工程建设项目设计文件编制标准》GB/T 50552
- 《煤炭工业选煤厂设计规范》MT 5007
- 《智能调度室装备规范》
- 《爆炸性环境　第4部分：由本质安全型"i"保护的设备》GB 3836.4
- 《爆炸性环境　第1部分：设备　通用要求》GB 3836.1
- 《矿用一般型电气设备》GB/T 12173
- 《煤矿通信、检测、控制用电工电子产品通用技术要求》MT 209
- 《矿山电力设计规范》GB 50070
- 《煤矿安全生产智能监控系统设计规范》GB 51024
- 《工业电视系统工程设计规范》GB 50115
- 《电力系统通信管理规程》DL/T 544
- 《企业供配电系统节能监测方法》GB/T 16664
- 《通用用电设备配电设计规范》GB 50055
- 《建筑设计防火规范》GB 50016
- 《火灾自动报警系统施工及验收规范》GB 50166
- 《爆炸和火灾危险环境电力装置设计规范》GB 50058
- 《计算机软件可靠性和可维护性管理》GB/T 14394
- 《民用建筑电气设计规范》JGJ 16
- 《安全防范工程技术规范》GB 50348
- 《安全防范工程程序与要求》GA/T 75
- 《安全防范系统验收规则》GA 308
- 《安全防范系统》DB33/T334
- 《民用闭路电视监控系统工程技术规范》GB 50198
- 《电子设备雷击保护导则》GB 7450
- 《煤矿生产调度通信系统通用技术条件》MT 401
- 《煤矿安全生产监控系统通用技术条件》MT 1004
- 《煤矿安全监控系统及检测仪器使用管理规范》AQ 1029
- 《计算机软件质量保证计划规范》GB/T 12504
- 《电气装置安装工程施工及验收规范》
- 《数字程控调度机技术要求和测试方法》YD/T 954
- 《电力系统数字调度交换机检测标准》DL/T 795
- 《程控用户交换机进网检测方法》YD/T729
- 《邮电部电话交换设备总技术规范书》YDN 065
- 《铁路时分数字程控电话交换机工程设计规范》TB10036
- 《电话自动交换网带内单频脉冲线路信号方式》GB/T 3376
- 《电话自动交换网多频记发器信号方式》GB/T 3377
- 《电话自动交换网用户信号方式》GB/T 3378

- 《电话自动交换网铃流和信号音》GB/T 3380
- 《电话自动交换网局间中继数字型线路信号方式》GB/T 3971.2
- 《公用模拟长途电话自动交换网传输性能指标》GB/T 7437
- 《数字程控自动电话交换机技术要求》GB/T 15542
- 《程控数字用户自动电话交换机通用技术条件》GB/T 14381
- 《固定电话网短消息业务 第2部分：短消息终端和短消息中心之间的传送协议技术要求》YD/T 1248.2
- 《电工电子产品应用环境条件 第1部分：贮存》GB/T 4798.1
- 《电工电子产品应用环境条件 第2部分：运输》GB/T 4798.2
- 《数字网内时钟和同步设备的进网要求》GB 12048
- 《工业过程测量和控制装置的电磁兼容性 静电放电要求》GB/T 13926.2
- 《工业过程测量和控制装置的电磁兼容性 电快速瞬变脉冲群要求》GB/T 13926.4
- 《电气继电器 第5部分：电气继电器的绝缘试验》GB/T 14598.3

1.3 露天矿信息化建设特点及发展趋势

1.3.1 露天矿信息化建设特点

（1）以移动通信、计算机网络、互联网、物联网、云计算、大数据、数据挖掘、人工智能、专家系统、地理信息系统、虚拟现实技术等加速渗透和深度应用为目标，满足最低功能要求。

（2）数据采集、传输普遍采用有线+无线的模式，数据访问方式既有 C/S 构架，也有 B/S 构架，手机 APP 成为新宠。

（3）信息化建设是一门跨行业、跨专业、交叉的学科，既包括通信与信息、电子技术、自动控制等学科，又包括安全、管理学、经济学等学科。

1.3.2 露天矿信息化建设发展趋势

从发展总趋势看，露天矿最终将实现无人开采，但面临着一些重大科学问题和关键技术难题，如生产现场信息的感知、传输、分析处理及生产装备的控制反馈等。为了实现这一目标，首先，需要全面感知生产现场环境信息和挖掘装备工况参数，需要在露天矿的剥、掘、运、提等区域部署大量传感器，实现矿区信息采集的全覆盖、数据共享及互联互通，需要在挖掘装备和运输车辆加装大量感知器、执行器，实现无人驾驶和自动挖掘。然后，感知的环境参数、工况参数、视频数据、GPS 定位数据、行驶速度数据、雷达波等信息要能够接入多种业务平台，实现综合业务的有效传输。第三，在服务器端对感知信息进行综合处理、智能分析。最后，通过对感知的反馈控制，最终实现无人开采。

在露天矿信息化建设领域，一定是信息化与工业化的深度融合，预计会朝着以下方向发展：

（1）露天矿信息化由地理信息系统（Geographic Information System，GIS）、全球定位

系统（Global Positioning System，GPS）、北斗卫星导航系统、互联网、物联网（The Internet of Things）、云计算（Cloud Computing）、大数据（Big Data）、数据挖掘（Data Mining）、多媒体通信、移动通信、卫星通信、人工智能（Artificial Intelligence，AI）、专家系统（Expert System，ES）、虚拟现实技术（Virtual Reality，VR）、三维立体显示、高清显示（HDTV）等先进技术综合集合而成。

（2）图形工作站、大屏幕、视频会议、投影设备、打印机等设备全方位展现地图、图像、图形、图表、文字等信息。

（3）管理应用软件、数据挖掘软件、决策指挥软件等软件系统与硬件设备相辅相成，共同构建露天矿智能信息平台。

（4）成为跨行业、跨专业的交叉学科。

"十三五"期间，矿山企业要紧密围绕"安全、环保、经济、高效"的现代化露天矿建设目标，实施科技创新驱动发展战略，信息化建设应在以下方面继续加强理论研究和技术攻关：

（1）大型露天矿设备大型化、机械化、自动化程度高，生产系统庞大而复杂，如何采用新技术监测设备的作业过程和状态实现实时安全预警，确保露天矿安全生产是必须研发的新技术之一。围绕"两化"深度融合型智能矿山建设目标，重点研发基于GPS、WiFi、GIS组合技术的露天矿信息网络管理系统，基于物联网、大数据技术的新一代露天矿生产监控监测系统，基于矿区环境实时监测监控系统，建立集语音通信、作业设备定位、视频监视等多功能为一体的露天矿智能化系统。

（2）建立云存储平台，构建适合现状和长远发展的信息化平台；建立高质量、高效率的信息网络，构建统一的企业大数据中心，包括矿山地理信息、人力资源信息、设备物资信息、成本预算信息、经营管理信息等系统，最终实现资源共享、信息共享、高效协同的事务处理机制。

2　露天矿信息化建设主要内容

2.1　一般要求与系统构成

2.1.1　一般要求

（1）安全监控、生产监控及自动化网络采用 C/S 或 B/S 模式，包含安全监控、生产监控及自动化系统的全部数据内容。

（2）采用统一规范的数据通信协议，网络连接遵循下级用户服从上级用户、上级用户提供数据格式与传输技术的原则。数据实时传输，并优先选择光纤传输。

（3）网络应用软件系统应具备以下功能：自动搜索跟踪区域内环境参数，综合实时监测报警，直观显示监测、控制设备位置、运行及控制状态；隐患报警、网络跟踪调度；分类查询、汇总；联网通信中断的自动监测；应用权限分级管理；防病毒和数据安全保护等。

（4）系统结构、功能及各类传感器的安装、检验和校验等应符合《煤矿安全规程》等相关技术规定。

（5）建立安全生产通信信息系统的网络平台、通信平台，建立应急救援应用系统平台、综合共用的基础数据库群。

（6）调度指挥中心是露天矿信息化建设的核心单位，是人机控制、信息共享与交流的集中调度场所，通过监控系统、视频系统、大屏幕信息显示系统等建设一个统一调度管理和统一应急反应的集中控制中心，最大限度地整合各种资源和发挥信息化集成效益。

2.1.2　系统构成

矿山企业的信息化包括安全生产信息化和经营管理信息化，而安全生产信息化包括生产组织管理信息化、安全生产监控信息化和应急救援信息化，经营管理信息化包括供应链管理信息化、内部运行管理信息化和营销链管理信息化，它们各自有自己的技术特点和运行模式，如图 2-1 所示。

露天矿信息化建设的设备对防爆要求不高，可以将世界上最先进、最成熟的技术应用于信息化建设中。

智能信息平台可以为露天矿提供安全、生产、管理的整体解决方案，它以计算机网络、无线宽带网络为业务平台，实现人员、车辆、物资、开采现场之间计算机、通信、视频、数据业务的一体化传输。它属于计算机网络所支持的系统集，以计算机登录界面将各个包含硬件、软件的系统统一起来，客户通过远程/本地点击系统按钮进入具体业务层面。露天矿智能信息平台主要包括计算机网络系统、无线传输网络、视频监视系统、工程车辆

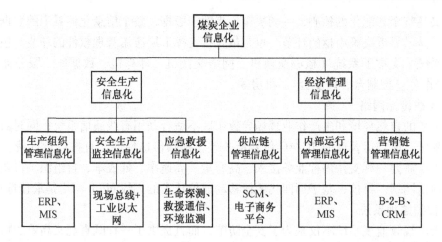

ERP—企业内部资源规划；MIS—管理信息系统；SCM—供应链系统；B-2-B—企业与企业；CRM—客户关系管理

图 2-1 露天矿信息化建设系统构成

管理系统、通信系统、环境监测系统、大屏显示系统、产量计量系统及辅助系统等。其中既有矿井建设中常见的通用系统，又有露天矿特有的系统，每个系统又有其具体内容或子系统，如图 2-2 所示。此外，露天矿应用管理软件中经常使用办公自动化系统和运销管理系统。

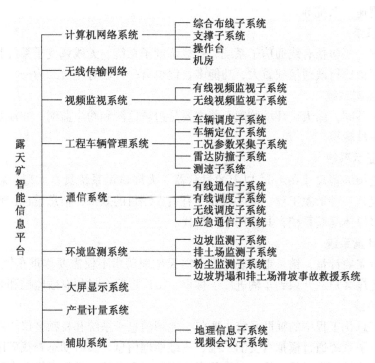

图 2-2 露天矿智能信息平台组成

1. 计算机网络系统

计算机网络系统既是智能化系统的物理基础，局域网平台搭载业务的数据传输均依赖于它；又是整个智能化的核心，一切决策均来源于数据，整个信息化体系中的数据中心设置于此，是最靠近决策中枢的环节，也是最直接支撑上层应用管理软件的环节。包括综合布线子系统、支撑子系统（核心交换机、网络交换机、计算机、数据库、服务器、网络等）、操作台（控制台、调度台）、机房等。

2. 无线传输网络

露天矿的自然环境和生产作业现场导致矿区不适合采用有线通信系统；同时露天矿地处偏僻地区，电信运营商的 3G/4G 信号覆盖差，视频传输性差，且按流量计费，价格昂贵。露天矿需要一种支持多种业务接入、高容量、高速率、低成本、自组织、自调节、自愈合的通信网络。目前，基于第四代无线移动通信技术的无线 Mesh 网络是最佳选择。

3. 视频监视系统

露天矿视频监视系统不仅是为了安全防范，而且提供了一种既直观又高效的精细化科学管理手段，使矿山管理人员能随时随地查看当日工地现场的安全生产情况、工程车辆运行状况、人员分布等信息，便于指挥与管理。视频监视子系统分为有线和无线两种形式。

4. 工程车辆管理系统

露天矿大型工程车辆数量多、种类多（轮斗挖掘机、自卸卡车、排土机等），车辆的调度管理是管理的重中之重，对安全生产、节约成本、提高效率、减少事故具有重要作用。当车辆工作时，其位置、速度、油耗、装卸等信息需要源源不断地采集并发送出去。工程车辆管理系统包括车辆调度子系统、车辆定位子系统、工况参数采集子系统、雷达防撞子系统、测速子系统等。

5. 通信系统

通信系统主要包括有线通信子系统、有线调度子系统、无线调度子系统和应急通信子系统。调度通信比行政通信权重大，功能多，但也有一种趋势是合二为一。

6. 环境监测系统

与井工矿不同，露天矿环境监测系统主要是边坡监测和粉尘监测，并涉及边坡坍塌和排土场滑坡事故救援。

7. 大屏显示系统

大屏幕泛指屏幕尺寸在 4 m² 以上的显示器。大屏显示系统具有大型、彩色、动画的优势，不仅仅是一种形象工程、视觉盛宴，有引人注目的效果，信息量也比普通广告牌大得多，作为多媒体终端系统，其作用不可替代。

8. 产量计量系统

煤炭产量需要计量，销量更需要计量。露天矿地磅房不仅需要称重车辆毛重、皮重，而且需要对运煤客户从开票到车辆进厂、称重、出厂进行全过程有效监控和管理。

9. 辅助系统

露天矿信息化工程中的辅助系统主要包括地理信息子系统和视频会议子系统。

地理信息子系统通过模拟真实的二维、三维地理信息，实时动态查找矿区每一个点的地理信息，并能通过先进的二维、三维仿真功能实时在电脑上进行三维单点显示、路径显示、绕点显示、工程设施查询、经济效益分析等。

视频会议子系统将声音、影像及文件资料互相传送，达到即时且互动的沟通，以完成会议目的。它把相隔多个地点的会议室视频设备连接在一起，使各方与会人员有如身临现场一起开会或学习、进行面对面对话的感觉。

10. 办公自动化系统

办公自动化系统主要指各种应用管理软件。随着技术进步，种类也越来越多，如档案应用管理、资产应用管理、财务应用管理、电子商务平台等。

办公自动化系统和煤矿企业的业务紧密结合，将信息采集、查询、统计等功能与具体业务密切关联。操作人员只需点击一个按钮就可以得到想要的结果，从而极大方便了企业的管理和决策。不仅兼顾个人办公效率的提高，而且可以实现群体协同工作，使企业内部人员方便快捷地共享信息，高效地协同工作。

11. 运销管理系统

运销管理系统可以方便煤矿企业对煤炭运输销售业务中的提货单、磅单、发票、收款、补款、退款等进行审核管理。

2.2　总体构架与总体方案

2.2.1　总体构架

根据露天矿智能信息平台工作的特点，平台主要分为设备层、通信层、管理层和应用层，如图 2-3 所示。

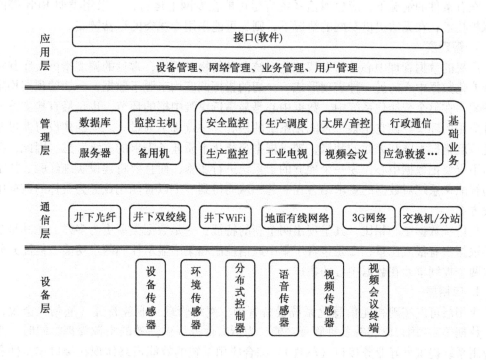

图 2-3　露天矿智能信息平台总体构架

1. 设备层

设备层是智能信息化系统运作的基础，主要功能是数据感知，包括现场各种分布式数据采集传感器、语音终端、视频终端、分布式控制器等，采用有线＋无线的数据采集方式，最佳的实现方式就是基于 IP 技术的通信控制。

设备层数据采集终端位于整个智能化系统的最外围，如同系统的手脚，在 4 个平面中担负着最基础的工作。传统的智能化系统建设往往忽视这个平面的重要性，实际上由于物理分散造成的复杂性，这个平面是最需要系统架构设计和整体规划的。

数据库数据的采集上传一直是困扰智能化系统的一个问题，有些系统采集的是结构化数据，有些系统采集的是非结构化数据。结构化数据在数据整合方面缺乏统一标准，实施难度大，难以基于数据层面在指挥调度中心呈现；非结构化数据质量高，传统视频接入不能满足要求。从长期来看，随着调度指挥数据中心的建设及配套的管理规范实施，将逐步实现与智能化相关的信息上传、备份，数据库中间件方式或者存储虚拟化方式都是可以采用的技术方案。

2. 通信层

通信层包括交换机、路由器、线路和信道等网络设施。随着技术的发展，主干网采用工业以太网技术，接入网采用 CAN 总线、RS485＋网口转换技术及短距离无线通信技术，有线＋无线的数据传输模式和 C/S＋B/S 的数据访问方式可实现接口的规范化和标准化。

目前的城域/广域高质量的有线网络、WiFi/3G 全新高带宽无线接入及紧急情况下的应急通信系统，主要作用为信息的汇集、水平信息的整合和共享、指挥通信的平台，有充分冗余及可靠性设计。

在有条件的情况下，应急通信系统应尽可能在专网上运行，且采用类似 RPR 等的链路保护技术；在无法提供专网的情况下，则尽可能采用专线类的运营链路。

3. 管理层

广义的数据管理中心是所有智能化系统业务的物理载体，常见的调度指挥大厅其实也是智能化数据中心的另一种表现形式。一切的指挥调度均来源于数据，一切的预案均来自于积累。在整个智能化系统中，数据中心是最靠近决策中枢的环节，也是最直接支撑上层软件应用的环节。说它是整个智能化系统的核心，一点都不为过。之前的建设习惯过多地关注调度指挥大屏和大厅的装修，缺乏根据智能化本质业务需求的系统考虑。因此，在规划时不仅要把数据中心作为一个独立的子系统进行实施，而且要将建设实施经验、技术方案与智能化系统对数据的要求结合在一起，从而得到一个以智能化业务为目标的数据中心建设方案。

与传统数据中心相比，其呈现出两个新的特征：一是数据类型更为多样，尤其是多媒体类数据占有很大比重；二是包含了集中通信控制和集中显示控制两个功能，但需充分考虑这两个控制单元在数据中心的集成。

4. 应用层

应用层可以实现智能信息化系统设备管理、网络管理、业务管理（通信、会议、图像、数据等）、用户管理等各种管理功能，为所有业务提供高效的资源管理。同时也为综合应用系统提供良好业务接口（软件）。综合应用系统的效能最终体现在接口丰富性和管理平面对下面各个平面管理的紧密度上。

2.2.2　总体方案

露天矿智能信息平台主干网络采用 1000 Mb/s 高速工业以太网，网络由矿区生产监控中心、现场分站、信息传输介质、网络通信接口设备等组成，将计算机网络系统、通信调度系统、生产监测监控系统、安全监测监控系统、自动化（集中控制）系统等集为一体，并与企业信息管理系统（应用软件）实现无缝连接，如图 2-4 所示；将安全、生产、管理等方面的信息有机地整合到一起，进行分析处理、统计、优化，从而实现矿山"管、控、监"一体化目标；以保障生产安全为原则，以提高生产效率、保证产品质量、改善劳动条件、提高经济效益为目的。

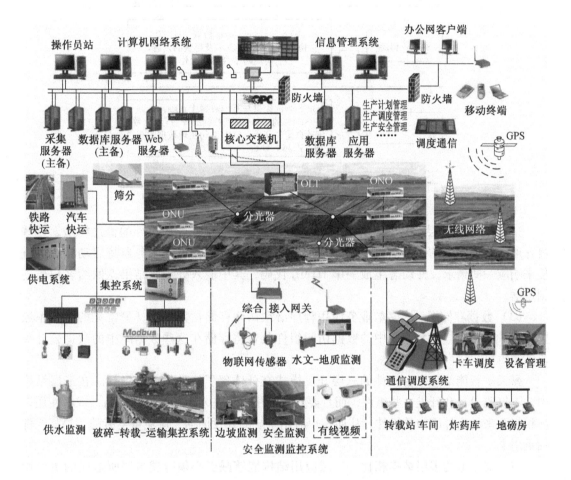

图 2-4　露天矿智能信息平台总体结构图

方案主要特点：基于 TCP/IP 的以太网是一种标准开放式的网络，其系统兼容性和互操作性好，资源共享能力强，容易实现现场数据与信息系统的资源共享，数据的传输距离长，传输速率高；易与 Internet 连接，成本低，易组网，与计算机、服务器的连接十分方便，具有广泛的技术支持。整个系统配置合理，信息共享，安全可靠。

1. 基于 Microsoft. NET Framework 的三层应用管理软件解决方案

按照分布式结构的思想，整个露天矿智能信息平台应用管理软件由用户界面层、业务逻辑层和数据存储层构成，如图 2-5 所示。

（1）用户界面层。客户机是用户与整个系统的接口。客户的应用程序精简到一个通用的浏览器软件，浏览器将 HTML 代码转化成图文并茂的网页；大多数业务应用程序都用窗体来构造表示层，由一系列用户与之交互的窗体（页面）组成应用程序。每个窗体都包含许多用于显示较低层的输出及收集用户输入的字段。

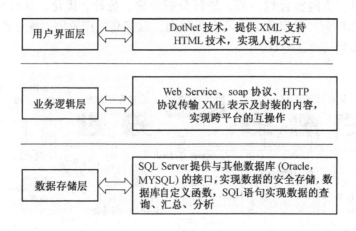

图 2-5　露天矿智能信息平台软件三层开发模式

（2）业务逻辑层。大型应用程序通常是围绕业务流程和业务组件的概念构造，这些概念通过业务层中的大量组件、实体、代理和界面来处理。Web 服务器将启动相应的进程来响应一些请求，并动态生成一串 HTML 代码，其中嵌入处理的结果返回给客户机的浏览器。

（3）数据存储层。大多数业务应用程序必须访问存储在数据库（最常见的是关系数据库）中的数据。此数据层中的数据访问组件负责将存储在这些数据库中的数据公开给业务逻辑层。

露天矿智能信息平台软件的三层开发模式充分体现了软件集成的思想。在三层结构中，不仅要设计和开发一些组件，而且要大量使用已经进入市场的组件产品，或者使用以前积累下来的组件库中的组件，从而缩短应用系统的开发周期，避免重复劳动，提高组件的重用率。

与三层以上的多层结构相比，三层应用结构能够减少必须跨越多层所造成的负面影响。但三层应用结构对于复杂的解决方案，可能需进一步划分域层，基于常用的一组组件设计一系列解决方案时更是如此；另外，单一用户界面层对于提供复杂用户界面的解决方案可能不够，如数据验证、命令处理、打印和撤销/重复等功能可能需要其他层。

2. 露天矿智能信息平台软件架构

露天矿智能信息平台服务器中包含 SQL Server 数据库、Web 表单、Web Service、文件管理等工具，用户通过以太网访问服务器上的 Web 表单，Web 表单通过 Soap + XML 访问 Web Service，Web Service 再通过 OLEDB 访问 SQL Server；Web 表单还通过 HTTP 协议访问服务器上的文件管理系统，从而实现系统的数据和文件管理。露天矿智能信息平台软件构架如图 2-6 所示。

Web Service 是一个应用程序，它向外界暴露出一个能够通过 Web 进行调用的 API，也就是说，能够用编程的方法通过 Web 调用来实现某个功能的应用程序。从深层次上看，Web Service 是一种新的 Web 应用程序分支，它们是自包含、自描述、模块化的应用，可以在网络（通常为 Web）中被描述、发布、查找及通过 Web 来调用。

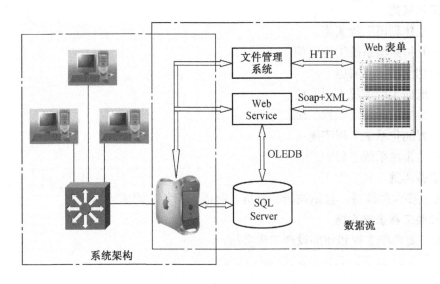

图 2-6 露天矿智能信息平台软件架构

Web Service 是基于网络的、分布式的模块化组件，它执行特定的任务，遵守具体的技术规范，这些规范使得 Web Service 能与其他兼容的组件进行互操作。它可以使用标准的互联网协议，如超文本传输协议 HTTP 和 XML，将功能体现在互联网和企业内部网上。Web Service 平台是一套标准，它定义了应用程序如何在 Web 上实现互操作性。用户可以用喜欢的任何语言在喜欢的任何平台上写 Web Service。

2.3 建设步骤及实施计划

2.3.1 建设步骤

露天矿信息化建设资金投入巨大，几个系统既相互关联，又相对独立，在经费允许情况下，可以采取循序渐进的原则分批建设。

（1）基础设施建设，即先构建平台运行的硬件环境。

（2）对平台进行网络化管理，包括生产过程管理。

（3）进行信息的挖掘与应用，最终形成从生产链到供应链，再到营销链的网络一体化过程。

2.3.2 实施计划

露天矿信息化建设伴随矿山其他系统的建设进行，实施计划如下：

1. 施工准备

（1）工程设计提交。

（2）工程施工招标。

2. 临时设施建设

道路、供电、供水等各类临时设施建设工程实施。

3. 工程实施

（1）基建剥离工程实施。

（2）开拓运输系统工程实施。

（3）排土场工程实施。

（4）地面生产系统工程实施。

（5）集中控制系统工程实施。

（6）智能化系统工程实施。

（7）给排水系统工程实施。

4. 设备购置

购置主要大型设备，包括调研、订货、制造、安装、调试等。

5. 辅助工程设施实施

地面主要单项工程和辅助设施工程实施。

3 露天矿计算机网络系统(含机房)

计算机网络系统是整个信息化体系中的数据中心，包括综合布线子系统、支撑子系统（核心交换机、网络交换机、计算机、数据库、服务器、网络等）、操作台（控制台、调度台）、机房等。

3.1 系统功能与设计原则

露天矿计算机网络系统是通过高性能的主干网络将全矿连接起来，从而实现能够承载多种业务的综合性信息网络。

露天矿计算机网络系统应结构合理，技术先进，设备优良，安全可靠，易于管理，同时具备较好的可扩展性，以满足露天矿安全生产监控数据的传输、存储、分析处理，以及办公自动化、Internet 等应用。

3.1.1 系统功能与性能指标

1. 系统功能

（1）全网交换机连接均可基于单、多模光纤，可按需要任意选择。

（2）所选工业以太网交换机支持千兆以太网冗余协议 Turbo Ring（自愈时间小于 20 ms），保证任何一个位置发生的断点事故均可在很短时间内完成相关通信的恢复。

（3）对于要求最大可靠性的控制节点、核心交换机，可以确保在某台交换机、某块引擎、某个连接介质发生故障时保证通信不受影响；全部通信网基于统一、简洁的网络管理。

（4）优越的实时性表现。

（5）良好的使用寿命（一般均大于 20 年）。

（6）通用备件型号以降低备件成本。

2. 性能指标

（1）主干网速率为 1000 Mbps。

（2）传输介质为单模光纤。

（3）工作温度为 0～60 ℃。

（4）相对湿度为 5%～95%（无凝露）。

（5）支持单冗余链路。

3.1.2 设计原则

1. 先进性

所选设备应采用先进技术，能满足所承载业务对于高带宽、多并发连接的要求，并能满足复杂的应用和管理要求。除满足当前需求外，性能上应留有余量，以保证网络在特殊环境下的稳定性。

2. 高效性

核心交换机应具有较高数据处理性能、较大的交换背板和线速转发能力，以满足大量数据交换的要求，其连接核心交换机间的链路应具有较高的带宽。

3. 可靠性

为了保证露天矿网络系统的正常运行，所有网络设备应采用成熟的电路设计技术及高可靠的电子元件。在设计网络架构时也应充分考虑可靠性，网络主干网应采用冗余设计，防止因单点失效而造成整个网络瘫痪。

4. 标准性

网络系统应遵循国际电联电信标准化部门（ITU－T）、电气电子工程师学会（IEEE）等标准化组织所制定的一系列建议与标准，具有开放性的平台特性，以确保不同厂商的设备能够互联互通；网络设备应具有告警、事件、历史记录等功能；网络体系结构与系统应用独立，与服务器、工作站的操作模式无关，应支持各种通信协议、各种数据库，能与其他网络互联通信。

5. 管理性

计算机网络系统可以通过网络管理平台控制网络中的设备，并能监控网络的设备状态、故障报警，通过网管平台简化管理工作，提高网络效率。

6. 安全性

所有网络设备应具有较完善的安全措施，应采取硬件与软件相结合的方式，确保系统的安全运行。

7. 扩展性

设备选型中应充分考虑用户未来若干年的业务增长需求，满足短期内网络对带宽的需求和设备存储能力的期望，网络结构合理并有利于扩容。

3.2　系统结构与设备选型

计算机网络体系可分为局域网、城域网、广域网和互联网等多种类型，它们在服务范围、网络结构和技术要求等方面虽有较大差别，但也有相同特点。广域网和城域网都基于局域网之间互联，形成更大覆盖范围的网络，使网络结构复杂和技术功能增加。局域网被广泛应用于连接露天矿地面工作设备，与其他网络的区别主要体现在：网络所覆盖的物理范围，网络所使用的传输技术，网络的拓扑结构。因此，在计算机网络系统工程设计和施工过程中必须以局域网为基本服务对象，同时重视局域网的网络拓扑结构、计算机的传输速率和用户需要等环节，选配相应等级的设备和线缆，以保证通信技术和计算机技术融合的网络系统正常运行。

3.2.1　体系结构

露天矿计算机网络系统的体系结构原则上分为中心骨干网、区域骨干网和接入网，如图 3－1 所示。

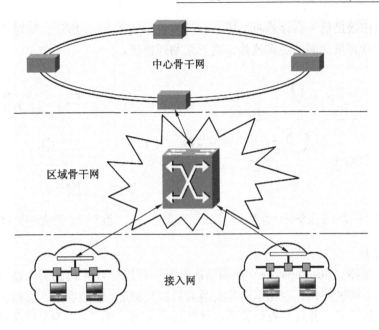

图 3-1 露天矿计算机网络系统体系结构

中心骨干网是信息传输的主通道，目前信息的主要表现形式是语音、数据和图像，而语音、数据、图像 3 种业务的统一承载平台就是 SDH 光传输主干网络。利用 SDH 网，通过 EOS（Ethernet Over SDH/SONET）在 SDH 设备中提供以太网接口（100M/1000M/10G），或在传统的 2/3 层以太网交换机中提供 SDH 接口（155M/622M/2.5G/10G），实现调度中心与地面网络模式的耦合。以上方式可提供多种业务，尤其是能保证实时业务的服务质量，提供 1+1 通道保护，支持组播和广播，并可虚级联到远端，且能提供丰富的端到端性能监控功能。

区域骨干网即为地面的局域网，数目不止 2 个，至少安全监控和救援通信须采用独立网络结构。

接入层即为智能化系统的硬件接入子系统，接入方式包括有线和无线两种。

3.2.2 网络拓扑结构

普通商用以太网的网络拓扑结构主要有星型、环状、总线型和混合型 4 种。

1. 星型拓扑

假设所有计算机都连在一个中心站点上，那么该网络使用的是星型拓扑（Star Topology），该中心通常被称为集线器（Hub）。图 3-2 表示了一个理想的星型网络。现实中星型网络几乎没有那种集线器与所有计算机都有相同距离的对称形状。实际上，集线器通常安放在与所连计算机相分离的地方，其中每一台计算机都连接在一个叫集线器的点上。星型网络是最常见、也是最简单的一种组网方式，其布线简单，节省线路，成本较低。

2. 环状拓扑

采用环状拓扑（Ring Topology）的网络将计算机连接成一个封闭的圆环，一根电缆连接第一台计算机与第二台计算机，另一根电缆连接第二台计算机与第三台，以此类推，直到某一根电缆连接最后一台计算机与第一台计算机，如图 3 - 3 所示。如同星型拓扑一样，环状拓扑是指计算机之间的逻辑连接，而不是物理连接。

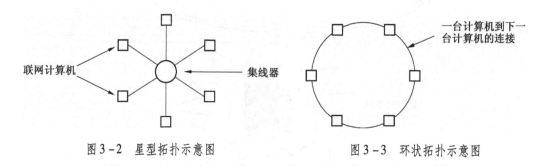

图 3 - 2　星型拓扑示意图　　　　　　图 3 - 3　环状拓扑示意图

3. 总线拓扑

采用总线拓扑（Bus Topology）的网络通常有一根连接计算机的长电缆（实际上，总线网络的末端必须被终止，否则电信号会沿着总线反射）。任何连接在总线上的计算机都能通过总线发送信号，并且所有计算机也都能接收信号。图 3 - 4 为总线拓扑示意图。由于所有连接在电缆上的计算机都能检测到电子信号，因此任何计算机都能向其他计算机发送数据。当然，连接在总线网络上的计算机必须相互协调，保证在任何时候只有一台计算机发送信号，否则会发生冲突。

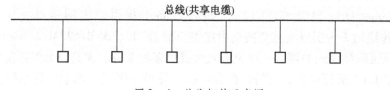

图 3 - 4　总线拓扑示意图

4. 混合型

顾名思义，混合型就是以上三种类型的组合。

每种拓扑结构都有优点与缺点。环状拓扑容易检测网络是否正确运行，但如果其中一根电缆断掉，整个环状网络都要失效。星型网络能使网络不受一根电缆损坏的影响，因为每根电缆只连接一台机器。总线拓扑所需的布线比星型拓扑少，但如果某人偶然切断总线，网络就会失效。

3.2.3　露天矿计算机网络系统常用的拓扑结构

1）环型网拓扑结构

目前的工业控制领域有两种较为流行的技术方案，一种是现场总线技术，另一种是工业以太网技术（环型拓扑结构）。所谓工业以太网，是指技术上与商用以太网（即 IEEE 802.3 标准）兼容，但在产品设计时，在材质选用、产品强度、适用性及实时性等方面能满足工业现场的需要。简而言之，工业以太网是将以太网应用于工业控制和管理的局域网技术。

工业以太网在技术、速度和价格等方面都有着其他网络无可比拟的优势，随着工业以太网性能的提高和解决工业以太网实时性问题的技术的不断推出，将工业以太网应用于工业现场是露天矿自动控制领域的必然选择。

普通商用以太网不能保证网络的冗余性、可靠性和实时性，为使得工业以太网能够成功应用在工业控制领域，设计采用了工业以太网的双环冗余结构。环型以太网结构在很大程度上解决了工业以太网的容错问题，启用环冗余的时间少于300 ms，提高了工业以太网的可靠性；主干网传输速率高达1000 Mbps，满足了高带宽应用的需要；增加了网络的负载均衡能力及容错性，大大提高了整个系统的性能。但由于需要备用设备，价格较高。

1000 M工业以太网环网是某露天矿综合信息调度系统的网络基础，各调度业务子系统（如调度通信系统、视频监视系统及集控系统）均经过工业以太网平台统一传输到调度中心进行统一管理，其网络结构如图3-5所示。该网络由两台核心交换机及7台环网交换机通过单模光纤所组成的自愈环网构成，核心交换机采用模块化工业以太网，可灵活配置光口数量和电口数量。根据本系统的实际情况，可提供最多4个千兆接口和最多24个电口，其中两个千兆接口用于接入环网，另一个千兆接口用于连接商用核心交换机；而电口主要用于连接服务器、工作站、调度交换机及其他调度中心联网设备。环网交换机提供两个千兆单模光纤接口，用于与核心交换机及其他环网交换机构成光环网；同时环网交换机提供7个电口，用于满足动筛车间、地磅房、变电所、煤样室、水处理站、水泵房、加油站、机修车间及锅炉房等的综合调度数据（集控、语音、视频等）传输的需求。

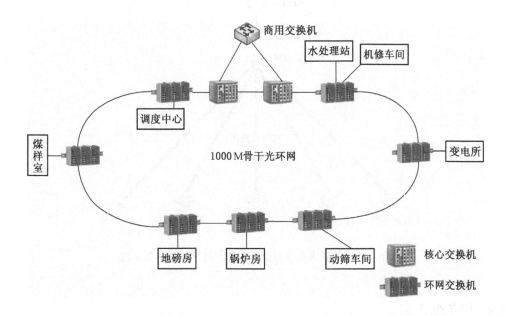

图3-5 某露天矿1000 M光环网拓扑结构的计算机网络系统

主干环网链路路由：生产办公楼调度中心→煤样室→地磅房→锅炉房→动筛车间、水泵房→变电所→机修车间、水处理站→行政办公楼调度中心→生产办公楼调度中心。

骨干光缆采用5芯单模光缆，采用地埋方式通过采暖管沟及架空混合的方式铺设。

2）全树型拓扑结构

该计算机网络系统采用光纤和无屏蔽双绞线相结合的全树型网络结构，构建以快速以太网技术为核心，交换到桌面的网络平台，以支持传输多媒体信息的要求。为保证网络物理结构的开放性，线缆敷设要符合结构化布线标准，一般情况下，线缆优先选用超 5 类无屏蔽双绞线和多模光纤。设计了以调度中心交换机为核心交换、工业现场及各业务部门为节点的二级交换结构网络，全树型拓扑结构如图 3 – 6 所示。在调度中心设置 1 台核心交换机，用于企业内部数据的汇聚交换；在各节点暂时设置 5 个接入环网，为环网提供上级接入服务；核心交换机与联网交换机采用双链路捆绑方式，以提高骨干网络的可靠性；企业内网通过路由器及防火墙连接 Internet，各节点到调度中心为 1000 M 光网络，部门内部交换到桌面为 100 M，并可扩充到 1000 M，利用网管平台统一管理各网络节点，便于建设一个高性能、高安全性、可管理的宽带网络，从而实现企业内部信息交换、各种数据应用以及与互联网互联，共享信息的目的。

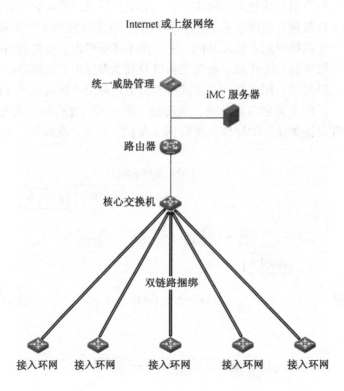

图 3 –6　某露天矿全树型拓扑结构的计算机网络系统

3.2.4　设备选型

1. 监控主机及选型

监控中心配置用于安全、生产监控及自动化系统的服务器、大屏幕显示系统及专业控制工作站。为了保证对安全、生产监测及自动化系统所取得的数据进行及时处理，需要建设分布式数据库系统，即分设视频存储服务器和 Web 服务器。另外，为保证数据服务器的可靠性和运行持续性，设置一台防火墙，用于工控网与管理信息网的连接及安全过滤。

工控网操作系统包括服务器操作系统和工作站操作系统，服务器操作系统采用 Windows Server 2003/2005、SQL Server 2000，工作站操作系统采用 Windows 2007。

安全生产监测监控的服务器采用双机热备份工作方式。

2. 路由器及选型

路由器选用 MSR30 型多业务开放路由器或性能相当的设备。MSR30 型多业务开放路由器是专门面向行业分支机构和大中型企业而推出的新一代网络产品，其具有如下特点：

1) 先进的硬件体系架构

MSR30 型多业务开放路由器在硬件设计方面充分考虑了集成综合业务的需要，采用了先进的 N–Bus 多总线设计方案，语音、数据、交换、安全 4 大业务经不同的总线由专门的协处理引擎并行完成处理，消除总线和 CPU 性能瓶颈，大大提高了路由器集成的多业务部署和实施能力，可满足行业网边缘用户、大中型企业分支机构和小型企业总部多种高质量并发业务无缝集成，完美融合。

2) 开放式的增值业务平台

MSR30 型多业务开放路由器基于 OAA（Open Application Architecture）理念设计，创新性地推出了对外开放的业务平台。该平台提供了一套完整、标准的对外接口（API 接口），厂商与合作伙伴均可在此平台上直接开发各类高级功能（如应用层攻击抵御、网络病毒防护、多媒体集合通信、Web 优化与加速等），用户只需安装开发出的软件便可以将上述业务与 MSR30 型多业务开放路由器无缝融合，为日渐细分的个性化需求提供完整的解决方案。

3) 多业务集成并发能力

多业务集成并发能力包括集成安全、语音、数据交换业务，实现统一通信功能的多业务线速并发的成熟商用操作系统，提供完善的下一代 IP 协议解决方案、领先的 MPLS 流量工程解决方案、创新的虚拟路由器（VRF）功能、安全灵活的 VPE 功能及简单便捷的网络分析工具。

（1）集成安全业务。安全已经成为网络的基本功能，由于安全性需要内嵌于整个网络之中，因此路由器在网络防御战略中起着重要作用。MSR30 型多业务开放路由器提供专门的安全数据连接设计技术，采用内置硬件加密功能的 CPU 和主板上内置的硬件加密引擎（NDE），通过硬件的方式大大提高数据加密性能，保证转发和加密同步高性能，同时节省接口插槽。MSR30 型多业务开放路由器提供了丰富的安全功能，包括 Firewall、IPSec VPN、MPLS VPN、CA、SSH 协议 2.0、入侵保护、DDoS 防御、攻击防御等。

（2）集成语音业务。MSR30 型多业务开放路由器采用全新的硬件语音设计方案，提供了 FXS、FXO、VE1、VT1 等各种语音接口，支持 SIP 等主流的语音通信协议，实现了紧急呼叫、掉电求救、拨号策略、传真、E–PHONE 等各种语音业务。MSR30 型多业务开放路由器提供 TDM 交换能力，使用户的 TDM 交换在本地完成，大大节省网络资源的同时，使本地话音的接通率和通话质量完全达到电信水准。

（3）集成数据交换。MSR30 型多业务开放路由器提供灵活扩展的以太网交换模块，支持丰富的二层交换特性，极大地满足了企业对于路由交换一体化组网方案的需要。

（4）统一通信功能。MSR30 型多业务开放路由器通过基于 OAA 架构的开放通信引擎模块（OCE）提供呼叫处理、IP-PBX、IP 电话会议和即时通信等功能，为用户提供基于 MSR 路由器完美的统一通信解决方案。

（5）多业务线速并发。MSR30 型多业务开放路由器将全新的硬件架构和结构化的软件系统有机结合，可以为用户提供集成数据、安全、语音、视频及各种上层应用的服务，满足用户现有的及未来的互联网应用，而且路由器的原有数据传输性能丝毫未受影响。

（6）成熟的商用操作系统。MSR30 型多业务开放路由器采用华三公司成熟的多业务、可扩展、组件化的先进操作系统平台，全面支持 IPv6，并支持完善的 MPLS VPN 功能，满足各种组网需求。

（7）完善的下一代 IP 协议解决方案。IPv6 作为下一代网络的基础协议以其鲜明的技术优势得到广泛的认可，MSR30 型多业务开放路由器全面支持 IPv4/IPv6 双协议栈，支持通用的 IPv4 路由协议、IPv6 路由协议、组播路由协议和静态路由协议。MSR30 型多业务开放路由器提供了丰富的 IPv4 向 IPv6 过渡方案，包括双栈技术、隧道技术、地址转换技术（NAT-PT）和 MPLS 6PE 技术。

（8）领先的 MPLS 流量工程解决方案。MPLS TE 结合了 MPLS 技术与流量工程，通过建立到达指定路径的 LSP 隧道进行资源预留，使网络流量绕开拥塞节点，达到平衡网络流量的目的。在资源紧张的情况下，MPLS TE 能够抢占低优先级 LSP 隧道带宽资源，满足大带宽 LSP 或重要用户的需求。同时，当 LSP 隧道故障或网络的某一节点发生拥塞时，MPLS TE 可以通过备份路径和快速重路由 FRR，提供瞬时恢复保护。

（9）创新的虚拟路由器（VRF）功能。VRF 可以把一台路由器在逻辑上划分为多台虚拟的路由器，每台虚拟的路由器就像单独的一台路由器一样工作，有自己独立的路由表和相应的参与数据转发的接口，并且彼此业务隔离，这从根本上解决了多种业务并存于一台物理设备且又需要隔离的问题，能够节省用户在设备及通信资源方面的投资。

（10）安全灵活的 VPE 功能。VPE 是一种特殊的 PE，它和 CE 之间的连接方式不是传统的 DDN、E1、POS、ETH、PVC 等专线技术，而是 IPSec、L2TP、GRE、UDP VPN 等隧道技术。VPE 完成 IP VPN 与 MPLS VPN 的融合，在网络边缘实现网络资源的逻辑划分及安全隔离，核心网与边缘网络形成了一个整体，实现了端到端的 VPN 功能。

（11）简单便捷的网络分析工具。NQA（网络质量分析）是测量网络上运行的各种协议性能的一种工具，它可以实现端到端的网络状况监测，包括时延、抖动、丢包率等。不仅能使用 ICMP 协议来测试数据包在本端和指定的目的端之间的往返时间，从而判断目的主机是否可达，而且可以探测 DLSw、DHCP、FTP、HTTP、SNMP 服务器是否打开，以及测试各种服务的响应时间等，提供对网络应用的质量检测。

4）严格的国际认证

MSR 路由器秉承 H3C 公司先进的静音、低功耗的绿色环保设计理念，符合有关 EMC、安全和环保等方面的标准，如 CE、FCC 等安全准入标准。

3. 核心交换机及选型

环网核心交换机采用台湾 Moxa Power Trans PT-7828（图 3-7），模块化千兆网管型 3 层交换机是一款高性能的 3 层交换机，它支持 IP 路由协议，包括静态路由和 RIP v1/v2。

这些特点使得网络的关键应用变得更为简单。PT-7828 可组建高性能的千兆以太网骨干网络、冗余环网，它具备 24/48 VDC 或 110/220 VDC/VAC 冗余电源输入的功能，在提高网络通信稳定性的同时还可以节省布线。PT-7828 模块化的设计为用户提供更加轻松的组网方式，4 个千兆端口和 24 个以太网口使用户在组建网络时更加灵活。PT-7828 还可以选择前/后出线的方式，比较适合各种应用。

图 3-7 台湾 PT-7828 型核心交换机外观照片

1）PT-7828 型核心交换机特点

（1）静态路由支持 RIP v1/v2 通过网络传输数据。

（2）支持 Turbo Ring 和 RSTP/STP（IEEE 802.1W/D）。

（3）IGMP Snooping 和 GMRP 过滤多播封包。

（4）支持基于端口的 VLAN、IEEE 802.1Q VLAN 和 GVRO 协议，轻松实现网络管理。

（5）通过 QoS-IEEE 802.1p/1Q 和 TOS/Diffserv 增加确定性。

（6）采用 802.3ad，LACP 优化网络带宽。

（7）支持 IEEE 802.1X 和 HTTPS/SSL，增强网络安全性。

（8）SNMP V1/V2c/V3 用于不同级别的网络管理。

（9）采用 RMON 提升网络监控和预测能力。

（10）带宽管理可以阻止不可预料的网络状态，端口锁定只允许授权的 MAC 地址访问。

（11）端口镜像用于在线调试。

（12）异常事件通过 E-mail 和继电器自动输出报警。

（13）自动恢复连接设备的 IP 地址。

（14）Line-swap 快速回复。

（15）可通过 Web 浏览器、Telnet/Serial console，Windows Utility 和 ABC-01 配置。

2）PT-7828 型核心交换机规格

（1）PT-7828 型核心交换机符合下列标准：IEEE 802.3（10BaseT）；IEEE 802.3u 100BaseT(X) 和 100Base FX；IEEE 802.3ab 1000BaseT(X)；IEEE 802.3z 1000BaseSX/LX/LHX/ZX；IEEE 802.1D 快速生成树；IEEE 802.1W Rapid STP；IEEE 802.1Q VLAN Tagging；IEEE 802.1p Class of Service；IEEE 802.1X Authentication；IEEE 802.3ad Port Trunk with LACP；流量控制采用 IEEE 802.3x 流量控制，背压式流控。

（2）协议：IGMP v1/v2/v3 device，GMRP，GVRP，SNMP v1/v2c/v3，DHCP 服务器/客户端，DHCP Option 82，BootP，TFTP，SNTP，SMTP，RARP，RMON，RIP v1/v2。

MIB：MIB – II，Ethernet – like MIB，P – BRIDGE MIB，Q – BRIDGE MIB，Bridge MIB，RSTP MIB，RMON MIB，Group1、2、3、9。

流量控制：IEEE 802.3x 流控，背压式流控。

（3）PT – 7828 型核心交换机接口。

①快速以太网：插槽 1、2、3，可安装具备 10/100BaseT（X）或 100BaseFX（SC/ST 接口）类型的 8/7/6 端口模块（10/100BaseT（X）或 100BaseFX）。

②千兆以太网：插槽 4，可安装具备 10/100/1000BaseT（X）和 1000BaseSX/LX/LHX/ZX（LC 接口）类型的 4/2 端口模块。

③控制台：RS – 232（RJ45 连接头）。

④系统 LED 指示灯：STAT，PWR1，PWR2，FAULT，MASTER，COUPLER。

⑤模块 LED 指示灯：LNK/ACT，FDX/HDX，RING PORT，COUPLER PORT，SPEED。

⑥报警触电：一路继电器输出，输出能力 1A@ 24 VDC。

（4）PT – 7828 型核心交换机电源提供过流、反接保护，采用 10 针接线端子方式连接，输入电压、电流如下：

①输入电压：24 VDC（18 ~ 36 V）或 48 VDC（36 ~ 72 V）或 125/250 VDC（88 ~ 300 V）和 110/240 VAC（85 ~ 264 V）。

②输入电流：（所有端口都配成光纤端口）Max 2.58A @ 24 VDC，Max 1.21A @ 48 VDC，Max 0.53A @ 250 VDC 或 240 VAC。

（5）PT – 7828 型核心交换机工作环境，操作温度为 – 40 ~ 85 ℃，储存温度为 – 40 ~ 85 ℃，相对湿度为 5% ~ 95%（无凝露）。

4. 联网交换机及选型

联网交换机可以采用 EDS – 510A 模块化网管型以太网络交换机，其可以提供 3 个千兆以太网端口，特别适合用来建设千兆骨干网络。两个千兆端口用于组建千兆 Turbo Ring，第三个千兆端口可用于级联或者 Ring Coupling。EDS – 510A 的 Turbo Ring 及 Turbo Chain 冗余环网技术（自愈时间 < 20 ms），可大大提升计算网络系统的可靠性和工业骨干网的有效性。EDS – 510A 系列是专门为苛刻环境中的应用而设计的，例如过程控制、造船、ITS 和 DCS 系统，适合组建可靠的骨干网络。

1）EDS – 510A 型联网交换机的特点

（1）IPv6 Ready 认证（IPv6 标志委员会认证）。

（2）IEEE 1588PTP（精密时间协议），用于与网络同步的准确时间。

（3）DHCP Opition 82，用于以不同策略分配 IP 地址。

（4）支持工业以太网协议 Modbus/TCP。

（5）Turbo Ring 及 Turbo Chain（全载时自愈时间 < 20 ms）和 RSTP/STP（IEEE 802.1w/D）。

（6）IGMP Snooping 及 GMRP，用来过滤工业以太网协议中的多播流量。

（7）基于端口 VLAN，IEEE 802.1QVLAN 和 GVRP，实现网络规划。

（8）支持 QoS – IEEE 802.1p/1Q 和 TOS/DiffServ，增加网络确定性。

（9）支持端口聚合，优化网络带宽。

（10）支持 SNMP v3、IEEE 802.1X、HTTPS 和 SSH，增加网络安全性。

（11）支持 SNMP v1/v2/v3 不同等级的网络管理协议。

（12）支持 RMON，有效监控网络。

（13）支持带宽管理，预防不可预见性网络故障。

（14）支持基于 MAC 地址的端口锁定，防止非法入侵。

（15）支持端口镜像功能，便于在线调试。

（16）通过 E - mail 和继电器输出自动报告意外事件。

2）EDS - 510A 型联网交换机的规格

（1）EDS - 510A 型联网交换机符合下列标准：

IEEE 802.3 适用于 10BaseT；IEEE 802.3u 适用于 100BaseT(X) 和 100Base FX，IEEE 802.3ab 适用于 1000BaseT(X)，IEEE 802.3z 适用于 1000BaseX，IEEE 802.3x 适用于流量控制，IEEE 802.1D 适用于生成树协议，IEEE 802.1w 适用于快速生成树协议，IEEE 802.1Q 适用于 VLAN Tagging，IEEE 802.1p 适用于 Class of Service，IEEE 802.1X 适用于认证，IEEE 802.3ad 适用于基于 LACP 的端口聚合。

（2）协议：IGMP v1/v2，GMRP，GVRP，SNMP v1/v2c/v3，DHCP 服务器/客户端，BootP，TFTP，SNTP，SMTP，RARP，RMON，HTTP，HTTPS，Telnet，Syslog，DHCP Option66/67/82，SSH，SNMPInform，Modbus/TCP，LLDP，IEEE1588PTP，IPv6。

MIB：MIB - II，Ethernet - LikeMIB，P - BRIDGEMIB，Q - BRIDGEMIB，ridgeMIB，STPMIB，RMONMIB Group1、2、3、9。

流量控制：IEEE802.3x 流控，背压式流控。

交换属性：优先级队列为 5，最多可用的 VLAN 数为 65，VLANID 数目为 VID1 ~ 5095，IGMP 组达 256，MAC 地址表大小为 8 kb，封包缓冲区大小为 1 Mb。

（3）EDS - 510A 型联网交换机接口丰富，有光纤接口、RJ45 接口、控制口等。

（4）EDS - 510A 型联网交换机输入电压为 25VDC（12 ~ 55VDC），双冗余输入；输入电流为 0.55A@25V，提供过载、反接保护。提供 2 个可移动的 6 针接线端子接口。

（5）EDS - 510A 型联网交换机采用金属外壳，达到 IP30 防护等级，质量为 1170 g

（6）EDS - 510A 型联网交换机存储温度为 - 50 ~ 85 ℃，相对湿度为 5% ~ 95% （无凝露）。

5. 不间断电源设备及选型

不间断电源选用 MUG Plus 系列高可靠、真在线、智能型工频 UPS 电源（3 ~ 40 kW）。

（1）型号：MUG Plus 3kVA/6kVA/10kVA/15kVA/20kVA/30kVA/40kVA。

（2）功率：3 ~ 40 kW。

6. 网络安全设备及选型

计算机网络设备应具有较完善的安全方法措施，应采取硬件与软件相结合的方式，全面确保系统的安全运行，选用 cisco pix 525 防火墙或其他品牌性能相当的产品。

（1）支持应用层报文过滤 ASPF（Application Specific Packet Filter），也称为状态防火墙。

（2）提供多种攻击防范技术，支持智能防范蠕虫病毒技术。

（3）支持透明防火墙。

（4）支持邮件过滤，提供 SMTP 邮件地址过滤、SMTP 邮件标题过滤、SMTP 邮件内容过滤。

　　（5）支持网页过滤，提供 HTTP URL 过滤、HTTP 内容过滤。

　　（6）支持虚拟系统防火墙。

3.2.5　某露天矿计算机网络系统设备清单

某露天矿计算机网络系统设备清单见表 3 - 1。

表 3 - 1　某露天矿计算机网络系统设备清单

序号	产品代码	参　数　规　格	数量
		H3C S5800 系列以太网交换机	
1	LS - 5800 - 32C - H3	H3C S5800 - 32C L3 以太网交换机主机，支持 24 个 10/100/1000BASE - T 端口，支持 4 个 10G/1G BASE - X SFP + 端口，支持 1 个接口模块扩展插槽，AC 电源供电	1
	LSWM1GP16P	16 端口 100/1000BASE - X 以太网光接口模块	1
	SFP - GE - SX - MM850 - A	光模块 - SFP - GE - 多模模块 - （850 nm，0.55 km，LC）	11
		H3C S5120 - EI 以太网交换机	
2	LS - 5120 - 24P - EI - H3	H3C S5120 - 24P - EI - 以太网交换机主机（24GE + 4SFP Combo）	5
	SFP - GE - SX - MM850 - A	光模块 - SFP - GE - 多模模块 - （850 nm，0.55 km，LC）	10
		H3C MSR30 系列路由器	
3	RT - MSR3040 - AC - H3	H3C MSR30 - 40 路由器主机（AC）	1
	LIS - MSR30 - STANDARD - H3	H3C MSR30 系列主机软件费用（标准版）	1
	SFP - GE - SX - MM850 - A	光模块 - SFP - GE - 多模模块 - （850 nm，0.55 km，LC）	1
	RT - MIM - 1GEF - H3	1 端口 1000M 以太网光接口模块	1
		H3C iMC 智能管理中心	
4	SWP - IMC - MIMPW - CN	H3C iMC - 中小型网络管理版（Mini iMC）（含 40 节点）For Windows - 纯软件（CD）中文版	1
		H3C SecPath UTM 系列安全产品	
5	NS - SecPath U200 - A - AC	H3C SecPath U200 - A 统一威胁管理设备主机，交流电源，国内版	1
	LIS - U200A - AV - 1Y	H3C SecPath U200 - A AV 特征库升级服务 1 年	1
	LIS - U200A - IPS - 1Y	H3C SecPath U200 - A IPS 特征库升级服务 1 年	1
	LIS - U200A - AC - 1Y	SecPath U200 - A，应用控制特征库升级服务 1 年	1
	CF - 1G	存储介质 - CF - 1G	1
6	工业以太网交换机	KJJ192	10

3.3 管 理 软 件

3.3.1 计算机网络系统管理软件要求

某露天矿计算机网络系统管理软件要求见表3－2。

表3－2 某露天矿计算机网络系统管理软件要求

属性		说　明
网络互连	局域网协议	ARP
		Ethernet，Ethernet II，VLAN（VLAN－BASED PORT VLAN，VOICE VLAN，Guest VLAN），802.3x，802.1p，802.1Q，802.1x
		STP（802.1D），RSTP（802.1w），MSTP（802.1s）
		IGMP Snooping，GVRP
		PORT LOOPBACK，PORT MUTILCAST suppression，端口镜像
	广域网协议	PPP、PPPoE Client、PPPoE Server
网络协议	IP 服务	快速转发（单播/组播）
		TCP，UDP，IP Option，IP unnumber
		策略路由（单播/组播）
		Netstream，sFlow
	IP 应用	Ping、Trace
		DHCP Server/DHCP Relay/DHCP Client，DHCP Snooping
		DNS client/DNS Static，DNS Proxy，DDNS
		IP Accounting，UDP Helper，NTP
		Telnet，TFTP Client/FTP Client/FTP Server
		Web 页面推送
	深度应用识别（Deeper Application Recognition，DAR）	协议识别： 支持自端口号类型的定义和对应业务的识别 支持对协议类型名称重命名的自定义 支持目前已知多种业务的识别 支持 HTTP 协议特殊属性的识别（如 HTTP 报文中的 URL 地址、hostname 主机名和 MIME 类型） 支持 RTP 协议特殊属性的识别（对 RTP 报文的负载类型对数据流进行分类）
		其他： 支持上述业务识别的报文统计功能
	IP 路由	动态路由协议：RIP/RIPng，OSPF，OSPFv3，BGP，IS－IS 组播路由协议：IGMP，PIM－DM，PIM－SM，MBGP，MSDP
	IPv6	IPv6 基本功能：IPv6 ND，IPv6 PMTU，IPv6 FIB，IPv6 ACL（通过 IPv6 Ready PhaseII 的认证）
		IPv6 过渡技术：NAT－PT，IPv6 隧道，6PE

表 3 - 2（续）

属性		说　明
网络协议	IPv6	IPv6 隧道：手工隧道，自动隧道，GRE 隧道，6to4，ISATAP
		IPv6 路由：IPv6 静态路由（包括组播静态路由）
		动态路由协议：RIPng，OSPFv3，IS - ISv6，BGP4 +
		组播路由协议：MLD V1/V2，IGMPv3，PIM - DM，PIM - SM，PIM - SSM
网络安全性	端口安全	PPPoE Client&Server，PORTAL，802.1x
	AAA	Local 认证，Radius，Tacacs
	防火墙	ASPF，ACL，FILTER
	数据安全	IKE，IPSec
	其他安全技术	L2TP，NAT/NAPT，PKI，RSA，SSH v1.5/2.0，SSL（SSL VPN），URPF，GRE，DVPN 支持 DAR 业务识别的报文过滤和限制 支持 DDOS 防攻击 支持 ARP 防攻击 支持 EAD 端点准入防御功能功能（包括穿越广域网的模式）
可靠性	备份功能	支持接口备份方式 支持 VRRP、VRRPv3 支持基于带宽的负载分担与备份 支持基于用户（IP 地址）的负载分担与备份
	NQA 联动机制	NQA 支持同静态路由、策略路由、VRRP 和接口备份的联动功能，实现端到端链路的检测与备份功能（Auto - detect）
	BFD 联动机制	支持 BFD 快速链路检测，并能够同 RIP、OSPF、BGP、MPLS、VRRP 实现联动，以实现路由和链路的快速切换
QoS	二层 QoS	SP
		LR
		Port - Based Mirroring
		Priority Mapping
		Port Trust Mode，Port Priority
		Flow Control & Back Pressure
	流量监管	支持 CAR（Committed Access Rate）
		支持 LR（Line Rate）
	拥塞管理	FIFO、PQ、CQ、WFQ、CBQ、RTPQ
	拥塞避免	WRED/RED
	流量整形	支持 GTS（Generic Traffic Shaping）
	其他 QoS 技术	基于 IP 的限速，嵌套 QoS，VLAN QoS
	支持的流量分类	支持 ACL 流量分类
		支持 IP Precedence 流量分类

表 3-2 (续)

属性		说 明
QoS	支持的流量分类	支持 DSCP 流量分类
		支持 MAC 地址分类
		支持 ATM CLP 比特分类
		支持 802.1P 分类
		支持基于 DAR 分类
语音	接口	FXS/FXO/E&M
		E1/T1
	信令	R2、DSS1、Q.sig、Digital E&M
	GK Client	GK Client
	SIP	SIP
	Codec	G.711A law, G.711U law, G.723R53, G.723R63, G.729a, G.729R8
	Media Process	RTP/cRTP, IPHC, Voice Backup
	FAX	FAX
	其他	VoFR, 语音 RADIUS, 丰富的语音业务、语音备份, DTMF 传输支持 RFC2833, 智能拨号路由器, FXS 和 FXO 的 1:1 绑定, 断电逃生, SIP Sever 本地存活, IVR
WLAN	支持的标准	802.11b, 802.11g, 802.11n, 802.11i, WPA, WPA 2, 802.11e WMM
	QoS	支持 WMM 队列管理 支持优先级映射
	安全	支持开放系统认证和共享密钥认证 支持 WEP、TKIP 和 CCMP 加密 支持 WPA 和 RSN 安全协议 支持端口认证：PSK、802.1X、PSK 和 MAC
	特性功能	多 SSID、SSID 隐藏 节能模式 802.11 DCF 模式 自动速率调整 802.11g 保护模式 SSID 和 VLAN 的绑定 支持国家码选择 支持设置射频类型 支持更改射频信道号 支持信道自动选择功能
3G 无线	支持的 3G 制式	WCDMA、CDMA2000、TD - SCDMA
	支持的接口形态	USB 接口的 3G - Modem SIC 3G - Modem 接口卡
	支持的功能和特性	遵从对应的 3G - Modem 的功能和特性

表 3 – 2（续）

属性		说　明
服务、管理与维护	网络管理	SNMP v1/v2c/v3，MIB，SYSLOG，RMON，Web 网管，TR069
	本地管理	命令行管理，文件系统管理，Dual Image
	网络质量保证（NQA）	支持 DHCP，FTP，HTTP，ICMP，UDP public，UDP private，TCP public，TCP private，SNMP 等协议测试
		支持语音 jitter 测试
		支持网络的时延、抖动、丢包率等测试
	用户接入管理	支持 console 口登录，支持 SSH 登录，支持 FTP 登录

3.3.2　计算机网络系统管理软件

一个有效并且实用的计算机网络每时每刻都离不开网络管理。一旦网络性能下降，或者因故障而造成网络瘫痪，将给企业造成严重的损失。因此，必须重视计算机网络管理技术的研究和应用。

管理软件选择杭州华三通信技术有限公司研发的 Mini iMC 智能管理平台中小型网络版。它涵盖了传统网管软件的基本功能，包括设备管理、拓扑管理、告警管理、性能管理等，并能通过 MIB 管理思科、华为、3Com 等厂商的数据通信设备。

1. 集中化的设备资源管理

能对 H3C、3Com、华为、思科各厂家网络设备的分类和识别，对设备状态和基本信息的管理，包含了设备的基本信息、接口信息、性能数据和告警信息，如图 3 – 8 所示。

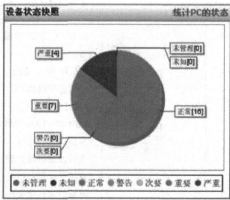

图 3 – 8　Mini iMC 型网络管理软件设备状态

支持对设备访问参数的批量配置和校验，提供对网络设备资源的查找、修改、删除和批量导入/导出功能。

2. 丰富的设备资源管理能力

能够通过自动发现和手工添加方式增加网络设备资源。

自动发现支持多种方式,除了简易的种子发现方式外,还支持路由方式、ARP 方式、IPSec VPN 方式、网段方式发现网络设备,如图 3-9 所示。

支持设备面板管理,所见即所得的显示设备的资产组成和运行状态。

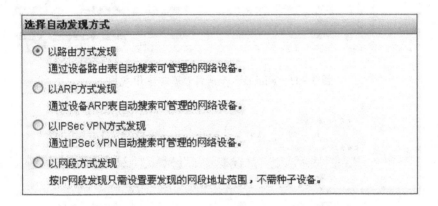

图 3-9 Mini iMC 型网络管理软件路由发现方式

支持对设备以及接口的管理/去管理,接口信息的显示和接口 UP/DOWN 的配置如图 3-10 所示。

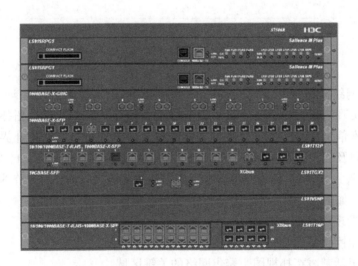

图 3-10 Mini iMC 型网络管理软件接口信息

3. 实用的网络视图

具备实用的视图功能,使得管理员可以从多个角度观测和管理网络。通过 IP 视图,用户可以观测网络的逻辑结构,如图 3-11 所示;通过设备视图,使得用户对网络中设备类型和数量一目了然,如图 3-12 所示。

图 3 - 11　Mini iMC 型网络管理软件 IP 视图

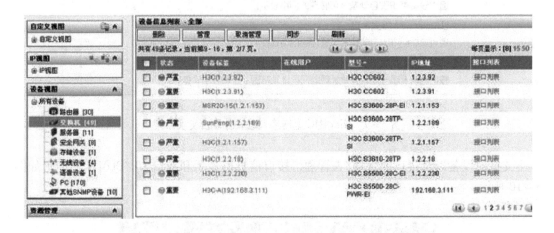

图 3 - 12　Mini iMC 型网络管理软件设备信息列表

4. 完整的网络拓扑

拓扑更加美观清晰，能够实时显示当前视图的拓扑状态。通过在拓扑上浮动显示设备、链路的基本信息和 CPU、链路流量等性能信息，管理员可以在拓扑界面中方便地对网络中的设备以及相关链路进行监视。拓扑上提供了常用的 Ping、Telnet、TraceRoute、打开设备 Web 网管、管理/不管理设备等常用操作和相关链接，拓扑可以作为管理员管理网络的主要入口，如图 3 - 13 所示。其有以下几个优良特性：

（1）自动发现网络拓扑结构。

（2）支持全网设备的统一拓扑视图。

（3）可以灵活裁减拓扑视图，聚焦网络的关键区域。

（4）可以灵活选择设备、背景图标，构建逼近真实网络的拓扑。

（5）可以直接点击拓扑视图节点，快速查看设备面板。

（6）拓扑节点颜色能够直观反映网络、设备状态。

（7）可以灵活定制对设备状态的轮询间隔。

5. 智能的告警显示、过滤和关联

提供丰富的声光告警，还可以针对不同的告警来定义不同的操作提示以及维护参考等，如图 3 - 14 所示。

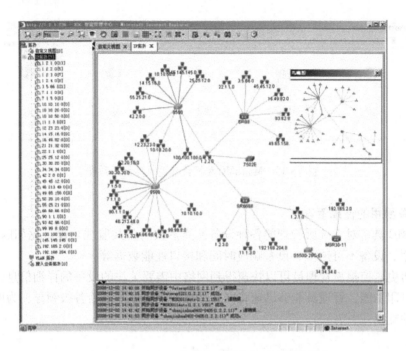

图 3 - 13　Mini iMC 型网络管理软件网络拓扑结构

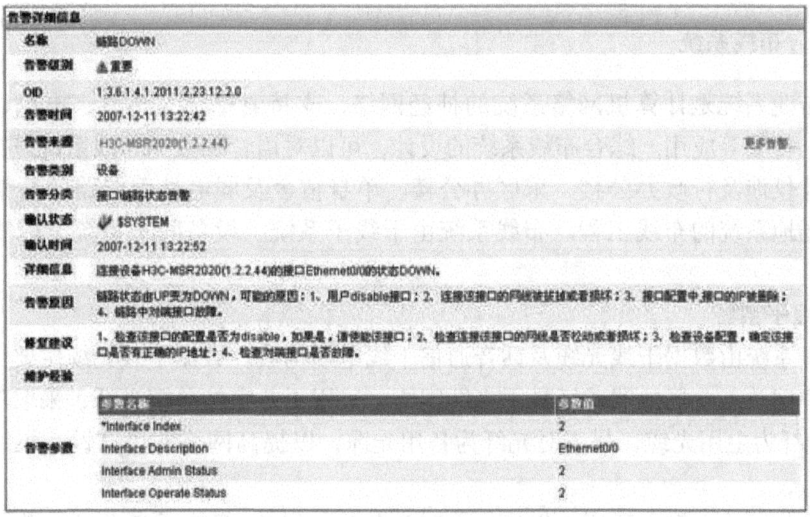

图 3 - 14　Mini iMC 型网络管理软件告警信息

汇总显示发生故障的设备，方便管理员日常维护工作的开展，如图 3 - 15 所示。

6. 直观的状态监控

与传统的网管告警和拓扑状态互相分离做法不同，Mini iMC 使用显著的颜色把故障状态直观地反映在拓扑中的设备和链路图标上，用户仅需要查看拓扑，便可知道网络的整体运行状态。

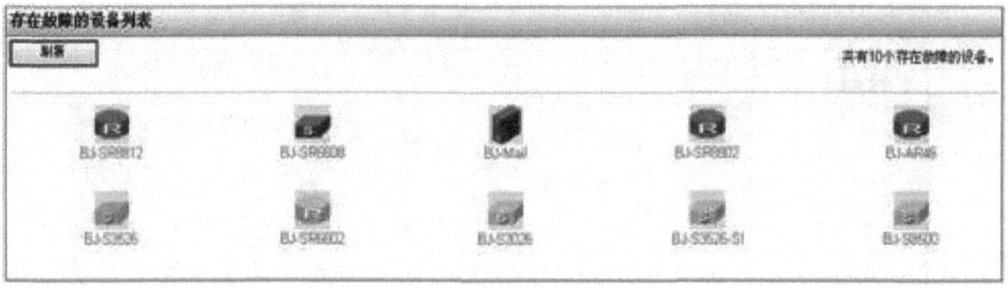

图 3 - 15   Mini iMC 型网络管理软件故障列表

7. 简单易用的性能管理

Mini iMC 具备对系统所管理的各种设备性能参数的公共监视功能，比如内存利用率、CPU 利用率、设备不可达率、设备响应时间和接口性能数据等。

通过历史监控报表管理员可以快速得到网络中需要关注的设备的详细信息，通过报表的导出和打印功能，管理员能够迅速将网络状况汇总数据上报给各级领导，为网络的决策提供有力的支撑。

3.4   综 合 布 线

3.4.1   综合布线系统

综合布线系统是计算机网络系统的神经网络，支持着电话、传真、电脑、电视、图像、控制、音频等应用。综合布线系统的设计，可以对语音及数据布线系统进行统一的设计。本设计仅涉及行政办公楼、采区办公楼、单身宿舍及弱电外引线路的桥架及布线工程、工业场地系统的布线工程。布线系统由干线子系统、设备间子系统、配线子系统构成。

1. 干线子系统

干线子系统由数据干线光缆及话音通信干线电缆构成。数据干线光缆主要用于组建调度楼、办公楼及工业场地间矿区骨干光纤网络，采用 4 芯室外单模光纤，采取 1 主 1 备方式，1 对光纤为主用光缆，另 1 对光纤为备用光缆，以提高网络的可靠性。干线光缆采用直埋方式。

话音通信干线电缆主要用于组建生产区及办公区行政/调度话音干线电缆，采用 HY/HYA/HYAT 型市内通信电缆，线径为 0.5 mm，以减小信号衰减。采用直埋或架空敷设。

2. 设备间子系统

设备间子系统位于调度楼（办公楼机房），通过设备间子系统将行政/调度通信系统及计算机网络等接入到布线系统中，经过干线、管理系统、水平系统和工作区系统，从而达到与末端设备连接的目的，使主干线经过主跳线架连接到各系统主机。

设备间子系统由程控交换机、计算机网络设备、UPS 设备、保安 110 配线架、UTP 配线架、机柜等组成。

3. 配线子系统

配线子系统由将设备间线缆延伸至各接入点配线间的配线组成，该子系统亦包括各配线间的主干所需配线架、跳接线等。配线采用光缆与电缆混合方式。

3.4.2 综合布线设备选型

各类性能优良的综合布线产品和高质量，具有丰富布线工程施工经验的施工队伍是保证整个系统性能和工程顺利实施的基础。布线产品必须重点满足高速数据网络传输的要求，以及考虑高可靠性的要求，具有先进可靠、易于管理维护、易于扩展等特性，并且能配合业务网络的应用发展和管理，具有长远的效益。同时施工队伍也必须具有丰富经验。原因主要表现在以下几个方面：

（1）网络及通信系统的故障大多是因线路引起。根据经验和国内外有关部门的统计资料表明，网络及通信系统的故障70%由连线问题（包括连线本身及接头的松动、脱焊等）引起。这些故障的出现是随机的，因而其造成的损失是不可预估的。从减少系统故障，降低损失的角度出发，有必要安装高性能、高品质、高可靠性的综合布线产品进行布线，也有必要选用一支具有丰富布线工程经验的施工队伍。

（2）布线系统的投资在整个网络及通信系统中所占的比例是极小的。一般布线的投资在整个网络及通信系统投资中所占的比例不会超过5%，也就是说占总投资不到5%的部分出现故障的概率却占70%，所以安装高性能高可靠的布线产品和选用一支具有丰富布线工程经验的施工队伍是有必要的。

（3）综合布线系统的生命期一般长达十几年，比相应其他设备的生命周期长；在网络系统中布线系统的生命周期比网络交换设备、微机及软件的生命周期都长；所以安装布线系统时要考虑这一特点。针对目前的应用，选用性能指标高、性能指标余量较大的综合布线系统，以便在未来的十几年内能够满足通信系统对传输线路的带宽要求。

（4）布线系统改造起来不易。网络设备改造起来通常较为方便，但布线系统改造起来工程量一般较大，牵涉面也较大。由于在建筑物使用过程中办公室布局及人员位置的调整不可避免，大楼安装综合布线系统可以避免因以上调整而需进行的布线改造。而采用传统布线时，当需要进行办公室布局或人员位置的调整时，就需要进行布线的改造，不仅布线系统的投入会增加，也会对办公形成滋扰，影响正常办公事务。

（5）综合布线系统的产品技术已经十分成熟，这一点从国内外已经安装的大量布线系统及其良好的运行可以说明。但是根据施工国际标准、规范，配以有经验的施工队伍及严格的工程管理措施，加上良好的施工工艺，则是综合布线系统的一个难点，只有在选用一种好的产品并配以一支拥有以上条件的施工队伍时，综合布线系统的施工质量才可以得到保证。

目前国内有数十种不同的布线产品，这些产品都有其不同的优点。对产品的评价包括性能、质量、外观、使用管理的方便性、系统扩展性、应用保证、技术服务支持、厂家信誉、价格等多方面的因素，不同的客户在不同的应用环境下会对产品的选择有不同的侧重点。

通过综合考虑、选型，根据业主的实际应用环境及其性能要求，根据各类产品先进性、可靠性、经济性和以后长远发展的需要来进行选择综合布线产品。

3.4.3 某露天矿综合布线设备清单

某露天矿综合布线设备清单见表 3 - 3。

表 3 - 3 某露天矿综合布线设备清单

序号	项　目	规　格	单位	数量
1	保安配线架	300 回	台	1
2	保安配线架	150 回	台	1
3	保安接线盒	5 对	台	2
4	调度楼至办公楼调度通信电缆	HYAT - 120（2×0.5）	m	1500
5	坑口工业场地直埋通信电缆	HYA22 - 2（2×0.5）	m	450
6	保安配线架	100 回	台	1
7	保安配线架	10 回	台	2
8	保安配线架	5 回	台	8
9	露天矿工业场地直埋通信电缆	HYA22 - 2（2×0.5）	m	480
10	露天矿工业场地直埋通信电缆	HYA22 - 5（2×0.5）	m	260
11	露天矿工业场地直埋通信电缆	HYA22 - 10（2×0.5）	m	200
12	光缆	4 芯室外单模光缆	km	4.5
13	双绞线	超五类 4 对低烟无卤非屏蔽双绞电缆	箱	10
14	模块	RJ45	块	20
15	面板	超五类	个	40
16	UTP 配线架	超五类 24 口 RJ45 模块式配线架	个	8
17	总机柜	内装路由交换机等设备	台	1
18	UPS	C2KS	台	8
19	UPS	C10KS	台	2

3.5　监控中心机房及主设备间

3.5.1　监控中心机房及主设备间设计要求

监控中心机房是放置机架式服务器的场所，设置于矿井行政办公楼内，通常机房的面积不小于 $100 \ m^2$，层高不低于 4.5 m。设备间是一个安放用户共用的通信装置的场所，是通信设施和配线设备所在地，也是线路管理的集中点。主要安放有机柜、电缆进线配线架、用户小交换机、局域网服务器等设备。

根据综合布线的设计原则，理想的主设备间应处于靠近机房的位置，以使设备尽可能靠近建筑物电缆引入区和网络接口处，减少布线系统线路浪费。在本方案中，采用数据与语音系统统一的方式，选取调度楼中心机房与主设备间合用的方式。

1. 机柜的布置

（1）数据主设备间采用 19 英寸/42U 的国际标准机柜作为数据主机柜，而语音主设备间亦选用标准机柜，用以放置话音主配线架。

（2）数据主机柜主要放置光纤主配线箱和带光纤接口的网络交换机以及网络交换机所使用的 UPS。光纤主配线箱置于机柜的上部，其下是网络交换机，UPS 置于机柜的底部。

（3）语音配线架的放置顺序非常重要，必须力求利于语音跳线的管理，并且在明确了大楼内部交换机及中继线数目情况下，把交换机的入中继线和交换机的出分机线安排在同一排配线架内，以方便内部分机的管理。

2. 中心机房及主设备间的技术要求

（1）监控中心机设备采用双电源配电，其电源引自矿井 35 kV 变电所 0.4 kV 母线侧不同母线段，另在机房内设在线式 UPS（5 kV·A）两台。

（2）机房内设置接地汇集排，汇集排采用截面积为 35 mm^2 的裸铜线，所有设备的保护接地线通过汇集排连接，控制中心的局部等电位接地端子板与预留的楼层主钢筋接地端子连接。

（3）抗静电接地。抗静电接地与总接地共用一套接地装置，由抗静电地板的金属支架上引出两根 35 mm 裸铜线与等电位端子相连，其他监控中心机房应满足《民用建筑电气设计规范》对电子信息机房的相关要求。

3. 中心机房及主设备间的环境备件要求

中心机房与设备间是整个配线系统的中心单元，它的布放、选型及环境条件的考虑是否得当直接影响到将来信息系统的正常运行及维护和使用的灵活性。所以对环境备件有下列要求：

（1）设备间内应使用架空地板，架空高度应有 30 cm。

（2）要求任意设备间室内温度为 18～27 ℃；相对湿度为 30%～55%，室内无尘，通风、照明良好。

（3）远离电磁干扰源（发射机、电动机、变配电室等）。

（4）配有容量不小于 500 W 的电源插座若干，做好接地系统及后备电源，应符合有关消防规范，配置烟感探头一个、气体灭火器 1301 两个、消防电话一台以及消防广播等有关设备。

4. 中心机房及主设备间的安装空间

（1）房间净高不小于 3 m。

（2）地面以上有效利用空间不小于 2.6 m。

（3）线路交接的连接设备所安装（或相关）的墙面做耐火或阻燃处理。

（4）楼板荷重大于 5000 N/m^2。

（5）门向外开启，大小至少为 2.1 m×0.9 m。

（6）消防喷淋头不得对准配线架或网络设备。

5. 中心机房及主设备间对线管线槽的要求

（1）为确保线路的安全，应使管线槽有良好的接地端。金属线槽、金属软管、电缆桥架及各配线机柜均需整体连接，然后接地。

（2）垂直桥架的作用是提供弱电竖井内垂直干线的通道，通过桥架将光缆和双绞线电缆引出，然后进入弱电管道间的配线机柜内。垂直线缆通过垂直桥架贯通整个大楼，本次综合布线系统的竖井主干线槽采用镀锌线槽。

（3）水平线缆通过各层走廊上方吊顶内的水平桥架进入各个房间，根据实际情况，使用金属线槽（吊顶内）和薄壁金属线管，本次综合布线系统的水平线槽采用镀锌线槽和 DG25 的镀锌线管进行敷设。各配线机房内，将铺设高架地板，并在高架地板下安装金属线槽，将水平桥架、垂直桥架和配线机柜（包括电话主配线架）连接起来。

3.5.2 某露天矿中心机房及主设备间设备举例

某露天矿中心机房及主设备间设备清单见表 3－4。

表 3－4 某露天矿中心机房及主设备间设备清单

序号	数据设备	语音设备	序号	数据设备	语音设备
1	光缆主配线箱	话音主配线架	6	VOIP 网关	
2	交换式集线器 SWITCH/ATM（/FDDI）	外线进线配线架	7	应用系统服务器	
3	核心/联网交换机	防雷配线架	8	视频矩阵	
4	后备电源 UPS	后备电源 UPS 等	9	视频解码器	
5	路由器		10	大屏控制器	

4 露天矿无线传输网络

露天矿的智能信息平台在安全生产、通信调度、安全监测、组织管理和抢险救灾中发挥着重要作用，其需要将采集感知的环境参数、工况参数、视频数据、GPS 定位数据、行驶速度数据、雷达波等信息接入多种业务平台，实现综合业务的有效传输。而如何实现海量监测状态数据的无线传输是露天矿智能信息平台的关键技术之一。

露天矿区大多地处偏远，人烟稀少，自然条件恶劣，与井工矿相比，具有自身的特点。在生产环境上，设备主要在露天开采条件下使用，受自然环境影响较大。在生产方式上，露天矿人员及设备分布零散且具有低速移动性，生产过程封闭性差，易受到自身不同部门和外来人员的干扰。在安全环境上，露天矿边坡和排土场的稳定性直接关系到露天矿的安全生产和经济效益。

露天矿的自然环境和生产作业现场导致矿区传输网络的覆盖不适合采用有线通信系统；露天矿地处偏远，电信运营商的 3G/4G 信号覆盖差，视频传输性差，且按流量计费，价格昂贵。因此，露天矿需要一种支持多种业务接入的，高容量、高速率、低成本的，自组织、自调节、自愈合的通信网络。目前，基于第四代无线移动通信技术的无线 Mesh 网络是最佳选择。

4.1 露天矿无线传输网络概述

4.1.1 无线 Mesh 网络技术特点

无线 Mesh 网络是由移动 Ad Hoc 网络演变而来，并与无线局域网（WLAN）相结合，是一种网络结构呈网状网的特殊的无线局域网。与传统的无线网络不同，无线 Mesh 网络是一种基于多跳路由和对等网络技术的新型网络架构，具有移动、易扩展性等特性，非常适合于大面积开放区域（如露天矿、大学校园和大型社区等）的无线区域通信网络解决方案。

无线局域网要求首先访问接入点才能进行无线连接，接入点需要独立接入固定网络。无线局域网可以在较小范围（几百米）内提供高速数据传输服务，是典型的点对多点网络。而无线 Mesh 网络中，每个节点都可以与一个或者多个对等节点进行直接通信，可以在大范围内实现高速数据传输服务。因此，无线 Mesh 网络在组网方式、传输距离、健壮性方面有很大提高，不仅降低了无线局域网对有线环境的依赖，而且减少了有线网络的租赁费用。

无线 Mesh 网络与移动 Ad Hoc 网络的区别主要体现在业务模式上的不同。移动 Ad Hoc 网络节点的业务主要是于因特网通信时的网关服务，无线 Mesh 网络节点的业务主要是任意一对节点之间的通信业务流。这两种网络虽然都是点对点的自组织多跳网络，但无线 Mesh 网络更强调的是"无线"，提供大范围的信号覆盖和节点连接，组成无线骨干网。

移动 Ad Hoc 则更注重的是"移动",节点地位是对等的,网络连通性依赖于节点之间的平等协作,健壮性比无线 Mesh 网络差。

无线 Mesh 网络与蜂窝网络的区别主要在于投资成本较低。无线 Mesh 网络降低了骨干网络的建设成本和使用费用。同时,网络配置和维护简单方便,无需使用高塔基站,基础设备小巧,也便于扩展。此外,无线 Mesh 网络的网状网结构特点使得其在网络的可靠性方面有着较高的保障。

无线 Mesh 网络与相近无线网络的比较见表 4 - 1。

表 4 - 1   无线 Mesh 网络与相近无线网络的比较

网 络 名 称		WMNs	Ad Hoc Networks	Sensor Networks	WLAN
物理性质	无线链路	是	是	是	是
	多信道	是	否	否	否
	无线骨干网	Mesh router 之间	无	无	无
	能耗限制	Mesh client	受限(所有节点)	严重(所有节点)	无
网络特点	快速部署	是	是	是	否
	自组织网络	是	是	是	否
	多跳路由	是	是	是	否
	专有路由设施	是	否	否	否
其他	节点移动性	Mesh client	所有节点	否	否
	多网兼容能力	有	无	无	无

综上所述,可以看出无线 Mesh 网络具有以下特点:

1. 快速部署和易于安装

Mesh 节点的安装非常简单,只需要将电源接通即可。这使得用户很容易通过增加新的节点来扩大无线传输网络的覆盖范围和网络容量。

2. 组网灵活,维护方便

由于无线 Mesh 网络的组网特点,只要在需要的地方加上无线路由器等少量的无线设备,就可以与已有的基础设施组成无线的宽带接入网。无线 Mesh 网络的网络结构使得其链路中断或局部扩容和升级时,不会影响整个网络运行,这就大大提高了无线网络的健壮性和可行性。

3. 投资成本低

无线 Mesh 网络的初建成本低,属于自建网络,没有后续网络使用费用。并且采用的是非许可频段,减少了服务开支。

4. 非视距传输

无线 Mesh 网络的非视距特性,能够避开障碍物的干扰,扩大网络覆盖范围,消除信号覆盖的盲区。

5. 易于接入异构服务

无线 Mesh 网络可以在不同异构环境下提供多种服务,有助于网络结构的优化和服务质量升级。

4.1.2　无线 Mesh 网络的体系结构

1. 无线 Mesh 网络的节点

无线 Mesh 网络从网络节点功能上划分，大致包含两类节点，即路由节点和客户节点。

（1）路由节点。这类节点兼具终端节点和路由节点的特点，在网络中扮演着网关或者网桥等角色，不仅可以获得 Mesh 网络所提供的网络服务，也可以为其他终端节点进行数据路由转发，如图 4-1 所示。

（2）客户节点。客户节点，也称终端节点，Mesh 网络的客户节点具有以 Mesh 方式组网的基本能力，也可以作为路由节点使用，与 Mesh 路由节点不同的是客户节点不具备网关和网桥的功能，如图 4-2 所示。

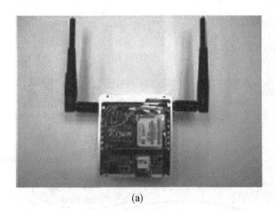

(a)　　　　　　　　　　　　(b)

图 4-1　Mesh 路由节点

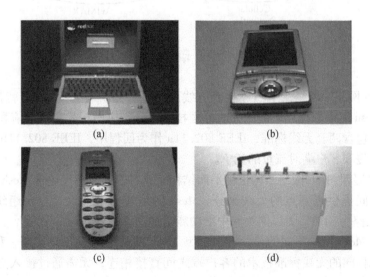

(a)　　　　　　　　(b)

(c)　　　　　　　　(d)

图 4-2　客户节点

　　然而，在实际的商用 Mesh 网络系统中（如露天矿无线 Mesh 网络），不局限于一般无线 Mesh 网络的这两类节点。为了提高无线传输网络的覆盖性，露天矿无线 Mesh 网络也可以增加中继节点。

2. 无线 Mesh 网络的网络结构

　　无线 Mesh 网络的网络结构大致有三种基本类型，即无线骨干型 Mesh 网络结构、客户端型 Mesh 网络结构和混合型 Mesh 网络结构。

　　（1）无线骨干型 Mesh 网络结构由多个无线 Mesh 路由器组成，通过自组织的方式形成骨干网。采用 Mesh 路由器的网关功能与因特网相连，给节点提供网络出口。Mesh 客户端通过路由节点的网关或中继功能接入 WMN，如图 4 - 3 所示，图中虚线代表无线连接，实线代表有线连接。

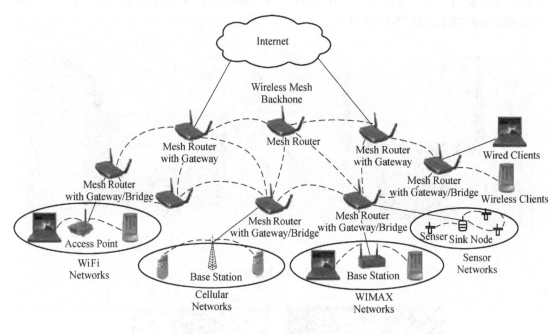

图 4 - 3　无线骨干型 Mesh 网络结构

　　无线 Mesh 网络中若一个节点连接到有线网络上，则所有 Mesh 节点就都可以接入到有线网络。Mesh 路由器使用不同的无线标准技术，分别应用于客户端通信和骨干网通信。这种解决方案包含两套无线标准，IEEE 802.11a 作为回程用，IEEE 802.11b 给客户端用，显著降低了回程和客户端对流量的竞争。

　　（2）客户端型 Mesh 网络结构也称平面结构，这种 WMN 中仅包含 Mesh 客户端节点，在用户设备之间提供点到点的无线服务。Mesh 网络客户端节点通过自组织的方式形成 WMN，并提供路由功能，无需网关和中继功能，如图 4 - 4 所示。

　　与骨干型 Mesh 网络不同的是，客户端型 Mesh 网络中的设备只使用一种类型的无线标准，由采用相同的无线标准技术的客户端之间直接相连，无需通过接入点。这种 Mesh 网络结构不仅在 IEEE 802.11 相关网络中可以应用，而且 IEEE 802.15 个域网也对其提供支持。

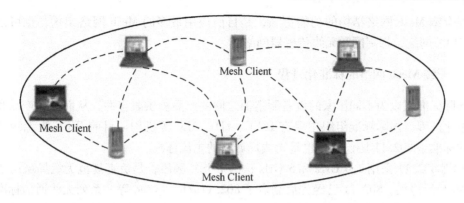

图 4 - 4　客户端型 Mesh 网络结构

（3）混合型 Mesh 网络结构。混合型 Mesh 网络骨干型 Mesh 网络结构和客户端型 Mesh 网络结构两者的混合，具有双层网络结构，如图 4 - 5 所示。Mesh 路由器之间的无线链路构成骨干网络，即上层网络；Mesh 客户端之间的无线链路构成 Mesh 客户端网络，即下层网络。

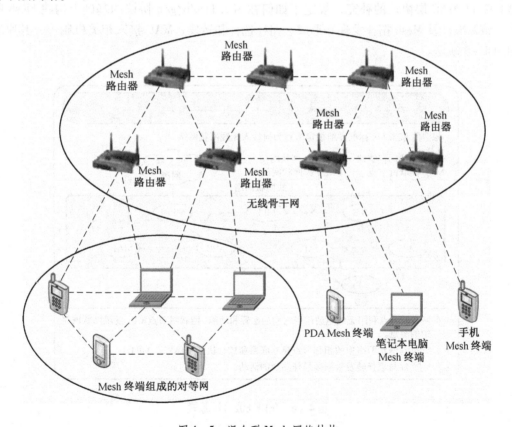

图 4 - 5　混合型 Mesh 网络结构

在混合型 Mesh 网络结构中，骨干网还提供对其他网络接入的支持，如 WIMAX 网络、蜂窝网和无线传感器网络。

混合型 Mesh 网络结构的功能更强,是目前应用最多的 Mesh 网络架构,也可以拓展到 WIMAX 网络、蜂窝网和无线传感器网络中。

4.1.3 无线 Mesh 网络的标准化进程

国际标准可以为不同国家的设备制造商之间的产品提供兼容性,从而加速产品和设备的商业化进程。国际标准组织主要有 IEEE、ITU、IEC 等机构。目前 IEEE 为无线局域网制定的标准是 802.11 协议簇,也是无线局域网的主流标准。

IEEE 802.11 采用 2.4 GHz 和 5 GHz 这两个 ISM 频段,是负责规范无线局域网的物理层和 MAC 层协议。802.11 已经先后制定了 802.11a/b/ ~ y/ac 等一系列无线通信标准。常见的 802.11 b 的数据传输速率达到了 11 Mb/s;802.11 a/g 的数据传输速率最高达到了 54 Mb/s;采用了智能天线技术和软件无线电技术的 802.11 n,数据传输理论速率则最高可达 600 Mb/s,目前业界主流为 300 Mb/s。这些标准多数支持的是单跳网络结构的网络通信,覆盖范围有限。

IEEE 802.11 s 主要研究支持无线分布式系统的协议,目的是实现多个接入点之间通过自动配置拓扑的方式组网,即解决 Mesh 网络多跳传输问题的一个标准。IEEE 802.11s 是 802.11 MAC 层协议的补充,规定了如何在 802.11a/b/g/n 协议的基础上构建 Mesh 网络。该标准涉及 Mesh 拓扑发现和形成、路径选择和转发、MAC 接入相关机制等,其原理如图 4 - 6 所示。

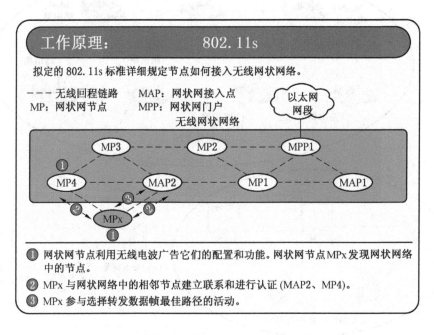

图 4 - 6 IEEE 802.11s 原理

4.1.4 露天矿无线传输网络需求分析

露天矿无线传输网络需要为矿区车辆定位、数据采集、语音通信和视频监视等多媒体监控系统提供移动无线宽带传输的解决方案。

无线传输系统是整个矿山管理系统的关键之一，其性能的好坏直接影响了整个系统的运行质量。为了实现全天候的稳定工作，对无线传输系统提出了以下技术要求：

（1）自组织无线数据通信网络。

（2）系统信号频率采用开放频带（2.4G/5.8 GHz），无需向相关部门申请和注册。

（3）系统要求安装简便，快速部署，随采矿区域的推进易于实现网络覆盖范围的新增、扩展和移除；系统维护简单且成本低，无需频繁的现场测试和设施调整。

（4）系统运行稳定，具有强的抗干扰能力。

（5）系统能够接入多种业务系统，如无线语音服务系统、设备及车辆定位系统、安全数据监测系统等。

4.2　露天矿无线传输网络设计

4.2.1　露天矿无线传输网络中无线链路预算

1. 固定 Mesh 基站之间的无线链路预算

固定 Mesh 基站之间的无线链路预算见表 4－2。

表 4－2　固定 Mesh 基站之间的无线链路预算

802.11 a 开放空间损耗（2 km）	－113 dB	发射功率	26 dBm
发射天线增益	18 dB	接收信号强度	－51 dB
接收天线增益	18 dB		

2. 车地无线通信链路预算

车地无线通信链路预算见表 4－3。

表 4－3　车地无线通信链路预算

802.11 g 开放空间损耗（2 km）	－106 dB	发射功率	26 dBm
发射天线增益	15 dB	接收信号强度	－75 dB
接收天线增益	6 dB		

3. 测试结果

实验测试表明在接收信号强度为 －80 dBm 的情况下可以得到 12 Mb/s 以上的吞吐量。如上的解决方案可以取得 －75～65 dBm 以上的接收信号强度，为实际应用中线缆损耗和开放空间损耗等提供了更多的余量，保证了固定 Mesh 基站之间通信和车地通信的稳定性。

4.2.2　露天矿无线传输网络设计

1. 露天矿无线传输网络组网架构

（1）矿区移动无线宽带网络的核心网络。在中心机房架设 Mesh 根节点以及在矿坑边缘架设多个 Mesh 无线中继节点。中心机房采用最高容量的 OWS2400 – 30 设备作为根节点，设备提供 3 个 5.8GHz 11a 模块和 3 个 2.4GHz 11g 模块。其他通信杆上采用 OWS2400 – 20 设备作为中继节点，设备提供 2 个 5.8GHz 11a 模块和 2 个 2.4GHz 11g 模块。

（2）矿区无线 Mesh 网络的覆盖技术。Mesh 中继节点提供 2.4GHz/5.8GHz 的无线覆盖以及 5.8 GHz 的无线设备互联。5.8 GHz 802.11 a 用于 Mesh 节点之间的互联；2.4GHz 802.11g 用于车载节点的覆盖。

（3）矿区无线 Mesh 网络覆盖范围。Mesh 中继节点的间距平均为 4 km，覆盖周边 2 km × 2 km 区域，即每台基站覆盖 8 km² 区域。

随着矿坑加深，可利用移动小车或架设固定杆，以增加 Mesh 中继节点来扩大覆盖范围。

（4）车载无线 Mesh 网络子系统。车载节点采用 MWS100 设备，该设备具备 280 km/h 高速移动的情况下能够在固定 Mesh 基站之间快速切换，漫游切换不会造成业务中断。

（5）矿区无线 Mesh 网络的跨区切换。移动 MWS 设备在多个基站之间可快速漫游切换。

露天矿无线传输网络的系统拓扑，如图 4 – 7 所示。

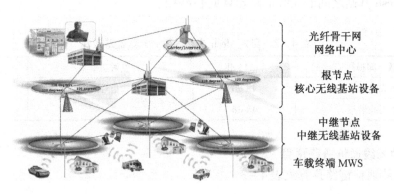

图 4 – 7   露天矿无线传输网络的系统拓扑图

2. 固定 Mesh 基站配置

移动无线宽带网络中主要使用固定基站和移动基站两种，配置如图 4 – 8 所示。

（1）1 个中心机房——根节点采用 OWS2400 – 30 基站。

（2）4 个固定式通信杆——中继无线节点采用 OWS2400 – 20 基站。

（3）20 个边缘可移动式通信杆——中继无线节点采用 OWS2400 – 20 基站。

4.2.3   露天矿无线传输网络的系统功能

1. 提供低时延无线话音业务

利用无线 Mesh 网络系统提供的采掘区域范围的无线信号覆盖，无线移动语音终端可以在网络内部自由的进行语音拨打和接听，快速地提供实时的语音服务。

2. 提供高速无线数据业务

无线 Mesh 网络可提供高达 54Mbps 的传输带宽，利用安装在车辆的上 Mesh 车载节点及摄像头、数据采集设备提供高清晰度的采区实时视频及数据信息，为生产调度提供直观的数据。

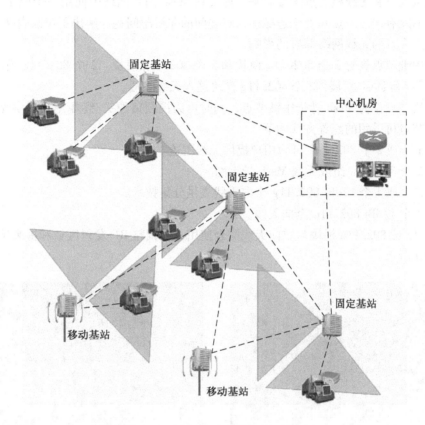

图4-8 固定Mesh基站配置示意图

3. 提供高速无线覆盖

利用无线Mesh网络系统提供的采掘区域范围的无线信号覆盖，可实现无线上网、生产数据上传、现场应急调度、车辆定位、无线数据处理等业务，有效地补充有线网络的覆盖范围。

4.2.4 无线Mesh网络主要设备

1. 无线Mesh网络的基站设备

1）根节点基站

无线Mesh网络根节点是与有线网络相连的节点，选用美国Strix公司的OWS2400-30基站。为了提供更高的吞吐量，采用多扇区等设计，按照实际环境的经验值，每个802.11a扇区在1 km内可提供15 Mbps以上的汇聚吞吐量，每个802.11g扇区在1 km内可提供10 Mbps以上的汇聚吞吐量。无线核心点采用多个天线阵列，必须安装在屋顶。本系统采用6天线设计，6个802.11a扇区汇聚吞吐量达到90 Mbps，6个802.11g扇区汇聚吞吐量为60 Mbps，完全可以满足大规模无线城域网的部署要求，如图4-9所示。

2）无线中继节点

无线中继节点选用美国 Strix 公司的 OWS2400 - 20，其作为 Mesh 网络中的无线中继节点将无线接入点和无线核心点连接起来。通过在 Mesh 网状网络中使用一个或多个中继节点，可以消除有线接入点和处于边缘接入点之间的非视距问题，解决了市区内高大建筑物对传统点到多点的无线网络部署的影响。

无线中继节点具有 2 个 802. 11a 模块和 2 个 802. 11g 模块。2 个 802. 11a 模块分别负责 Mesh 回程和 Mesh 扩展，2 个 802. 11g 模块接入无线终端。

多模块节点作为 Mesh 骨干中继节点，同时可为视频摄像头/终端用户提供无线接入。无线中继节点可采用的配置方式如下：

（1）1 个或 2 个 802. 11g 可为用户提供无线覆盖。

（2）2 个 802. 11a 组成无线 Mesh 骨干网。

（3）2 个或 4 个 12dBi 802. 11g 全向天线提供分集技术。

（4）2 个 12dBi 802. 11a 全向天线。

802. 11g 或 802. 11a 模块与定向天线配合使用，来调整 RF 发射区域和提高覆盖范围，如图 4 - 10 所示。

图 4-9　监控中心架设的
无线 Mesh 根节点基站

图 4-10　太阳能供电的
无线 Mesh 中继节点

3）无线车载节点

车载台选用美国 Strix 公司的 MWS 系列，用于车载设备的接入，保证车载设备高速移动和快速切换下依然保证无间断的通信。MWS 同时为车内设备提供以太网口，以供车内的视频、语音和数据设备的接入。

4）管理板卡

选用美国 Strix 公司的 NS8 系列管理板卡作为网管设备，NS 系列板卡可以帮助 Access/One 无线 Mesh 系统作为安全统一的整体协调工作，确保网络规模根据用户业务增长的需要不断扩展。网络服务器提供了以下关键功能：

（1）先进的安全性。在标准协议基础上增强的安全功能。

（2）动态组网功能。自组网、自配置、自修复。

（3）网络管理功能。统一配置、批量配置、管理监控。

（4）流量优先级和控制。提升无线 Mesh 网络内用户流量的处理效能。

美国 Strix 公司网络服务器板卡提供了整套的安全工具，包括标准的 802.11i 安全协议，支持硬件加速的 AES 加密和 VPN 透传，提升了系统级别的安全性，避免攻击者和非法接入点对系统安全的影响。

在自动配置过程中，每个无线 Mesh 节点都会自动关联到某个网络服务器板卡，建立管理和控制信息的通道，其他流量将根据 Strix DMATM 路径原则进行路径选择。如果无线环境发生变化（如增加新节点、Mesh 链路发生变化等），数据路径可以自动重选路由。

网络服务器板卡内置了 Manager/One 网管系统，提供层次化的管理架构，即整网级别、子网级别和节点模块级别的管理。实际上，每个模块的管理都可以通过单击 Manager/One 管理系统内的图标得以完成。

2. 无线 Mesh 网络的基站设备的性能参数

1）核心及中继设备技术规格要求

（1）无线标准：IEEE 802.11a/b/g。

（2）频段：802.11g 2.4 GHz/802.11a 5.8 GHz。

（3）数据速率（Mbps）：6、9、12、18、24、36、48、54。

（4）以太网：10/100 以太网（自适应）。

（5）电源：自感应 120/240 VAC 50/60Hz，内置 ANSI / IEEE C62.41 C3 级别集成的分支电路保护。

（6）保护电路：用电保护为 ANSI / IEEE C62.41，UL 1449 第二版；10kA @ 8/20 μs 波形，每相位 36 kA；L－L、L－N、L－PE。

（7）数据保护：EN61000－4－2 级别 4，ESD 保护；EN61000－4－5 级别 4，电涌保护；EN61000－4－4 级别 4，电流快速瞬间爆发保护；EN61000－4－3 级别，电磁场保护。

（8）工作温度：－40 ~ +55℃。

（9）储藏温度：－50 ~ +85℃。

（10）湿度：10% ~ 90 %，非冷藏。

（11）天气等级：IP67 防水。

（12）可承受风速：165 英里/时。

（13）可承受风力（165 英里/时）：< 1024 N。

（14）抗盐/雾/生锈特性：Mil－STD－810F 509.4。

（15）抗击打和抗震性：ESTI 300－192－4 规格 T41.E，Class 4M3，Mil－STD－810。

2）边缘设备技术规格要求

（1）无线标准：IEEE 802.11a/b/g。

（2）频段：802.11g 2.4GHz/802.11a 5.8 GHz。

（3）技术速率（Mbps）：6，9，12，18，24，36，48，54。

（4）以太网：10/100 以太网（自适应）。

（5）电源：外接供电输入 12 –48 VDC +∕ –10%，或高功率 POE。

（6）工作温度：–40 ~55 ℃。

（7）储存温度：–50 ~85 ℃。

（8）湿度：10% ~90%（非冷凝）。

（9）安全：WPA – PSK；WPA2 – PSK。

（10）远程管理：CLI，Web，SNMP 管理。

（11）本地管理：通过管理 VLAN 远程管理。

3. 无线 Mesh 网络的基站天线

基站天线选取佛山健博通生产的 2.4 GHz 及 5.8 GHz 扇区天线，主要设备及参数如下。

（1）2.4 GHz 扇区天线的技术参数见表 4 –4。

表 4 –4　2.4 GHz 扇区天线技术参数

频率范围/MHz	2400 ~2483	前后比/dB	≥25
带宽/MHz	83	驻波比	≤1.5
增益/dBi	14	阻抗/Ω	50
垂直面波瓣宽度/(°)	15	极化方式	垂直
水平面波瓣宽度/(°)	90		

（2）5.8 GHz 扇区天线的技术参数见表 4 –5。

表 4 –5　5.8 GHz 扇区天线技术参数

频率范围/MHz	5150 ~5850	前后比/dB	≥23
带宽/MHz	700	驻波比	≤1.5
增益/dBi	17	阻抗/Ω	50
垂直面波瓣宽度/(°)	8	极化方式	垂直
水平面波瓣宽度/(°)	90		

4. 无线 Mesh 网络的太阳能供电设备

由于采区电缆布线不便，因此无线中继节点采用太阳能供电。综合考虑现场的日照情况及负载情况，本系统选用如下配置。

1）太阳能供电设备负载功率及日耗电量计算

太阳能供电设备负载功率及日耗电量计算见表 4 –6。

表 4 –6　太阳能供电设备负载功率及日耗电量

负载	功率/W	工作时间/h	耗电量/(W · h)
设备	65	24	1560.00

2) 太阳能供电设备主要配置

太阳能供电设备主要配置如下：

（1）太阳能电池板：750 Wp，由 6 块 24 V、125 Wp 电池板串并联组成。

（2）充电控制器：24 V、40 A，1 台。

（3）正弦波逆变器：24 V，300 W，1 台。

（4）蓄电池：12 V、120 Ah，6 块。

3) 太阳能供电主要设备技术参数

太阳能供电主要设备技术参数如下：

太阳能电池组件，组件由单晶硅太阳电池串并联组成。阳极氧化铝合金边框构成实用的方形结构，允许单个使用或阵列使用。配备标准支架系统及安装孔。防尘接线盒，保证接线的安全可靠。保证 25 年的使用寿命。

4) 太阳能供电设备典型参数

太阳能供电设备典型参数见表 4-7。

表 4-7 太阳能供电设备典型参数

电池正常工作温度	50 ℃	安装孔径	$\phi9$
短路电流温度系数	+0.4 mA/℃	峰值功率（W_p）	120 W
开路电压温度系数	-60 mV/℃	开路电压（V_{oc}）	21.5 V
填充因子	70%	最大功率电压（V_{mp}）	17.6 V
边框接地电阻		短路电流（I_{sc}）	5.56 A
迎风压强	2400 Pa	最大功率电流（I_{mp}）	5.86 A
绝缘电压	≥1000 V		

注：标准测试条件，辐照度为 1000 W/m^2，电池温度为 25 ℃。

5) 太阳能供电控制器技术参数

太阳能供电控制器技术参数见表 4-8。

表 4-8 太阳能供电控制器技术参数

额定电压	12/24 V，自动识别	负载再连接电压	12.8/25.6 V
强充电压	14.4 V/28.8 V（25 ℃）	允许的环境温度	-25 ~ +50 ℃
浮充电压	13.7 V/27.4 V（25 ℃）	防护等级	IP20
负载切断电压	11.0 ~ 12.2 V/20.0 ~ 24.4 V，取决于设置		

6) 太阳能供电蓄电池技术参数

太阳能供电蓄电池技术参数见表 4-9。

表4-9　太阳能供电蓄电池技术参数

设计寿命	8年			
容量（25℃）	20 小时 （11.6 A，1.8 V）	10 小时 （10 A，1.8 V）	5 小时 （33.7 A，1.8 V）	1 小时 （111.6 A，1.75 V）
	174 Ah	150 Ah	126.5 Ah	83.7 Ah
荷电内阻	满电情况下 4 mΩ（25℃时）			
自放电	25℃环境中每个月3%			
温度对 容量的影响	40℃	25℃	0℃	-15℃
	105%	100%	85%	65%
充电电压	循环使用		浮充使用	
	14.5~14.9 V（-30 mV/℃），最大充电电流：45 A		13.6-13.8 V（-20 mV/℃）	

4.2.5　某露天矿无线 Mesh 网络设备清单

某露天矿无线 Mesh 网络设备清单见表4-10。

表4-10　某露天矿无线 Mesh 网络设备清单

序号	产品名称	规　格	单位	数量
1	无线 Mesh 根节点	OWS2400-30	套	1
2	2.4 GHz 根节点天线	TDJ2400I	套	3
3	5.8 GHz 根节点天线	TDJ5158I	套	3
4	无线 Mesh 中继节点	OWS2400-20	套	4
5	2.4 GHz 中继节点天线	TDJ2400I	套	8
6	5.8 GHz 中继节点天线	TDJ5158I	套	8
7	无线 CPE	MWS100-HSX10	套	11
8	5.8 GHz CPE 天线	TDJ5158I	套	11
9	无线 Mesh 车载节点	MWS100-RW	套	1
10	2.4 GHz 车载节点天线	TQJ-2400B	套	1
11	无线 Mesh 网管理板卡	NS8	块	2
12	中继节点太阳能供电系统	定制	套	4
13	2.4 GHz 避雷器	CA23-RP	个	11
14	5.8 GHz 避雷器	BL-5500N	个	22
15	基站发射杆	定制	根	16

4.3　露天矿无线 Mesh 网络的特点

1. 性能卓越的 Mesh 自组网协议

优越的 Mesh 网络自组网协议是无线 Mesh 网状网稳定运行的关键，美国 Strix 公司的专利 DMATM 组网协议开发于 2000 年，历经 10 年的更新和优化，是业界最稳定、高效的 Mesh 组网算法协议。Strix DMATM 自组网协议由高性能 Mesh 架构以及可扩展 Mesh 快速重路由两部分组成，分别定义了 Strix 无线 Mesh 网状网的硬件架构和软件架构。

Strix DMATM 协议旨在提高系统的自动组网能力、自动性能调整能力、自动修复链路能力、拓扑快速收敛能力以及链路快速切换能力。无线 Mesh 网络特性如下：

（1）模块化多射频、多模块、多信道技术。

（2）拓扑快速收敛能力。

（3）多跳高性能，低带宽和时延损耗。

（4）自动发现、自动组网。

（5）自动配置，整网统一配置推送。

（6）最优链路、备份链路的实时动态优化。

（7）基于信号强度、网络性能和负载情况等综合指标自动的动态的链路选择。

（8）无线网络链路自愈、自修复。

（9）高速移动、快速切换。

2. 业界最高性能，满足大规模、大范围的无线组网

Strix Access/One 采用多射频模块、多信道和多射频技术组建无线 Mesh 网络，实现了业界最高的多跳组网性能。

Strix 无线 Mesh 基站同时支持 2.4 GHz、4.9 GHz 和 5.8 GHz 等多个频段，并且内置多个不同功能的无线模块，分别处理 Mesh 回程上行、Mesh 回程下行以及终端无线接入等业务，Mesh 基站最多支持 6 模配置，每模块提供 54 Mbps 无线带宽，是业界容量最高的无线基站设备。Strix 新推出的 MIMO Mesh 基站，提供了与有线网络相当的性能，带宽可高达 450 Mbps。

在实际组网案例中，通过专用的无线模块处理 Mesh 上行业务和下行业务，确保了无线 Mesh 网络每跳带宽损耗低于 10%。Strix 内部实验室测试以及美国 Iometrix 独立实验室的测试表明，Strix 多模无线 Mesh 网络每跳带宽衰耗低于 1%。

与有线光纤网络相连的根节点设备采用多扇区组网技术（3 扇区、6 扇区等），充分的将光纤点的带宽资源注入到无线 Mesh 网络。利用多个根节点的多网关备份能力，充分的利用传输资源，实现网络性能的覆盖均衡和冗余备份。

Strix 基站具备业界最高的无线模块密度，无线 Mesh 组网单跳最高距离可达 40 km，支持 15 跳以上的大规模无线组网。在同样成本的情况下覆盖同等区域，基站密度低于其他无线 Mesh 解决方案，提供更高带宽、更低时延，更适合视频、语音和数据 Triple - Play 业务，可完全满足无线城市电信运营商建网，以及工矿厂区、城际铁路、油气田等行业专门的大规模、大范围无线组网。

3. 部署便捷灵活、易于扩展

Strix 无线 Mesh 网络由核心层、汇聚层和接入层组成，形成立体的、有层次的分布式无线 Mesh 网络架构。

Strix 无线 Mesh 网络组网灵活便捷，不受光纤传输资源的限制，可根据业务分部需要安装 Mesh 基站。Strix 多模无线 Mesh 网络内部性能损耗非常低，不需要额外地增加光纤点来弥补内部性能损耗。在同等的光纤资源下，比传统网桥、单模 Mesh 和双模 Mesh 等技术提供更广阔的覆盖和接入范围。对于覆盖某个特定区域，Strix 多模无线 Mesh 组网所需要的光纤节点远少于单模和双模 Mesh。

光纤点的节省意味着初期额外的光纤部署成本（CAPEX）和运营期间光纤租用成本（OPEX）的减少。因此，多模无线 Mesh 网络毫无疑问地降低了网络的总体成本，摆脱了光纤传输资源在组网上的限制。

Strix 无线 Mesh 网络灵活使用多个射频技术和频段，包括 2.4 GHz、5.8 GHz 和 4.9 GHz频段和 802.11a/b/g/j/n 无线技术，均可根据需要任意的用于无线覆盖和无线互联。

Strix 无线基站支持外接天线，配合不同类型的天线，如全向天线、板状天线、扇区天线和抛物面天线等，实现无线 Mesh 设备互联和无线网络覆盖，都可以通过选择相应的外接天线和调整天线垂直角度，以实现最大化的组网灵活度和多层次的组网。

Strix 多模块、多射频、多无线技术 Mesh 网络具备更强的抗干扰能力，利用智能频点扫描和多频点规划能力，避免无线 Mesh 网络系统内的干扰问题。同时，配合扇区和定向天线，能减少 Mesh 组网和覆盖区受到外界干扰的机会。

4. 高移动性

Strix DMATM 动态网状网架构协议支持高速移动和快速切换。Strix 专门设计了车载 Mesh 设备用于铁路、交通和应急等领域的车地通信。

系统支持 300 km/h 高速移动下的快速切换，满足高速移动下视频、语音和数据等业务的不间断传输。

5. 业界高等级安全性和管理性

Strix 无线 Mesh 网络内建可信机制，用于 Mesh 设备的统一认证和互信。管理人员在网络管理系统中可统一认证无线 Mesh 设备，通过一次性的操作批量认证和授权 Mesh 设备，未经认证授权的 Mesh 节点将自动阻断用户数据，保证网络数据私有性。同时，Mesh 链路安全性由 AES 强制加密方式实现。

Strix Access/One 系统及其配合的标准软件/硬件安全系统允许用户根据策略（Policy）实施无线网络安全，保证敏感数据的完整性，提供完整的用户认证，无线流量加密并且实时监测网络活动等等。Strix 支持目前业界先进的 802.11i 无线安全标准。在加密方式上支持 WEP、TKIP 和 AES，认证方式上支持明文、共享密钥、MAC 地址和 802.1x 等多种方式，确保仅有被授权的无线终端才能接入到网络中。

Virtual/StrixTM 技术提供了虚拟网功能，为了不同类型的无线用户提供相应的安全等级和服务质量。

Strix Manager/One 系统将提供专门的管理能力，使部署和管理更加简单，支持成百上千节点的无线部署，为城区等大范围部署提供全面的无线接入覆盖，满足城域级别的无线网络管理需要，包括网络健壮性监控以及细颗粒度可管理性。

作为强有力的网元管理系统，Strix Manager/One 允许网管执行多种管理功能，包括空中接口管理、网络节点统一管理、整网性能监控和统计等。Strix 提供了基于浏览器或者命令行界面的集中网络管理工具，并且支持 SNMP 功能。

5 露天矿视频监视系统

由于露天矿区面积较大，为了能够实时了解现场情况，需要在采场、工业场地、破碎站、关键路口和路段安装高清摄像机，实时将监控图像传输到调度中心进行显示。通过视频监视，调度员和生产指挥人员能够更直观、准确地掌握厂区环境实施情况，从而更有效地指挥生产、处理和解决生产中出现的各种问题和事故。同时还能够将所生事件的全过程进行录像备份，对重要数据进行记录，为处理事故提供真实依据。

露天矿视频监视系统用于生产区域重点岗位及采区，以满足实时监控的需要。根据传输线路不同，视频监视系统分为有线视频监视（工业电视）和无线视频监视两个子系统。

5.1 有线视频监视子系统

有线视频监视子系统对矿区主要生产环节和重要场所实现实时监控，在露天矿安全生产中起到了重要作用，该系统一般分为前端设备、视频传输设备、视频控制设备、显示单元这几个部分。

5.1.1 有线视频监视子系统需求分析

某露天矿有线视频监视子系统用于实现对变电所、水处理站、矿区周界、车库、停车场及加油站等区域的监控，具体布置见表5-1。

1. 功能要求

1）图像监控

（1）灵活的监控方式：在本方案中有线视频监视即可采用单画面或多画面实时浏览方式，又可采用手动或自动轮询浏览，轮询时间可设置。

（2）支持监控点摄像机的远程 PTZ（Pan/Tilt/Zoom）控制。

（3）支持图像编码、字幕显示的配置和管理。

（4）支持移动侦测、音频对讲功能的操作与管理。

（5）可外接键盘和矩阵，实现图像切换和 PTZ 控制。

表5-1 某露天矿有线视频监视系统摄像头分布表

序号	位　置	数量	要　求
1	库房	1	室外高速球机
2	库棚	1	室外高速球机
3	加油站	1	室外高速球机
4	停车场	2	室外高速球机

表 5 - 1（续）

序号	位　　置	数量	要　　求
5	变电所	1	室外高速球机
6	矿周边公路	5	日夜型枪型摄像机
7	锅炉房	1	室外高速球机
8	车库	1	日夜型枪型摄像机
9	大门	1	室外高速球机
10	生活水处理	2	室外高速球机
11	机修车间	1	室外高速球机
12	矿坑水处理	1	室外高速球机
13	矿坑排水	2	室外高速球机
14	炸药地面站	（引入）	
15	炸药库	（引入）	
16	吉朗德水泵房	1	室外高速球机

2）存储回放

（1）存储方式灵活，支持无线车载前端存储和有线视频监视中心录像存储和客户端录像存储等多种方式。

（2）支持告警录像、定时录像、手动录像等控制方式。

（3）可按多种参数实现录像资料的检索。

（4）支持录像文件的本地回放和远程点播。

（5）录像回放中提供快进、拖拉等多种控制功能。

3）音频通信

（1）提供监控点音频上传到客户端功能。

（2）提供客户端音频向监控点广播喊话功能。

（3）提供客户端与监控点之间的双向对讲功能。

（4）通信过程中的音量大小可调节。

（5）支持回声消除，保证双向对讲时的效果。

4）报警联动

（1）支持前端编码设备的开关量输入告警联动。

（2）支持移动侦测告警联动。

（3）通过二次开发接口与其他系统结合实现告警联动。

（4）支持图像切换、录像、读秒等联动操作。

（5）可通过前端编码设备提供声、光、电警示等联动控制。

5）电子地图

（1）可载入电子地图文件，载入时的显示比例可设置。

（2）支持多层电子地图，可进行总图、下级图进行分层管理。

（3）可在电子地图中添加、删除和移动图元。

（4）支持图元名称、属性及对应前端编码设备的配置。

（5）可通过双击图元实现前端监控图像的实时浏览。

（6）可实现电子地图的全局或局部放大、缩小。

6）用户管理

（1）提供用户及用户组的添加、删除以及用户信息的修改。

（2）支持超级管理员、用户管理员和操作员3种用户。

7）认证管理

（1）实现用户登录信息的认证。

（2）登录用户的授权。

8）权限管理

（1）采用用户分级管理机制实现用户权限的授予和取消。

（2）可针对不同用户分配不同的系统操作和设备管理权限。

9）设备管理

（1）提供设备的添加、删除以及设备信息的修改。

（2）可根据设备的名称、类型等参数进行设备搜索。

（3）支持设备权限的设置和修改。

（4）支持设备软件的远程升级功能。

10）网络管理

（1）提供系统配置管理和系统性能管理。

（2）提供告警管理、安全管理和日志管理。

（3）提供状态监测、系统备份及数据恢复功能。

2. 设计原则

该露天矿视频监视子系统应满足如下技术要求：

（1）设计的系统应具有电视监控功能，对重点岗位进行不间断监视，提高生产管理水平。

（2）要求设计的电视监视子系统应具备以下特点：监控中心在调度指挥中心，对上述监控点进行集中监控。对所监控的重点岗位设备运行情况一目了然。监控中心能对选择的监控点在大屏幕电视上进行实时视频显示，进行不间断地数字视频存储，能够根据时间对存储的历史图像数据进行检索和回放。重要图像资料及时保存到硬盘上，以便日后查证，还可刻录光盘备份；选型设备要求技术成熟，稳定性高，功能全面，操作简便，性价比优。

（3）设计的该系统应具备传输到上一级视频网络系统的功能。

（4）在行政办公楼设置分监控中心，可实现对所有监控点画面的实时预览，但不具备控制功能。

5.1.2　有线视频监视子系统设计

1. 技术路线

该露天矿设计16个有线监控点，总计21个摄像头，包括整个矿区的生产区监控，存储30天，采用集中接入方式、数字网络结构，具体设计如下：

（1）监控中心：配置监控平台，集中解码器，IP存储单元，建立视频监视指挥中心。通过监控中心控制台可以对所有下属监控点进行接入，进行远程管理控制，图像显示，告警联动和远程声音对话等。

（2）前端接入中心：配置视频编码器，通过网络和监控中心监控平台连接。在车载节点上配置车载硬盘录像机，本地存储车载视频。

（3）前端监控点：采用防尘度达到IP66或IP65的监控球机，摄像机像素在520线或580线。

有线视频监视子系统逻辑结构图如图5-1所示，系统建成后，可以实现全网的视频监视和集中管理，实现自主式视频监视，系统可以分权限地进行浏览和控制，避免了以往电话通知图像切换的繁琐管理模式。

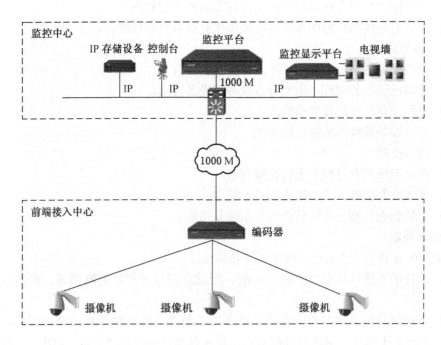

图5-1 有线视频监视子系统逻辑结构图

数字网络视频监视技术为当前流行的监控技术，它基于TCP/IP通信网，集中了多媒体技术、数字图像处理及远程网络传输等新技术，系统可以扩容增加智能监控服务器，对重点区域实现警戒线、财产保护、进出统计等功能，可以提供清晰流畅的视频监视图像和无人值守监控。

2. 系统组成

有线视频监视系统逻辑结构通常可分为媒体交换、前端接入以及用户访问3个层次，具体由中心业务平台、网络录像单元、编码单元、解码单元和客户端单元等设备组成，如图5-2所示。

1）媒体交换层

媒体交换层由中心业务平台和网络录像单元组成，主要负责视频音频的传送、存储以及系统管理。中心业务平台是整个系统的核心，逻辑上需要实现用户接入认证、系统设备管理、业务功能控制以及媒体分发转发等功能。网络录像单元用于实现网络媒体数据的数字化录像、存储、检索、回放以及管理。

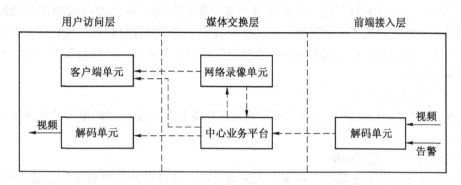

图5-2　有线视频监视系统组成

2）前端接入层

前端接入层主要由编码单元、视频采集单元、报警单元等组成。编码单元主要实现视音频信号、报警信号的采集编码、网络传输以及辅助设备（如云台、矩阵等）的控制。编码单元通过局域网（LAN，Local Area Network）、无线 Mesh 网络（WMN，Wireless Mesh Network）等 IP 网络接入中心业务平台；视频采集单元一般指监控摄像机，实现监控图像采集输入到编码单元；报警单元主要是报警信号发生设备，通常有烟感、温感、红外、门磁等设备。

本项目编码单元采用网络视频编码器。网络视频编码器可实现监控点信号的输入、编码，前端存储与传输，具有多路视频输入接口和双向语音接口，可提供多种格式视频监视图像。

根据需求，本次项目配置防尘度达到 IP66/IP65 级别监控摄像机，实现 24 小时不间断定点监控。

网络视频编码器提供告警电平输入输出接口，可接入温感、烟感、门磁、红外等报警设备。

3）用户访问层

用户访问层由客户端单元和解码单元组成。客户端单元是远程图像集中监控和维护管理的应用平台，主要实现图像浏览、录像回放、辅助设备控制、码流分发控制等业务功能。解码单元主要负责在客户端单元的控制与管理下，实现视音频信号的电视墙解码输出。

本项目可使用电脑通过客户端软件对监控图像进行浏览、操作、管理。监控平台支持多客户端接入，公司领导、操作员均可通过客户端软件浏览监控图像。系统可为用户分配不同控制权限。

3. 系统特点

该露天矿有线视频监视子系统采用先进的网络视频监视技术，它基于 TCP/IP 通信网，集中了多媒体技术、数字图像处理及远程网络传输等新技术，可以提供清晰流畅的视频监视图像效果。相对传统的模拟监控和数字视频录像机（DVR，Digital Video Recorder）方式的监控，其优势主要体现在以下几个方面：

1）领先的应用架构

子系统采用领先的数字化、网络化及智能化联网架构，可通过高效的视音频编码技术、灵活的网络处理技术以及智能的应用整合技术，为用户提供高效、便捷的远程监控整体解决方案。设备基于嵌入式软件和工业级设计结构，集成度高，运行安全可靠，不会受到网络病毒侵扰。

2）优异的图像质量

系统采用先进的 MPEG - 4/H. 264 等视频编码算法，可实现清晰流畅的图像效果，实时性好。

3）部署简单、使用便捷

系统部署与设备安装简单、快捷，系统通过中心业务平台集中调度的方式实现业务、用户以及设备的统一管理，有效地保障了系统运行的稳定性和安全性，同时也提高了系统的运行效率和用户的使用便捷性。此外，具备良好的用户界面，操作使用简单。

4）业务功能强大

系统为用户提供了灵活的监控画面选择，电子地图使用，对云台、变焦的行控制，预置位和镜头的轮巡，以及实现图像抓拍、录像和录像回放、报警和报警联动等功能。

5）电信级管理功能强大

系统具备电信级的用户管理、认证管理、权限管理、设备管理以及网络管理功能，可充分保证整个系统在网络、业务以及用户等方面的可管理和可维护。

6）智能化应用

本方案可扩展智能应用功能，通过配置智能分析模块，可实现以下多种智能化应用。

（1）财产保护：在特定的场景，对特别需要保护的贵重物品或资产设置保护区域，若被保护目标被移动或遮蔽，即发出报警信号。

（2）越界报警：在检测区域内设置虚拟警戒线，当有目标穿越警戒线时，发出报警信息，抓拍图像，并可突出显示该目标的越界点。

（3）智能虚拟墙：对于周界防范，可采用在图像上划虚拟墙的方式实现周界报警，无需在周界部署人力、围栏或传统的红外对射报警器。

（4）摄像机监测：保护摄像机，当有人破坏、移动摄像机时能够发出报警。

（5）车牌识别：对于出去公司或矿区的车辆进行车牌识别，方便管理。

7）可扩展性

中心业务平台的所有功能模块均可配置、可裁减，可集中运行在单一平台之上，也可任意分布在多个平台之上，既可通过单平台配置实现中小容量接入，又可通过多平台堆叠和多级级联，满足大容量平滑扩展和大型分级组网应用。

增加摄像机、视频编码器和分监控中心也非常简单，能够持续平滑升级和扩展，降低对系统的整体投资成本，和其他管理控制兼容。

4. 系统主要设备

某有线视频监视系统设备清单见表5-2。

表5-2 某有线视频监视系统设备清单

序号	产品名称	规 格	参考厂商	单位	数量
1	室外高速球型摄像机	1/4 英寸 CCD，22 倍光学变焦，480 TVL，1Lux（彩色）/0.001（黑白帧积累）、支持 0°～360°旋转，带预置位，自动巡航，带加热、风扇组件	亚安	台	15
2	日夜型摄像机	1/3 英寸 SONY CCD，彩色 540 TVL，黑白 600 TVL，低照度，ICR 红外滤片自动彩转黑功能，支持强光抑制功能	海康威视	台	6
3	176P 专用护罩	IP66，含加热器、雨刷和风扇	海康威视	台	6
4	球机支架		亚安	个	15
5	枪机支架		亚安	个	6
6	视频编码器	单路或多路，H.264、MPEG-4；视频编码，D1、CIF、QCIF，支持双流帧率、码率可调，485 接口	科达	台	10
7	视频解码器机框	KDM201	科达	台	3
8	解码卡	4 路解码，D1，2CIF，CIF 分辨率可四画面合成	科达	块	16
9	接入网关	同时支持 4 路 D1 协议转换能力，3×RJ45100Base-TX/1000Base-T，机架安装	科达	台	1
10	网络存储服务器	IP SAN，支持 RAID，SATA I，SATA II 硬盘，多硬盘槽位，64 位硬件架构、嵌入式 Linux 操作系，2×100Base-TX/1000Base-T，RJ45 接口，机架式	科达	台	1
11	SATA 硬盘	1T	希捷	块	6
12	管理平台	H.264、MPEG-4 视频编码，支持 720p、D1、CIF 等分辨率。嵌入式设计，支持多机堆叠，支持多级级联组建分级、分布式网络视频监视系统。内置网络录像单元，可实现基于 IP SAN 的网络化存储。支持 NAT、防火墙穿越，可提供电子地图、报警联动等，用户及权限集中管理功能，支持简单直观的图形化配置工具	科达	台	1
13	辅材	视频线、485 控制线、电源线、网线等		批	1
14	立杆		定制	根	21
15	室外安装箱		定制	个	21

1）KDM2801 型监控中心平台

KDM2801 型监控中心平台外观如图 5-3 所示，设备参数见表 5-3。KDM2801 部署于网络视频监视系统的媒体交换层，负责实现前端接入与认证、客户端接入与认证、监控视音频码流分发、业务功能控制、系统管理等功能，基于嵌入式设计架构，KDM2801 可提供高安全、可靠、高性能的智能化中心管理与媒体交换解决方案。

KDM2801 有灵活的扩展能力，单级平台通过多机堆叠可接入 512（1Mbps）路网络监控前端，提供大容量网络视频监视解决方案。通过对多级级联的支持，KDM2801 可组建分布式部署和分级管理的视频监视联网系统。

图 5-3　KDM2801 型监控中心平台外观

表 5-3　KDM2801 型监控中心平台设备参数

型号	KDM2801
设计结构	嵌入式设计
物理尺寸	19 英寸 2U，88 mm（高）×553 mm（宽）×338 mm（深）
网络接口	1×10/100 Mbps 以太网接口；1×10/100/1000 Mbps 以太网接口
存储接口	5×USB2.0 接口，可外接 USB 磁盘阵列实现本地存储
前端接入	单级平台通过多机堆叠可接入多达 512（1 Mbps）路
客户端接入	256 个客户端
电视墙接入	16 组，每组 36 个解码器
单台设备的接入能力	单纯录像：50×2 Mbps、80×1 Mbps，或者 100×512 kbps； 单纯转发：50×2 Mbps、100×1 Mbps，或者 150×512 kbps； 综合录像（加 1/3 转发）：32×2 Mbps、65×1 Mbps，或者 90×512 kbps
组网方式	单平台组网；多平台堆叠组网，最大可堆叠 8 台，堆叠时支持负载均衡；多级级联组网，最大支持 8 级级联
网络适应性	支持 NAT 穿越；支持 Socks5；支持帧的重传重组功能，能适应恶劣的网络环境
业务功能	实时监控、录像存储、点播回放、音频通信、报警联动、移动侦测、电子地图等
管理功能	用户管理、认证管理、权限管理、设备管理、网络管理等
电源	AC100～250 V，50～60 Hz
功耗	≤128 W
温度	0～60 ℃
湿度	10%～90%
重量	5.5 kg

　　为了简化中心部署，节约用户投资，KDM2801 集成了网络录像单元功能，可通过外接 IP 存储设备（如 IPSAN/NAS 磁盘阵列）或者 USB 存储设备（如 USB 磁盘阵列），实现视音频监控码流的中心录像存储和检索回放，无需另配录像服务器。

　　通过简单直观的图形化工具，可在初始安装时自动或手动搜索系统内所有设备，并实现整个组网环境的快速配置和设备调试安装，同时实现整个系统的统一管理和集中维护。

　　2）KDM201 型视频编解码器

基于高性能编、解码卡设计以及 H. 264、MPEG - 4 高效视频处理技术，KDM201 每一路视频都可以达到 25 帧/秒、D1 高清晰分辨率效果。此外，KDM201 每一路视频均对应一路双向音频，可提供现场拾音、广播喊话以及语音对讲等丰富的音频功能。其特点如下：

（1）具有 7 个业务插槽，可混插编、解码卡，应用灵活。

（2）19 英寸标准机架式结构，便于安装部署与集中维护。

（3）内置网络交换模块，无需另配交换机，节约成本。

（4）H. 264、MPEG - 4 高效视频处理，提供多达 28 路 D1 高清晰图像。

（5）双向音频，实现现场拾音、广播喊话及语音对讲。

（6）移动侦测与报警联动，提供智能化前端接入。

KDM201 机箱、编码卡和解码卡参数分别见表 5 - 4、表 5 - 5 和表 5 - 6。

表 5 - 4　KDM201 型视频编解码器机箱参数

型号	KDM201 - SH
设计结构	模块化设计，7 个业务插槽，内置网络交换模块
物理尺寸	19 英寸 2U，88 mm（高）×553 mm（宽）×338 mm（深）
网络接口	1 × 10/100 Mbps 以太网接口
可选模块	四路编码卡，KDM201 - C05/KDM201 - C05L；四路解码卡，KDM201 - D05
功耗	≤150 W
电源	AC100 ~ 250 V，50 ~ 60 Hz
温度	- 10 ~ 50 ℃
湿度	10% ~ 90%
重量	≤8 kg

表 5 - 5　KDM201 型视频编解码器编码卡参数

型　号	KDM201 - C05	KDM201 - C05L
视频接口	5 × 视频输入，BNC	5 × 视频输入，BNC
视频编码	MPEG4	MPEG4
视频分辨率	D1、2CIF、CIF	CIF
视频帧率	1 ~ 25 帧/秒	1 ~ 25 帧/秒
视频码率	100 kbps ~ 5 Mbps	100 kbps ~ 2 Mbps
音频接口	5 × 音频输入、5 × 音频输出，RCA	5 × 音频输入、5 × 音频输出，RCA
音频编解码	ADPCM	ADPCM
告警接口	5 × 输入、1 × 输出	5 × 输入、1 × 输出
控制接口	1 × RS585	1 × RS585

表 5 - 6 KDM201 型视频编解码器解码卡参数

型号	KDM201 - D05	视频帧率	1 ~ 25 帧/秒
视频接口	5 × 视频输出，BNC	视频码率	100 kbps ~ 5 Mbps
视频解码	H. 264、MPEG4	音频接口	1 × 音频输入、1 × 音频输出，RCA
视频分辨率	D1、2CIF、CIF	音频编解码	G. 711、G. 726

3）室外高速球型摄像机

本方案选用天津市亚安科技电子有限公司生产的 YH4005 室外高速球型摄像机作为室外高速球型机设备，其技术指标见表 5 - 7。

表 5 - 7 YH4005 室外高速球型摄像机技术指标

电源	DC12 V ± 10%
功率	≤15 W
水平旋转角度	0° ~ 360°（连续旋转）
垂直旋转角度	-90° ~ 0°
手控水平旋转速度范围	0.01 ~ 180（°）/s
手控垂直旋转速度范围	0.01 ~ 180（°）/s
通信接口	RS - 585
通信协议	Pelco - P，Pelco - D 协议自适应
通讯波特率	2, 400/5, 800/9, 600/19, 200bps
预置位	最多可设置 80 个
自动扫描	1 条，扫描速度可以设置
自动巡航	1 条，预置位自动加入巡航路线，巡航点停留时间可以设置
模式路径	1 条，容量 200 条指令
隐私遮挡	最多可设置 8 区域，部分摄像机支持此功能（FCB - EX580CP、FCB - EX980P、VCC - MD600P、VCC - MD800P）
加热、风扇组件	可选配
安装环境	室内/室外
工作环境	温度 -20 ~ +65 ℃，湿度 <90% RH
防护等级	IP66
外形尺寸（直径 × 高度）	195 mm × 255 mm
重量	2.5 kg

4）日夜型枪型摄像机

本方案选用杭州海康威视公司生产的 DS - 2CC176P 型摄像机作为日夜型枪型摄像机设备，其主要参数见表 5 - 8。

表 5-8 DS-2CC176P 型摄像机参数

传感器类型	1/2 英寸 SONYEX-ViewCCD
信号系统	PAL
有效像素	752（水平）×582（垂直）
最小照度	彩色：0.1Lux@ F1.2，0.0003Lux@（F1.2 感光度×256） 黑白：0.01Lux@ F1.2，0.00003Lux@（F1.2，感光度×256）
快门	1/50~1/100000 s
镜头接口类型	C/CS 接口
自动光圈	DC/Video 驱动
日夜转换模式	ICR 红外滤片式
水平解析度	彩色 550 TVL，黑白 600 TVL
同步方式	内同步/电源同步
视频输出	1Vp-pCompositeOutput（75 Ω/BNC）
信噪比	>50 dB
菜单控制	摄像机识别号	关/开（15 字符，位置设定）
	自动增益	低/中/高/关
	彩色/黑白	自动 1/自动 2/彩色/黑白
	白平衡	自动跟踪白平衡 1、2、3/手动
	隐私保护	开关，最多可达 8 个区域
	移动侦测	模式 1/模式 2/关
	背光补偿/强光抑制	背光补偿：背光区域/强度设置/关 强光抑制：抑制强度设置
	RS-585	地址/通信协议/波特率
	防闪烁	开/关
	语言	中文/英文
	视频设置	伽马修正、数字放大、数字降噪、正负片、镜像功能、清晰度、锐度设置、Y、C，坏点检测
工作温度	-10~60 ℃
电源供应	AC25 V ±10%/DC12 V ±10%

5.2 无线视频监视子系统

5.2.1 无线视频监视子系统需求分析

露天矿无线视频监视子系统为指定区域路段提供连续的无线覆盖，提供移动视频数据的回传，并提供稳定可靠带宽，同时保证在基站间切换时业务不受影响。

1. 功能要求

1）远程实时监控功能

用户使用监控客户端软件，可通过互联网实时观看远程的监控视频。监控客户端软件可以安装在电脑和移动终端上。

2）远程报警与远程撤设防功能

远视视频监视单机系统的前端摄像机能够接收 100 m 范围内多达 80 个以上无线报警探头的报警触发消息，并且在第一时间内将报警信息发送到用户的客户端软件上。用户使用手机短信和客户端软件，可远程方便地对监控场所进行撤设防管理。

3）网络存储图像功能

远视视频监视单机系统能够网络保存监控图像。在无警或撤防状态下，可按设定时间间隔定时在网络硬盘上保存监控场所图像。在发生报警情况下，能连续在网络硬盘上保存图像，直到解除报警为止。用户随时可以通过客户端软件从网络硬盘中下载监控录像。

4）具备夜视、云台等操作功能

远视智能网络摄像机带有红外夜视功能，在无光线的环境下也能正常摄像。上下左右的 360°旋转云台，可以使监控范围大为扩展，避免监控死角，使一个摄像机达到多个摄像机的使用效果。

5）手机互动监控功能

手机是移动性较强的监控工具，智能手机上可以安装功能强大的监控客户端软件；而普通的非智能手机则可以利用手机上的浏览器方便地查看实时和历史的监控图像。当发生报警时，手机会收到带监控图像链接的短信，用户可以直接在短信中打开监控图像。不习惯使用手机浏览器的用户，还可以发送短信到服务号码，系统自动回复当前图像链接的短信，用户可在短信中打开监控图像。同时还可以利用手机短信进行撤设防等操作。

本系统具有稳定可靠、经济实用等特点，可用于防火防盗、安全护卫、人员监护、远程管理等。

2. 设计原则

系统设计贯彻"高质量"及"低成本"的思想，综合考虑施工、维护及操作因素，内容完整、全面。设计方案具有科学性、合理性、可操作性，并为今后的扩建、改造等留有扩充的余地。具有以下设计原则：

1）标准化及规范化

在系统的设计与施工过程中参考各方面的标准与规范，严格遵从各项技术规定，选择符合工业标准的设备视频通信介质以及其相关器材。

2）先进性及成熟性

选择合理的布局结构，项目中的监控设备、器材等设备均采用世界领先科技水平的安防产品，使系统在其整个生命周期内保持其先进性、稳定性。

3）安全性及可靠性

考虑到安全防范重要性的原则，为保证整个系统的安全、可靠运行，在系统设计阶段必须考虑到所有影响系统安全性、可靠性的各种因素。项目实施完成后，按照国家有关标准进行严格的测试。

4）实用性

根据国家有关标准科学、合理、实事求是地进行设计，具有较高的实用性。

5）可维护性，维护费用低

无线监控系统的结构设计维修方便，维护费用低。系统具有自诊断和寻找故障程序，能指出具体故障部位，在现场更换故障部件后即恢复正常。

6）优化性能价格比

在满足系统性能、功能以及考虑到在可预见期内仍不失其先进性的前提下，尽量使得整个系统所需投资合理。

5.2.2　无线视频监视系统设计

1. 技术路线

无线视频监视子系统的原理如图5-4所示，移动视频终端（监控车）通过无线 Mesh 接入网进行网络接入，其数据通过回传网络传送到监控中心，进行视频数据存储或查看。

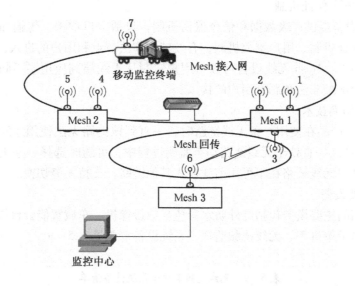

图5-4　无线视频监视原理

2. 系统组成

无线视频监视子系统包括采集前端、传输部分和监控中心三部分组成。

1）采集前端

采集前端由用户安装在露天矿需要监控的场所，主要由智能球摄像机、视频编码器以及整个前端的避雷、安装支架铁塔和基础设施组成，用于采集报警信息和监控画面。

2）传输部分

采用最新的无线 Mesh 自组网技术，在现场自动形成一个多媒体指挥 IP 专网，可配全向、定向以及各种增益的外接天线，适用于各种场景的覆盖。支持多 Mesh 节点连接，双以太网口方便连接摄像头。

3）监控中心

监控中心是整个系统的控制、图像显示、录像中心，监控中心能向指挥调度人员提供全面清晰、可操作的、可录制、可回放的现场实时图像。

3. 系统特点

本着先进、实用、成熟、可靠的特点，又要做到系统开放性、可扩展性好，兼顾投资合理、效益最佳的目的，有效保障移动视频监视业务的开展，系统具备如下特点：

1）无线网络业务 QoS 保障

无线设备提供可由用户定制的 QoS 策略，带宽调度系统会根据业务 QoS 级别实现优先级调度，并为类似于生产控制指令一类的高优先级业务预留无线带宽，进一步保证可靠传输。

2）支持高清晰视频传输

Mesh 无线宽带产品传输带宽稳定可靠，并提供严格的底层纠错机制，数据传输丢包率低，满足高清晰视频传输需求。用户可以进行异地监控，有别于只能在固定机房进行监控的传统模式。

3）完善的安全保证机制

Mesh 无线设备提供三级数据和信令保密机制，包括空口加密、传输加密和端到端加密。提供节点认证机制、用户鉴权机制，有效禁止非法节点和用户的进入，并提供非法侵入告警机制。另外，Mesh 无线设备可以由用户定制从无线层到应用层不同协议层的地址过滤机制，完全屏蔽非法和恶意用户的接入。

4）无缝软切换技术

普通的 WiFi 产品在使用一条无线链路时，一直到该链路无法使用才断开重新连接新链路。而 Mesh 产品一直处于无线链路动态监测过程中，可随时选择一条更好的链路进行数据传输，使某一无线链路在不可用前就换入其他链路，支持无缝切换。

4. 系统主要设备

系统中使用的主要设备包括红外防水彩色半球摄像机、车载智能云台摄像机、视频服务器和车载硬盘录像机等。无线视频监视子系统设备清单见表 5-9。

表 5-9　无线视频监视子系统设备清单

序号	产品名称	规格	参考厂商	数量	单位
1	控制 PC	DELL380	DELL	1	台
2	红外防水彩色半球摄像机	DS－2CC572P－IR1	海康威视	9	台
3	6 寸室外高速球	DS－2AF1－612X	海康威视	23	台
4	6 寸室外高速球	DS－2AF1－617X	海康威视	11	台
5	车载智能云台摄像机	YS3021	亚安	1	台
6	车载硬盘录像机	DS－8100HM－M	海康威视	1	台
7	硬盘	ST1000G	希捷	12	块
8	车载电源	100W	亚安	1	台
9	视频服务器	DS－6101HF	海康威视	43	台
10	多路解码器	DS－6308D	海康威视	6	台
11	网络存储服务器	DS－A912R	海康威视	1	台
12	交换机	D－Link；DES－1008D	D－Link	4	台

表5-9（续）

序号	产品名称	规格	参考厂商	数量	单位
13	UPS	C3 k	山特	1	台
14	摄像机电源	DC 12 V	海康威视	43	个
15	线缆、穿线管、插座、支架、立杆等			1	批
16	监控软件，防火墙			1	套

1）红外防水彩色半球摄像机

DS-2CC572P-IR1型红外防水彩色半球摄像机技术指标见表5-10。

表5-10 DS-2CC572P-IR1型半球摄像机技术指标

传感器类型	SONY Super HAD CCD
信号系统	PAL/NTSC
有效像素	PAL：752(H)×582(V)；NTSC：768(H)×494(V)
最小照度	0.1Lux @ F1.2
快门	1/50（1/60）~1/100000 s
镜头类型	-IR1：6 mm 标配（3.6 mm 可选）
水平解析度	540 TVL
同步方式	内同步
视频输出	1Vpp Composite Output（75 Ω/BNC）
S/N Ratio	>48 dB
背光补偿	ON
工作温度	-10~60 ℃
防护等级	IP66
红外线照射距离	-IR1：10 m；-IR3：30 m
电源	DC 12 V ±10%
功耗	-IR1：3W MAX -IR3：6W MAX
尺寸	129 mm×69 mm
重量	700 g

2）车载智能云台摄像机

YS3021型车载智能云台摄像机技术指标见表5-11。

表5-11 YS3021型车载摄像机技术指标

输入电压	AC 24 V ±20%
功率	≤80 W（无加热组件）；≤100 W（有加热组件）

表 5-11（续）

水平旋转角度	0°～360°连续旋转
承载方式及运动范围	双侧载，垂直：+45°～-90°
水平旋转速度	水平：0.1～60（°）/s
垂直旋转速度	垂直：0.1～60（°）/s
通信接口	RS485
通信协议	行业 V0.0，YAAN，Pelco-P，Pelco-D
通信波特率	2400/4800/9600/19200 bps
预置位	支持 80 个
自动线扫	行业 V0.0 协议时 5 条，其他协议时 1 条，当使用 OSD 菜单操作时，所有协议均可具有 8 条
自动巡航	行业 V0.0 协议时 8 条，其他协议时 1 条，当使用 OSD 菜单操作时，所有协议均可具有 8 条
守望位	可设 80 个预置位或 8 条自动巡航路线或 8 条自动线扫路线，仅限行业 V0.0 协议具备此功能
OSD 菜单	支持中英文菜单，实时显示云台信息
继电器输出	4 组
防护等级	IP66
安装环境	室外/车载
工作环境	温度 -35～+65℃，湿度<90% RH（无冷凝器、无加热器情况下）
外形尺寸	长×宽×高：400 mm×320 mm×280 mm（非车载，无减震时） 长×宽×高：400 mm×320 mm×315 mm（车载，有减震时）
重量	约 11 kg（不含减震器） 约 12 kg（含减震器）
摄像机型号	S01、S03、S05、S07、S09、S11、S13、S15、R03、R07、R09、R11、N6P、N8P、N08、N11（摄像机标准配置参数表）
可选辅助光源	F01、G01、G02、G03、G04、G31、G32、T01（红外灯与激光灯参数表）
防护罩雨刷器	标准配置，键盘操作 1 号辅助开关时开启或关闭
防护罩红外灯	标准配置，键盘操作 2 号辅助开关时开启或关闭
雷击浪涌	GB/T 17626.5—1999
最大承载	单侧 2 kg

3）视频服务器

DS-6101HF 型视频服务器技术参数见表 5-12。

表 5-12　DS-6101HF 型视频服务器技术参数

视音频输入	模拟视频输入	1/2 路，BNC 接口（电平：1.0 Vp-p，阻抗：75 Ω），PAL/NTSC 自适应
	模拟音频输入	1/2 路，BNC 接口（电平：2.0 Vp-p，阻抗：1 kΩ）
	语音对讲输入	1 路，3.5 mm 音频接口（电平：2.0 Vp-p，阻抗：1 kΩ）
视音频输出	音频输出	1 路，3.5 mm 音频接口（线性电平，阻抗：600 Ω）
视音频编码参数	视频压缩标准	H.264
	视频编码分辨率	4CIF/DCIF/2CIF/CIF/QCIF
	视频码率	32kbps～2Mbps，可自定义
	视频帧率	PAL：1/16～25 帧/秒，NTSC：1/16～30 帧/秒
	码流类型	复合流/视频流
	双码流	支持
	音频压缩标准	OggVorbis
	音频码率	16kbps
外部接口	网络接口	1 个，RJ45 10M/100Mbps 自适应以太网口
	串行接口	1 个，RS-485 串行接口（用于云台控制）；1 个，RS-232 串行接口（用于参数配置、设备维护、透明通道）
	报警输入	4 路
	报警输出	2 路
其他	电源	DC 12V
	功耗	≤20 W
	工作温度	-10～+55 ℃
	工作湿度	10%～90%
	尺寸	198 mm（宽）×123 mm（深）×39 mm（高）
	重量	≤1.5 kg

4）车载硬盘录像机

DS-8100HM-M 型车载硬盘录像机技术参数见表 5-13。

表 5-13　DS-8100HM-M 型车载硬盘录像机技术指标

操作系统	嵌入式 RTOS 操作系统
视频压缩标准	H.264
预览分辨率	PAL：704×576（4CIF）；NTSC：704×480（4CIF）
回放分辨率	4CIF/DCIF/2CIF/CIF/QCIF
视频输入	1/4 路（PAL/NTSC 自动识别；电平：1.0Vp-p，阻抗：75 Ω）
视频输出	1 路（PAL/NTSC 可选；电平：1.0Vp-p，阻抗：75 Ω）
视频帧率	PAL：1/16～25 帧/秒；NTSC：1/16～30 帧/秒
视频压缩码率	32 k～2 M 可调，也可自定义，上限 8 M（单位：bps）

表 5-13（续）

音频压缩标准	OggVorbis
音频输入	1/2 路（电平：2.0~2.4Vp-p，阻抗：1000 Ω）
音频输出	1 路（电平：2.0~2.4Vp-p，阻抗：600 Ω）
码流类型	可选择单一视频流或复合流
报警输入	7 路电平信号输入，1 路脉冲信号输入
报警输出	2 路开关量或干节点信号输出
无线网络传输	模块内置，SMA 天线接口
GPS 定位	内置高灵敏度 GPS 模块，SMA 天线接口
数据存储	SD 卡存储，支持最大容量 16GB
数据备份	SD 卡备份、USB 备份
通信接口	LAN、RS485、USB 接口各 1 个
延时关机	车辆熄火后可延时 5 min~6 h 后关机
定时开关机	24 小时定时开关机
电源输入	DC6~36 V
电源输出	DC +12 V/2 A、+5 V/2 A
设备功耗	5 W
工作温度	-10~+55 ℃
工作湿度	10%~95%
产品尺寸	155 mm（宽）×45 mm（高）×105 mm（深）
重量	约 1 kg
设备操控	车载专用线控遥控器/车载红外遥控转发器

6 露天矿工程车辆管理系统

由于露天矿大型工程车辆数量种类较多（轮斗挖掘机、自卸卡车、排土机等），车辆的调度管理是管理的重中之重。露天矿工程车辆管理系统的应用对安全生产、节约成本、提高效率、降低造价、降低事故损失具有重要作用。当车辆工作时，其位置、速度、油耗、装卸等信息需要源源不断地采集发送出去，露天矿工程车辆管理系统包括车辆调度子系统、车辆定位子系统、工况参数采集子系统、雷达防撞与后视子系统，以及测速子系统。

6.1 车辆调度子系统

在露天矿作业中，运输成本占矿山开采成本的绝大部分，车辆优化调度是降低采运设备生产时间，提高生产效率，降低采矿成本的有效方法。

6.1.1 车辆调度子系统需求分析

1）功能要求

针对某露天矿需求，制定了如下车辆调度子系统建设要求：

（1）对重要突发及报警触发事件进行录像，并实现查询回放的功能。

（2）以电子地图为向导，能够方便定位、浏览各监控点的视频。

（3）具有特定的视频效果，以监控点为单元，将多路视频信号进行图像预览和录像。

（4）具有实时日期和时钟视频叠加功能。对监控视频图像进行实时日期和时钟预览和录像，其日期和时钟在画面中的显示方式和显示位置可根据现场实景进行位置调整，以保证突发事件过程的完整性和真实性。

（5）具有单画面、多画面和全屏等多种显示方式。

（6）具有录像效果调节功能，保证图像在局域网内传输的稳定性。

（7）具有音频、视频实时网络浏览功能，每路图像可允许多个客户端同时进行网络浏览。

（8）硬盘储存满时，提供循环录像模式。

（9）客户端能够对录像资料进行检索、管理和回放。

（10）具有操作简单、界面简洁、功能直观明确，以及易安装和易维护的特点。

2）设计原则

车辆调度子系统设计过程中，应遵循以下的设计原则：

（1）实用性和安全性相结合，以功能完善、技术成熟和性能可靠为标准，同时要保证系统的安全性能。

（2）先进性和通用性相结合，使用当前流行的主要技术和标准，同时强调系统的兼容性和可扩展性。

（3）便利性和可靠性相结合，操作界面尽可能人性化，操作简单，方便用户使用，系统性能稳定。

6.1.2　车辆调度子系统组成

1）车载装配情况

（1）巡逻车顶端安装 YL3042 车载云台。

（2）车载云台的视频信号及 RS485 控制信号接入网络型车载 DVR。

（3）网络型车载 DVR 将车载云台的模拟视频信号和控制信号数字化压缩，形成 IP 数据包，通过无线 Mesh 网络传至监控中心。

（4）为保证车载设备的稳定性，电源需由稳压电源提供。

2）监控中心情况

（1）监控中心采用主动连接设备代理服务器软件汇聚前端数字化的视频流，并转发给浏览客户端和网络存储服务器，分别进行图像的实时浏览、录像回放和录像文件的集中存储。

（2）车载网络信号的上传，采用主动发送方式。

6.1.3　车辆调度子系统功能及特点

1. 系统功能

优化调度过程是系统与现场应用相结合的过程，露天矿车辆调度子系统需要完成的基本功能如下：

1）远程监控及配置

（1）远程监控。通过网络，对异地图像和声音进行监控，对云台和镜头进行操作，延伸管理者的视觉和听觉。图像以流媒体方式发送，当用户终端没有请求视频时，图像不占用网络资源，从而保证网络带宽的利用率。

以二维采剥工程位置图/总平面布置图为基础，真实显示设备的位置和状态，并为调度员提供相应的监控和管理工具。

（2）远程配置。通过网络，对设备参数进行配置，例如根据环境调整亮度、传输帧率、图像分辨率等数据，还可以对预置位、IP 地址进行调整。

2）自动优化调度

优化调度是整个系统的核心工作。优化调度根据矿区道路信息、各工程区域信息、相关设备信息，对所有卡车的全部可能调度方案进行优化运算，以最佳方案分派卡车以实现最高生产率。主要实现功能如下：

（1）优化调度根据现场情况，因地制宜采用多种方法组合使用。

（2）优化行驶路径和地图导航。根据矿坑道路基础信息和设备运行信息，系统自动生成设备的最佳行车路径和目的地，以达到整体最优。最佳行车路径能够在调度中心和移动终端屏幕上显示。

（3）车铲配套规划。根据当班生产计划完成情况及生产实际情况（如产量完成情况、矿质要求变化等），采用车流规划方法随时对工作的车铲匹配提出建议，供生产调度参考。

（4）任何限制条件下的自动优化调度。正常情况下，系统根据调度员对设备的配置结果及车流规划结果，根据具体情况采用不同的调车方法自动优化调度卡车，而不需人工干预或操作，包括"基于目标产量完成度和当前车流饱和度""最早装完车法""电铲失衡调整法"等。

（5）固定配车调度。可全部或局部按现行调度方法实行定铲定车，又可按指定配车或指定配铲的原则进行调度。

（6）卡车重新调配。在电铲、受矿坑、排卸点等故障或关闭，以及在这些点故障解除或恢复使用时，系统自动进行调度，或者将相关装卸点的配车情况、运距、运行周期等以简洁明了的方式提示给调度员，为调度员及时决定卡车重新调配方案提供依据。

3）报警联动

（1）支持外接总线和直接报警设备，如红外探头、紧急按钮等。

（2）支持外接直接报警输出设备，如警灯、警号等。

（3）支持报警参数设置，如定时开关时间、报警方式。

（4）支持实现图像丢失报警。

（5）支持实现图像遮挡报警。

2. 系统特点

1）优质的图像质量

采用先进的 H. 264 编解码技术，DVD 级别分辨率达 704×576，标准图像帧率可达 25 帧/秒（PAL 制式）、30 帧/秒（NTSC 制式），使得图像更加清晰、自然，无闪烁，连续性好。

2）低带宽占用

传输图像在 25 帧/秒、分辨率 352×288 像素时，平均占用带宽仅为 200 kbps，更可在网络环境不佳的状态下限制码率和帧率，以更低的数据量传输图像，保证用户可以进行监视监控和管理。

3）低延时性

H. 264 标准编码技术，远程视频传送延时小，可极大改善远程实时监控的效果。

4）系统结构灵活

采用标准的组网方式，支持 IP 单播、组播功能，可以组成点对点的监控系统，又可以组成一个中心对各站点的系统。在网络上可以设置多个分控图像工作站，满足多个用户的需要，也可以用 Web 方式组成多级监控系统。

6.2　车辆定位子系统

车辆定位子系统是将 GPRS 网络的数据通信和数据传送功能，与 GPS 全球卫星定位系统或北斗定位导航系统以及 GIS 地理信息系统相结合的高科技产品。该子系统利用 GPS 全球卫星定位系统或北斗定位导航系统测定车辆的地理位置，平均误差为 5～15 m，通过覆盖全国的 GSM/GPRS 网络传送车辆和监控中心之间的定位数据和控制命令，从而实现了在大范围内对车辆及货物进行远程监控的各项功能。车辆定位子系统由监控中心和用户设备两部分组成。子系统组网如图6-1所示。

（1）监控中心主机通过 GPRS 网络或 Internet 网络发送控制命令和接收来自车辆的各种数据。监控中心的电子地图管理软件采用专业化地理信息系统为开发平台，在 Windows 环境下运行，功能完备，界面友好，操作方便。系统采用了高精度矢量化的电子地图，具有无级放缩、分层显示、地理信息查询功能，显示位置准确。

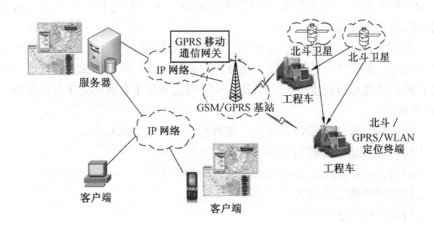

图6-1 车辆定位子系统组网示意图

（2）安装在车辆上的车载终端由 GPRS 通信模块、GPS/北斗卫星定位系统、卫星天线以及汽车防盗器接口、数据接口、防破坏自动报警和遥控熄火电路所组成。用户设备的主要部件，如 GPRS 通信模块、GPS/北斗定位模块、卫星天线等，均采用进口品牌器材，从而保证了车载终端的稳定性和可靠性。GPS 定位器外形如图6-2所示。

（3）子系统兼容 GSM/GPS 系统功能，如无 GPRS 网络，可以自动切换至 GSM 方式进行数据传输和报警。

（4）子系统功能包括运行状态数据、行驶数据记录和车辆定位功能，对每部车辆的运行状态数据进行分析，并把数据直观反映到全国电子地图上，分析数据包括：

①日期时间：地图上可标出具体日期时间所经过的路段。

②行驶速度：地图上可显示经过某一段路或某时刻的行驶速度。

图6-2 GPS定位
　器外形照片

③开车时间：地图上可显示开车时的具体位置和时间。

④行驶时间：地图上可显示车辆的行驶时间段。

⑤停车时间：地图上可显示具体位置的停车时间以及停车时间段。

⑥停车地点：地图上可清晰显示行车全程的所有停车地点。

⑦行驶路段：地图上完全清晰地显示车辆全程行车迹。

车载终端具有大容量存储单元，即 4 Mb 的非易失性存储器，由于采用了先进的压缩存储技术，每个车载终端最多可记录车辆两个月内的所有行车数据。车辆定位功能可以随时定位各个车辆的位置，并且在地图上显示。需要定位的车辆数量暂定为小于或等于 100 辆。

6.3　工况参数采集子系统

工况参数采集可以通过远端 RTU + 传感器的方式，经无线网络，将工况信息数据进行实时采集。采集数据用于基础信息、图形、班计划等的管理。

1. 基础信息管理

系统提供完善的基础数据管理功能，提供输入界面，可实现故障基础信息的人工输入。基础数据主要包括：

（1）设备基础信息，包括设备名称、型号、能力、最高限速等。

（2）司机基础信息，包括司机姓名、编号、年龄、班组、对应设备等。

（3）物料基础信息，包括物料名称、编号、类别、容重、松散系数等。

（4）故障基础信息（按设备分类）：包括故障类别、名称、编号等。

（5）延迟基础信息（分类别）：包括延迟类别、名称、编号等。

（6）点检基础信息（分类别）：包括点检类别、名称、编号等。

2. 图形管理

系统提供矿山地理信息图输入工具和编辑器，提供简捷实用的图形编辑功能，实现装载点、卸载点、加油站、停车场、检修点、区域的增加、设定、修改等编辑功能，系统自动采集设备运行轨迹，根据设备运行轨迹显示功能编辑道路，进行道路网更新。

（1）道路管理：系统可进行道路类别、坡度等设定、编辑和修改，并可根据运行轨迹对移设前后的线路进行更新。

（2）台阶管理：系统能够对地形、台阶、各种工程位置/区域、矿区边界等进行设定、编辑和修改。道路网编辑界面如图 6-3 所示，图中实心离散点就是卡车实时运行轨迹，根据该轨迹可以准确而方便地进行矿山道路的更新。

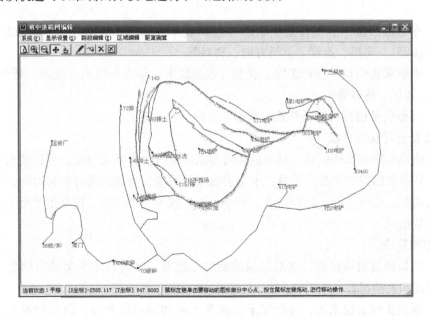

图 6-3　道路网编辑界面

3. 班计划管理

班计划管理包括班计划制作和班中调整两部分，班计划制作在上一班下班后（或未下班前）、本班未开始前制作，在班中根据实际需要可进行实时动态调整。班计划主要包括产量计划、排卸计划、固定配车计划、设备出动计划和重点工程计划等内容。卡车计划界面如图6-4所示。

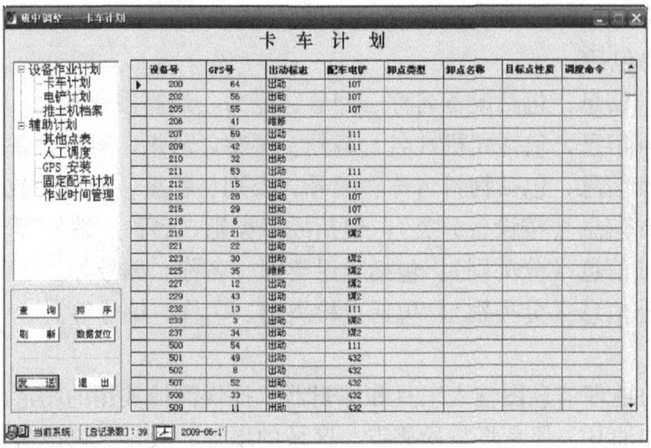

图6-4　卡车计划界面

4. 设备信息动态采集

信息采集包括设备位置、状态等数据的采集，采集的基本原则是尽量实现系统信息自动采集，最大限度地减少人工数据输入量，避免人工输入错误和误差，采集信息包括以下内容。

（1）车采集信息：卡车位置、状态（包括装车、卸车、运行、停车、故障、延迟、点检、维修等）、司机、速度、运行方向、物料等。

（2）电铲采集信息：电铲位置、状态（包括装车、待车、行走、故障、延迟、点检、维修等）、司机、物料等。

（3）其他设备信息：设备位置、状态、司机、速度等。

5. 设备运行状态分析

根据动态采集的设备信息，结合道路网信息，进行设备状态分析，保证装载电铲与卡车对应，装载点的量、卸载点的量、卡车运输量的对应，为精确统计各种时间、里程、次数及优化调度、统计查询、运行回放、追查事故、分析生产过程、挖掘生产潜力等提供可靠的基础数据。

6. 燃油管理

（1）可以通过对油箱进行改造，加装油位传感器，实时自动采集油位信息，实现自动加油调度和丢油报警。

（2）通过实时监控系统，可以记录加油车当前加油的设备号，以及加油量、加油时间，加油车与加油卡车司机也需要确认加油信息，加油车与加油卡车一一对应，避免加油车丢油现象的发生。

（3）监控卡车油量消耗情况，对突然油量消耗过大进行报警提示，并记录时间、地点及耗油量，避免卡车丢油现象。

（4）对于正常生产运行的卡车，对其无故停车、停车超时以及驶离指定路线等现象进行监控，可在一定程度上加强燃油监控与管理，避免卡车丢油现象的发生。

（5）在卡车申请去加油站加油时，统计出在加油站排队的卡车数量及途中加油的卡车数量，预计出加油站空闲时间及卡车现在去加油站的等待时间并提示给司机，以便司机根据情况来决定加油时机。

（6）采用加油车加油，可对加油车通过导航功能就近进行调度给卡车加油，以节省卡车燃油消耗。

7. 自动计量

系统自动记录每台卡车的装车地点、卸车地点及运行路线，从而可自动计算出各装载点产量、各排卸点产量、各区域产量、各司机产量、各卡车产量、运行吨公里及各种运行时间等，避免人工计量产生的误差，并为承包计酬提供依据。计量过程可以以回放的形式进行。

实现精确的物料运输的吨公里计量，提升管理水平。能够对物料进行指定分类，以便于数据的管理。

8. 人员业绩管理

系统自动采集设备操作人员信息，详细跟踪记录操作人员的作业地点、操作设备、工作类型、工作过程等作业信息，准确地统计其作业量，从而对司机工作业绩给予公正客观的评价，以此作为计发奖金的依据，提高司机管理工作的质量和水平。

6.4 测 速 子 系 统

6.4.1 技术路线

雷达是一种利用无线电回波对目标方向和距离进行探测的装置。在 1940 年的不列颠空战中，700 架载有雷达的英国战斗机，击败 2000 架来袭的德国轰炸机，因而改写了历史。20 世纪 40 年代以来，雷达开始逐渐用于各种民用设施，例如，在天气预测方面，它能用来侦测暴风雨；在航行安全方面，它可帮助领港人员及机场航管人员更有效地完成任务。

雷达利用多普勒效应原理进行测速，如图 6-5 所示：当目标向雷达天线靠近时，反射信号频率将高于发射机频率；反之，当目标远离天线而去时，反射信号频率将低于发射机频率。如此即可借由频率的改变数值，计算出目标与雷达的相对速度。

6.4.2 系统组成

雷达测速子系统由雷达测速仪、摄像头、视频服务器、控制主机、系统软件等单元构成。

（1）测速单元：本方案选用美国 stalker radar 生产的 S3 固定式雷达测速仪，测速雷达应用多普勒原理进行工作，其误差值不大于 ±1 km/h，数据串口输出。

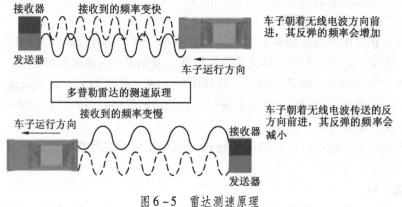

图 6 - 5　雷达测速原理

（2）视频单元：由彩色高清晰、低照度小型摄像机和视频服务器构成，具有较高的性能及工作可靠性。摄像机连续采集清晰的彩色视频信号，视频服务器对摄像头所采集的视频信号进行压缩，并将由测速雷达传来的速度数据与实时视频图像进行叠加，并将其通过网络传至控制中心，方案中摄像头选用海康威视生产的 DS - 2CC176P - A 强光抑制摄像机，视频服务器选用海康 DS - 6101HF 视频服务器。

（3）控制计算机：系统计算机接收来自雷达的速度信息数据、摄像机的实时图像信号，软件即时可将目标的数字图像及速度值等相关信息形成记录储存于本地计算机内。

（4）系统软件：系统软件负责远端监控数据的接收、分类存档、数据管理等。

（5）室外设备防护：本系统室外设备符合室外全天候工作条件要求，室外系统前端设备均附加温度控制设备，防护罩外覆防酸涂层，防护级别满足 IP66 要求。

6.4.3　系统主要设备

测速子系统的设备清单见表 6 - 1。

表 6 - 1　测速子系统设备清单

序号	设 备	规格参数	单 位	数 量
1	雷达测速仪	Stalker s3	台	4
2	强光抑制摄像头	DS - 2CC176P - A	台	4
3	视频服务器	DS - 6101HF	台	4
4	软件	Zn - rcs	套	1
5	控制主机	与视频监视客户端共用		

6.5　雷达防撞与后视子系统

6.5.1　系统概述

露天矿运输具有道路分布复杂、车辆载重大、运输工作量大、驾驶工作枯燥、气候影响大等特点，隐患加疏忽会引发车辆事故，给矿山企业和个人带来不可弥补的损失。下面对建设雷达防撞子系统的必要性进行介绍。

1）露天矿道路空间复杂

由于露天矿开采空间有限，又要不断向纵深发展，使得道路条件越来越恶劣，运输道路多为弯道与斜坡道。例如，在两个开采水平之间，运输道路为斜坡道路，形成三角体，如图 6-6 所示，斜道坡上方堆积了大量矿岩，将影响司机视线，容易发生事故。

图 6-6 露天矿区三角体示意图

2）重型卡车有盲区

露天矿的高效率开采使运输设备不断的追求大型化，露天矿重型卡车体积庞大、车身高，驾驶室只占左侧一小部分，右侧有很大区域看不见，形成盲区，如图 6-7 所示。另外，矿区大、小车混行，车辆体积相差悬殊，特别在恶劣的天气下，视线不好，给重型卡车的行车安全带来隐患。解决重型卡车盲区问题，是矿山安全生产的关键一环。

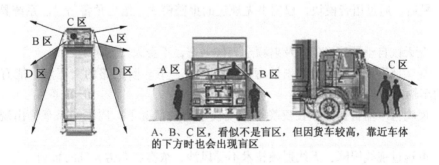

图 6-7 重型卡车盲区示意图

3）开采和环境的影响

露天开采直接受天气和环境的影响，特别是雨、雪、沙、尘等天气，给车辆行驶增加了难度。

减少车辆相撞事故的发生，不仅能保障矿山工作人员的安全，还能大幅度提高矿山运输工作的效率。

6.5.2　雷达防撞子系统

1. 系统功能

雷达防撞子系统采用先进的 GPS 定位技术、三维罗盘技术以及 Mesh 网络技术。通过语音播报的方式，可有效地防止车辆在生产中的碰撞事故。对露天矿的安全生产可起到积极的作用，主要实现以下功能。

1）相近车辆的查询

由服务器接收车辆的罗盘数据以及 GPS 坐标，找出坐标相近的车辆位置信息（以每辆车的 GPS 坐标点为圆心 200 m 为半径作圆，圆内的车辆即为相近车辆），并将相近车辆的坐标以及朝向信息通过基站发给相应的车辆。

2）车距判断以及报警

由车载终端接收到的相近车辆的坐标以及朝向信息，通过计算得出车辆之间的直线距离。若距离在 100～200 m 之间，则进行提示型报警，若距离在 50～100 m，提升报警声量，若距离小于 50 m，再次提升报警声量。

2. 技术路线

1）GPS 定位技术

考虑技术上的可行性和经济上的合理性，露天矿车辆定位常选用 GPG 卫星定位技术。

2）射频无线通信技术

射频技术综合了自动识别技术和无线电射频通信技术。该技术可以根据 GPS 给出的坐标，将某台卡车的坐标发送到另一台车上，以便计算出两车的相对距离，再根据距离来给出报警提示。

3. 系统特点

系统的工作流程为采用高精度 GPS 定位技术获取车辆的精确坐标；采用射频通信技术，将车辆之间的位置坐标转换；同时，将车辆的位置和相对信息通过各自的液晶屏幕显示出来；最后，通过语音模块，根据事先规定的报警模式，给出预警信号。系统具有以下特点。

（1）全天候自动预警：GPS 及射频全天候工作，不受天气影响。

（2）复杂地形处处有效：在斜坡弯道处，即上、下台阶道路的交汇点，能有效获取对方行驶车辆的信息。

（3）夜晚行车监督提醒：在夜晚行车视线不清的情况下，周围如果车辆出现，有语音报警。

（4）可透过视线屏障：无线射频技术不受风沙、浓雾和恶劣天气的影响。

（5）可设置合理的超前预警：在一定距离范围内可提前预警，提醒驾驶人员及早做好避让的准备。

4. 技术指标

（1）采用双 GPS 等距差分，能够提高定位精度、定向，多点捕获。

（2）采用双 RF 通信，双通道独立频段，可建立短距离无线网络。

（3）方向定位技术，使车辆之间的相对方位和方向得以区分。

（4）LCD 显示，能够显示报警车辆的相对位置和运行方向。

（5）语音合成报警，使驾驶人员及早听到各类不同的提示和报警信息。

（6）超前预警功能，可根据不同行驶速度来确定超前距离。

6.5.3　后视子系统

露天矿环境复杂，车辆及工作人员比较集中。卡车司机的视野有限，尤其是车辆后端，很难准确地观察清楚，这样在倒车时有很大的难度和危险。传统的卡车后视系统都是模拟信号传输，需要单独的显示屏来显示，无法与车上现有的卡车终端电脑相结合。

本系统将卡车后视系统与卡车定位系统等其他系统使用同一个车载电脑，减少成本的同时也有效地节省了驾驶室内的空间。后视子系统可以使卡车司机在驾驶室就可以清楚地了解车尾情况，方便准确判断应该停车的位置，包括卸载货物的精确地点，大大提高工作效率。

数字式卡车后视系统，摄像头将采集的图像信息转换成数字信号，通过 RJ45 接口或者无线方式传递到车载终端电脑。

后视子系统具有防水、防震和自动清理等功能，非常适合露天矿使用。后视子系统如图6-8所示。

图6-8　后视子系统

7　露天矿通信系统

现代通信系统的使用，不仅能为矿山生产信息的交流、现场指挥提供必不可少的通信手段，而且还能提高生产管理水平。露天矿通信系统主要包括有线行政通信子系统、有线调度通信子系统、无线调度子系统和应急通信子系统。

某露天矿位于伊宁市北 15 km，伊宁县城北 4 km，行政区划隶属伊宁县，伊宁县已实现了电话程控化，并全部进入国际、国内自动传输网。通信系统与公网通过光缆接通，即可与世界各地进行直接通话，与国内外进行高速网络通信。地方公用移动通信系统已覆盖本矿区，移动通信条件良好。

根据其通信系统设计方案，办公区行政通信容量 1000 门，调度通信容量 300 门，中继电路 5 套。交换机均安装于综合办公楼的中心机房/主设备间。调度通信权重大于行政通信，具有强插、强拆功能，现在也有合二为一的方案，网络化是发展趋势。

7.1　有线行政通信子系统

行政通信设计由 SH – 3000 程控调度主机、管理维护系统及外设（防雷配线架、后备电源系统）组成，容量 1000 门，2 Mb/s 数字中继电路 5 套。

行政通信子系统利用 MDS IP 调度系统，实现音调度功能，组成二级调度网络。

1. 系统组成

某露天矿行政通信子系统拓扑图如图 7 – 1 所示，主要设备为 IP 话音调度系统 1 套，包括调度服务器和触摸屏调度台。子系统采用先进的技术和系统结构，以提高系统可靠性和安全性，不会对其他子系统造成安全影响和环境影响。

2. 系统功能

行政通信子系统主要功能如下。

（1）强插：高级别的调度员可以对低级别的调度员以及调度话机实施强插操作，主要在低级别成员通话时，调度员选中成员，点击强插，即可强行进入对方通话中，形成三方通话。

（2）强拆：调度员可以对正在通话中的调度话机进行强拆操作，被强拆的调度话机原有通话被中断，改跟调度员进行通话。根据用户的需求，系统将逐步演变到高级别呼叫，正在通话中的低级别成员，通话直接建立，原有通话被拆除。

（3）代接：调度台选中正在振铃的用户，点击代接按钮，可以代替被选中用户应答来电。低级别调度员不能对高级别调度员使用该功能。

（4）监听：调度员或职能部门可以行驶监听职能，对下级通话中的业务水平进行评定，监督指令下达及执行情况，完善监管措施。

（5）禁话：调度台选择需要禁话的用户点击禁话按钮，可以对选中的用户进行禁话，被禁话的用户不能够拨出其他分机，也不能被其他分机呼叫。低级别调度员不能对高级别调度员使用该功能。

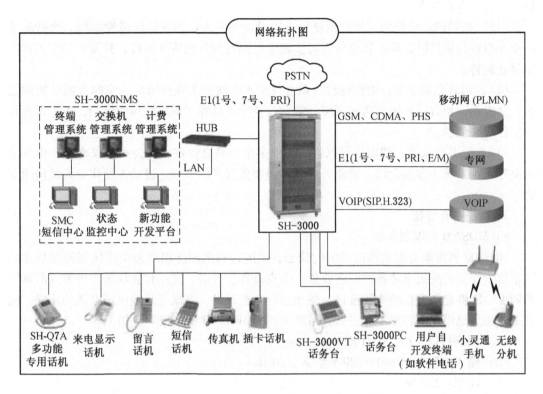

图7-1　某露天矿行政通信子系统拓扑图

（6）手动转拨：当调度台与其中一个用户正在通话时，需要将通话转接到另外一个用户处，选择需要转接的用户，点击手动转拨按钮，可将2个用户建立通话。低级别调度员不能对高级别调度员使用该功能。

（7）转接：当调度台与2个用户正在通话中时，需要将通话中的2个用户转接，点击转接按钮，与调度台通话中的2个用户之间建立通话。

（8）广播：调度员可以对选定分组成员进行广播，快速发布统一的命令。此外，系统支持播放录制好的语音文件，这可以与消防等系统结合，实现联动广播。

（9）会议：调度台可以对基本组和扩展组发起会议呼叫，组内成员接听后开始会议，会议中所有成员都可以发言，调度台挂机后会议自动结束。

（10）触发式会议：对于扩展组的会议，系统提供触发式操作，即会议触发号码，系统内的成员或外线电话都可以通过拨打触发号码来激活该组的会议。

（11）夜服：调度员离开调度台时，可以启动该功能，将来电转到调度员设置好的号码。

（12）拨号盘：调度系统中的用户，调度员可以选中用户后点通话按钮进行呼叫。对于未加入调度系统的号码，调度员通过拨号盘拨叫号码。

（13）热线：调度员可以自己增加热线按钮，并指定对应的电话号码。点击该按钮，系统就会自动呼叫对应号码，达到快速拨号呼叫的目的。

（14）成员状态监控：现有调度系统能够实时显示调度电话的在线/离线、通话、振铃、回铃等多种状态。

（15）振铃组、轮询组：通过调度台可以设定作业人员为振铃组或轮询组，当针对某作业小组进行调度时，只需拨组号即可实现全组同时振铃或依次振铃，只要有一个人接听即停止振铃。

（16）语音信箱业务：当调度台、调度终端不在线或无人接听时，主叫方能够听到语音留言提示，留言后系统会通知调度终端。该业务不推荐在调度应用中使用，但可以为日常工作带来便利。

（17）公共会议室：调度员可以临时创建多个公共会议室，并公布会议密码，由作业人员呼入到系统中参加会议。该业务可以不需要调度员的参与，进而方便作业人员沟通交流。

3. 系统主要设备

1）MDS200 调度服务器

MDS200 调度服务器是调度系统的核心，调度台和调度终端都必须连接到调度机才能够正常工作。调度机支持各种调度业务，实现语音、对讲、文本和会议等多种方式的通信和调度。能够定制完整的 API 接口，便于进行二次开发，实现与其他应用系统的集成，能够更好地满足用户的各种专业需求。系统选用的 MDS200 调度机参数如下。

（1）网络接口：1 个 10/100 M 以太网口。

（2）输入电压：AC100 ~ 220 V 输入，50 Hz。

（3）功率：200 W。

2）MDS – PCT 触摸屏调度台

捷思锐的 MDS – PCT 专用调度台是针对行业用户推出的双手柄触摸屏调度台，提供可视化图形调度界面，实现了调度用户状态实时显示、调度功能，操作简单易学，最大程度上提高了调度的速度。一体化的设计让调度台结构更紧凑，外形大方美观；专业的设计保证了调度台的高可靠性。MDS – PCT 专用调度台主要参数如下。

（1）调度操作：呼叫、强插、强拆、代接、监听、禁话、转接、组播、会议、热线。

（2）监控功能：能够通过图标颜色和文字指示出用户状态，如呼叫、振铃、通话等。

（3）呼叫及通话：拨号呼叫、来电接听、多线路切换。

（4）管理功能：系统管理、分组管理、账号管理、权限管理、热线管理。

（5）屏幕尺寸：17 寸触摸屏。

（6）敲击寿命：>1000 万次。

（7）笔划寿命：>100 万次。

（8）触电抖动时间：<5 ms。

（9）操作温度：−20 ~ +70 ℃。

（10）存储温度：−28 ~ +80 ℃。

（11）分辨率：5096 × 5096。

（12）线性：<1.5%。

（13）操作压力：10 ~ 100 g。

（14）电源：DC 12 V，400 mA。

（15）功耗：60 W。

（16）尺寸：525 mm（长）×400 mm（宽）×100 mm（厚）。

7.2　有线调度通信子系统

有线调度通信是露天矿最传统又不可缺少的通信工具，目前的有线通信覆盖了露天矿的主要生产单位。有线程控交换机系统是最主要而又最基本的信息交换方式，其许多功能是无线通信不能取代的。

出于提高指挥调度效率的考虑在办公楼设置有线调度通信子系统，实现全矿生产调度数据的实时浏览。办公楼调度系统由 IP 话音调度系统、生产调度业务工作站及大屏幕电视墙构成。生产调度业务工作站通过 IP 网络及生产调度各子系统控制软件实时提取采区、动筛系统、变电所控制系统、污水处理系统等各自动化系统数据并将其在大屏幕电视墙上直观显示，以达到及时了解实时生产数据，及时调度指挥的目的。

7.2.1　有线调度通信子系统需求分析

1. 系统功能

1）调度功能

（1）CDR 呼叫详细记录、计费：CDR 收集呼叫的详细信息并将它保存在 CDR 历史文件中。CDR 信息能够为由 SMM 建立的大容量计费以及故障检修提供备份详情。

（2）轮呼功能：当被叫用户有几个可选号码时，根据需要进行轮流呼叫。

（3）用户直呼调度台功能：分机用户可直接呼叫调度台的调度员话机。

（4）调度直呼分机、外线用户功能：调度员摘机，按下空闲用户，即呼叫该用户。该用户为外线用户时，自动出中继拨号。

（5）调度转接分机功能：调度员接听来话（包括中继），按下第三方用户，即接通该用户，实现三方通话；调度挂机退出通话，即实现转接。

（6）呼叫保持功能：将与调度员通话的用户保持，与其他用户通话后再召回该用户，继续通话。设"保持"和"召回"操作。

（7）强插用户功能：调度员强插某内部用户或中继，可实现三方通话。

（8）强拆用户功能：操作同强插操作，有"强拆"键，一次强拆一个用户。

（9）监听用户功能：调度员可以监听用户间的通话。

（10）呼叫排队功能：当同时有多个用户呼叫调度台时，对呼入的用户具有排队功能，并有语音提示。

（11）夜服功能：每一个调度台可以设定任意一个分机为夜服分机。启动夜服功能后所有到调度台的呼叫都呼至该分机。

（12）调度话机可以使用头戴式受话器，用于呼叫中心模式的调度系统。

（13）通话录音功能：调度台与用户之间的实时通话进行录音。

（14）调度台可接扬声器，话筒功能：可通过扬声器，话筒进行调度通话。

（15）调度台来电显示功能：用户呼叫调度台时，调度台显示该用户的姓名或电话号码。

（16）支持多调度台功能：可以使用多个调度台同时处理调度事务。

（17）单键呼出功能：调度员只需点击一个用户按键就可以完成用户呼叫到接通的全部工作。

（18）分机紧急呼叫功能：具备紧急呼叫功能的分机可以通过特殊操作向调度台发起紧急呼叫。

（19）强插公网用户功能：调度台呼出时可以设定主叫类别为"人工话务员"，这样可以对某些正通话的公网用户进行强插。该功能需公网的交换机开放"话务员强插"功能。

（20）虚拟调度功能：整个调度系统可以虚拟地划分为多个独立的调度系统，分别承担调度业务。

（21）双手柄调度功能：每个调度台有两个调度电话参与调度业务，并依据键权自动跟踪原则进行操作。

（22）调度值班记事簿功能：调度员可以使用调度值班记事簿做记录，此记录与通话的其他相关信息一起保存，并提供查阅。

（23）调度台组织多方通话功能：不管来话或去话，调度员按下空闲用户，即将该用户加入多方通话，按下通话用户将该对用户加入多方通话。

2）会议功能

（1）组呼功能：调度员快速呼叫事先定义的用户组中的全部用户。

（2）选呼功能：调度员从号码簿定义部分或全部用户中选择若干用户进行快速呼叫。

（3）定义会议用户组功能：调度员可以定义会议用户组并编辑会议用户组内的成员。

（4）会议预编功能：调度员可以预先编排一个会议的参加人员，在需要开会时可以立即呼出。

（5）用户加入会议功能：调度员在会议进行中，可以将用户呼出并加入会议，也可以将已经呼入调度系统的用户加入会场。

（6）用户退出会议功能：调度员将用户从会议中退出。

（7）用户状态显示功能：在操作界面上，通过图标显示会议用户的状态，例如主席、会员等。

（8）用户发言权限切换功能：调度员可切换用户发言权限。如从主席切换到会员，会员切换到主席。

（9）会议点名功能：在会场中，调度员可以逐一和与会用户单独通话，达到点名的目的。

（10）会议提示音功能：在会议进程中，有操作提示音指导用户进行话机终端的操作。

3）交换功能

（1）分机中继之间的呼叫功能：分机呼叫分机，分机呼叫调度话机，调度话机呼叫分机，分机出中继呼叫中继用户，入中继用户呼叫调度话机或通过调度话机转接到分机，调度出中继呼叫中继用户。

（2）不等长号码的编号机制功能：用户分机的编码实现 3～8 位的任意编码，用户编号不依赖于物理端口顺序。

（3）分机拍插转接功能：分机用户在接通电话后可采用拍叉簧操作进行呼叫转接。

（4）分机权限设置功能：包括只能应答、只能呼叫调度、内线用户、专网用户、长途用户、公网市话等6个级别。

（5）中继分组、局向设定功能：能对中继进行分组并对组设置局向。

（6）主机具有自动识别呼叫的功能：对于某些用户分机，当收到呼叫时，其振铃有内线呼叫和专网呼叫的区分。

（7）出中继可以等位拨号功能：在编号规划不冲突的情况下，可以直接拨对端局用户号码而不需加出中继号。

（8）数字中继来电显示功能：分机能够发送主叫号码（在设置需要时，）送给分机用户和调度台，或通过数字中继发送给对端局。

（9）电脑话务员功能：用户呼入调度后，可以在语音提示的引导下拨号呼叫分机。

（10）热线功能：分机摘机后自动接到调度台话机或指定的分机。

（11）分机具有呼叫转移功能：支持无条件转移、遇忙转移、无应答转移。

（12）其他新业务功能：包括免打扰、缩位拨号、定时提醒、手机伴侣、虚拟中继连选等。

4）维护功能

（1）身份验证功能：登入操作维护软件时可进行身份验证，只有合法调度员才能使用操作维护软件进行系统维护。具体的方式有输入用户名、用户口令等。

（2）编辑用户组信息功能：可以增加、删除、修改用户组项和用户组中的用户。

（3）编辑维护人员功能：可以增加、删除、修改系统维护人员的登记项。

5）其他功能

（1）电话号码簿功能：建立用户的电话号码簿，方便调度员快速查询电话号码，并呼叫。

（2）远程维护功能：调度系统具有一定的远程维护功能，可以远程了解系统运行情况，进行故障处理。

（3）录音文件的播放功能：对于业务过程中生成的录音文件，如通话录音、会议录音，可以指定某一电话进行录音播放。

（4）录音文件的转储功能：对于业务过程中生成的录音文件，如通话录音、会议录音，可以转储到其他的存储介质。

（5）系统运行日志功能：记录系统运行期间的重要事件。

2. 技术要求

露天矿有线调度通信子系统应满足如下技术要求：

1）基本技术要求

（1）程控交换主机应具有呼叫、扩音指令、会议、交换、调度及组网功能，系统主机能实现调度和行政两网合一。

（2）后备电源应保证系统停电以后，具有24小时以上的通信能力。

（3）数字录音系统应能对整个数字调度机系统的任何调度总机或分机进行录音。保证能够存储不低于6000小时的录音数据。

（4）应具有分片或集群召开调度电话会议的功能，可实现多方的高音质全双工交互电话会议，音质清晰，无衰减、杂音及啸叫，并且召开会议的操作应方便灵活。

2）扩展技术要求

（1）所选用的调度通信交换机在规定的 1000 门容量的基础上，具备一定的扩容能力，以满足生产系统扩容的要求。

（2）所选用的调度通信交换机应具备环路中继、E1 中继、E/M 中继、载波等多种中继接口，以实现与行政通信网及上级、下级调度通信网互联的要求。

3. 设计原则

1）高度的可靠性和技术的先进性原则

高可靠性是调度通信系统设计所考虑的首要原则，而设计和设备的先进性是保证整个系统高可靠性的基础。本方案的调度通信系统采用先进的集成电路设计技术、程控交换设计技术等保证通信的有效性、可靠性；选用后备电源及通信防雷设计保证系统的可靠通信；选用高质量的录音系统保障用户数据的安全性。

2）功能的齐全性和系统的可扩展性原则

系统在符合功能要求的前提下，其功能的齐全性有利于提高整个系统的总体运行水平和自动化调度程度，也便于系统今后的扩展和升级。本方案所设计的调度通信系统能完成调度、行政通信、电话会议、中继互联等功能，涵盖了煤炭生产（多级）调度、安全管理等调度通信功能，并留有充足的用户板、中继板接口，满足扩容需求。

3）实用性和经济性原则

在系统设计和设备选型中既要考虑技术的先进性和系统的稳定，也要兼顾整个系统的成本和资金投入，保证系统具有较高的性价比。

7.2.2 有线调度通信子系统设计

1. 方案拓扑图

露天矿有线调度通信子系统拓扑图如图 7-2 所示，由调度服务器、触摸屏调度台、录音服务器、中继网关及调度终端等模块组成。

2. 系统组成

某露天矿有线调度通信子系统由 SH-3000D 调度主机、SH-3000DH 丹麦键调度台、录音系统、SH-3000GL 管理维护系统组成及调度外设（防雷配线架、后备电源系统）组成。

1）SH-3000D 调度主机

SH-3000D 调度主机是整个露天矿通信系统的核心设备，系统所有程控及调度功能均由调度主机实现，SH-3000 主机由 CPU 主机板、分机控制板、用户板、中继板构成，如图 7-3 所示。主机由主机提供环路中继、E1 中继、E/M 中继、载波等多种中继接口接入运营商网络及煤矿专网，实现内部分机与公网电话及专网内电话互联互通。并提供与调度台、录音系统、管理维护系统及分机等其他附属设备的接口。

2）SH-3000 程控交换主机

SH-3000 是华亨在数字程控交换机开发生产经验的基础上，遵照 ITU-T 和中国通信行业（YD）相关标准，开发、生产的新一代数字程控交换机；能提供丰富程控功能，支持各种中继和信令接口，支持短信；开放内部通信协议，提供 API 应用编程接口，便于用户和系统集成商开发个性化功能；具备电信级可靠性，具有易于安装、管理和维护，可平滑升级和扩容等特点。

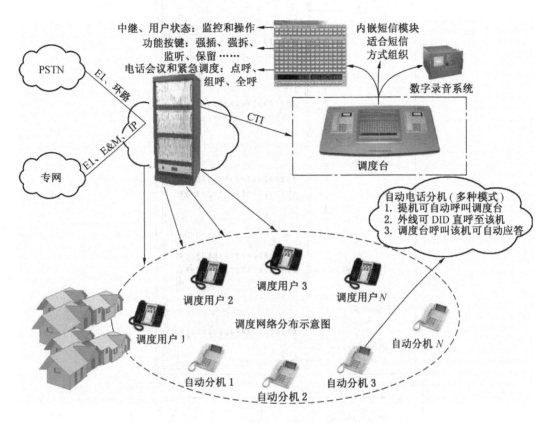

图 7-2　露天矿有线调度通信子系统拓扑图

3）SH-3000DS 调度台

SH-3000DS 调度台是煤矿通信系统的操作平台，可选用触摸屏和丹麦键两种调度台，通过调度接口接入调度主机。系统所有程控及调度功能的实现均在调度台上具体操作，由调度机进行实现。外形美观，操作方便，可实现排队、分组、广播、群呼、调度、强插、强拆、三方通话、监听、电话会议等调度系统的功能。

4）录音系统

录音系统通过录音接口接入调度主机，实现对煤矿调度分机录音。采用 PC 录音卡的形式实现，可支持 4、8、16 等多路录音。录音卡插在 PC 主机插槽内，录音形成的文件保存在 PC 硬盘内，用户可随时进行收听、调用、保存等操作。录音时长由用户电脑硬盘决定，200G 硬盘可满足 12000 小时以上的录音时间，可根据需要扩容。

5）SH-3000GL 管理维护系统

管理维护系统通过调度主机背板上的 COM1 口接入调度主机，负责对调度主机的参数配置及系统维护，包括分机参数配置、功能设置、告警处理等。管理维护系统支持在线升级。

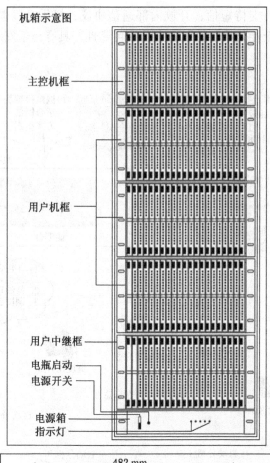

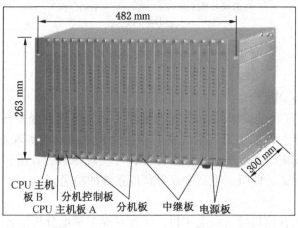

图 7-3　SH-3000 调度主机示意图

6）防雷保安配线架

防雷保安配线架用来保护通信线路，以免雷电从用户线路导入到设备，当电流和电压高于保安防雷的系数时，保安防雷装置自动断开，起到保护调度主设备的作用。要求必须接地，接地电阻小于或等于 5 Ω。

7）后备电源系统及稳压器

后备电源系统在生产指挥是是必须配置的，一旦市电断电，会中断调度设备的工作，从而影响到生产指挥的进行，并且停电后，调度指挥生产更显重要，因此必须保证设备的连续工作性。

3. 系统特点

1）可靠的性能

SH－3000 通信系统从开发、生产制造到物流管理等完全按照 ISO 9001 标准运作，其产品符合最先进的通信标准，通过电信设备入网许可。

2）可伸缩性

SH－3000 通信系统采用模块化结构，可平滑扩容，免除一次性投资过大或将来难以延展扩容的烦恼。用户可以量体裁衣购买目前适合自己要求的部分，亦不用担心随业务的扩大系统扩容或增添功能的问题。

3）保护用户的投资

首先，SH－3000 通信系统的分散放置方式可为用户节省大量的布线成本和施工费用，并且SH－3000 通信系统提供外围部件的通用槽道，客户可按要求自由配置。另外，SH－3000 通信系统先进的自动路由软件功能可为用户节省话费开支。最主要在系统的软硬件升级方面，本方案本着"保护用户投资"的设计原则、"智能化演进"的策略，提供完好的系统软硬件兼容性，使用户在初期投资设备的基础上随交换机设备的开发生产一起不断地升级，始终与通信的快速发展同步，而不会因若干年后通信的进步而使初期投资化为乌有。

7.3 无线调度子系统

虽然目前的有线电话能够覆盖露天矿的主要区域，但是在许多重要生产地点却无法借助有线来联系，比如采场的大型移动作业设备、运矿火车以及精尾综合厂的尾矿库坝面等地点。无线通信系统克服了有线通信的不足。

另外，无线通信作为矿山企业生产调度、抢险救灾和应急救援而建立的集群移动网，能够保证在紧急情况下通信畅通，避免造成经济损失，这些功能也是电话与公众移动通信网不能取代的。

7.3.1 无线超短波对讲调度子系统

无线电对讲机涵盖范围较宽，主要工作在超短波频段，在手机非常普及的今天，矿区为什么还会选择使用超短波对讲机呢？这是因为对讲机与手机相比有以下几个独特的特点。

（1）对讲机不受网络限制，在网络未覆盖到的地方，对讲机可以让使用者轻松沟通。

（2）讲机提供一对一、一对多的通话方式，一按就说，操作简单，令沟通更自由，尤其是紧急调度和集体协作工作的情况下，这些特点是非常重要的。

（3）通话成本低：对讲机是集群通信的终端设备，对讲机不但可以作为集群通信的终端设备，还可以作为移动通信中的一种专业无线通信工具。

7.3.2　4G 多媒体无线调度子系统

4G 多媒体对讲是基于手机通信网络利用 VoIP 技术实现的半双工语音对讲，面向集团客户提供群组调度通信功能，实现群组内一对一、一对多的集群通信以及后台调度管理等功能。具有通信无距离限制，无需用户建网，成本低、速度快等优点，保证即时稳定专业的对讲体验。同时支持专用 APN，提供安全可靠的通信保障。

4G 多媒体对讲在传统对讲的基础上，利用 4G 宽带的特点，实现丰富的多媒体功能，支持多媒体消息，如视频图片上报及实时视频回传等功能，让对讲有了新体验。

1. 基础对讲功能

（1）实时对讲：用户只需按动对讲按键，即可在频道内对讲；在配套的对讲终端上，借助侧边按键，在息屏时即可直接对讲，达到专业对讲效果。

（2）临时会话：用户可以对通讯录内任何在线成员发起临时会话，建立临时群组进行对讲，让沟通更灵活。

（3）多路会话：用户可以开启多路会话功能。开启后，当用户处在多个频道时，可同时监听已接入的频道，不会遗漏任何内容。

（4）调度互通：调度台可以与前端用户直接进行一对一、一对多的交流，也可临时组群进行对讲。

2. 多媒体对讲功能

（1）多媒体消息：成员可在频道和临时会话内发送多媒体消息共享文字、语音和图片等多媒体内容。

（2）现场图文上报：成员可将当前现场的照片和视频文件上报到调度管理平台。

（3）实时视频上报：成员可以将当前现场的实景通过实时视频，上报到调度管理平台，让后台指挥中心看到现场的高清实景，后台可同时接收多路实时视频，根据综合情况制定行动计划。

3. 可视化调度功能

（1）组织架构管理：多媒体对讲终端在系统内映射成为企业内的组织成员，后台可以直接进行组织结构管理，同时进行频道设置和更改。

（2）上报内容管理：定义上报的五元素，包括人、地点、时间、文字描述以及多媒体内容。

（3）实时位置调度：提供终端实时位置展现、圈选呼叫、电子围栏和历史轨迹回放、信息标注点等。

（4）频道设置管理：可以设置和更改频道，将常用工作组设为固定频道。

（5）调度互通：可以同时查看多路视频，实时了解现场情况。

4G 多媒体对讲定制终端，包含三防、大音量、长待机、便捷侧键、一键求助等功能和特点，方便户外人员作业使用。还有 APP 形式，可在通用手机上使用，如图 7 - 4 所示。

7.3.3　无线 Mesh 调度子系统

1. 需求分析

根据露天矿覆盖范围大，生产设备移动性要求高等实际情况，在建设有线行政、调度通信系统的基础上，同时建设一套基于 Mesh 网络的无线语音调度子系统，以满足露天矿办公、生产的实际需要。

本方案旨在响应露天矿改扩建工程通信与监控系统技术要求，并在其基础上添加一定的扩展功能，以满足露天矿三至五年内生产系统扩容对无线话音调度的要求。无线 Mesh 调度子系统建设目标为：

（1）在矿区无线 Mesh 网络的覆盖范围内，建设基于 WiFi 终端的 VoIP 语音通信系统。

（2）实现各 WiFi 终端间语音通信。

（3）实现无线话机与有线话机间的通信业务。

2. 系统组成

露天矿无线语音调度子系统由前端 WiFi 终端、无线 Mesh 网络及 IP PBX 和 SIP - PSTN 网关组成，如图 7-5 所示。WiFi 终端通过无线 Mesh 网络接入 1000M 光纤骨干网，然后接入 OM200 IP PBX，实现 WiFi 终端间通信，MX100 - TG 通过 E1 连接 SH - 3000D 调度机，实现 WiFi 终端与调度话机通信，调度交换机通过中继线与行政交换机相连，从而实现终端间通信。

图 7-4 4G 多媒体对讲终端照片 　　图 7-5 无线调度子系统网络结构

1）IP PBX

方案选用上海讯时生产的 OM200 型 IP PBX。Officium（以下简称 OM）是适用于中小型企业的商务办公电话系统，该系统集成了网络电话、即时通信、用户状态呈现、传统 PBX、信息管理等功能，为办公室员工提供高效而方便的融合通信平台。OM 可以与普通话机、传真机、模拟外线直接相连，也可以通过 IP 网络（如互联网、企业专网）与软交换平台、IP 话机、电脑软件电话或部署在异地的其他 OM 办公电话系统相连。OM 提供自动话务台、分机状态监控、手机分机、回拨、企业彩铃、点击拨号、呼叫转移、呼叫等待、录音等功能。

2）SIP - PSTN 网关

方案选择上海讯时生产的 MX100 - TG 作为语音网关，承担无线话音通信系统与有线行政/调度通信系统的互联业务。MX100 - TG VoIP 中继网关（以下简称 MX100 - TG）是上海迅时通信设备有限公司开发的。

通过 IP 接口、T1/E1 接口实现 IP 分组包与 PCM 的相互转换，MX100 - TG 可以用来把基于 IP 技术的新一代语音业务网连接到传统的中继线设备上，如公共电话交换网（PSTN）的端局或汇接局，或者企业的小交换机（PBX）作为电信级的 VoIP 网关设备。MX100 - TG 是针对电信运营商、增值业务供应商以及大中型企业对 VoIP 的要求而设计的，与其他类似产品相比，在性能、系统可靠性、兼容性以及价格等方面的优势十分明显。高效的软硬件设计和强大的 DSP 处理能力，保证了 MX100 - T 在满负载流量状况下仍能实现 PCM 语音信号与 IP 分组包的转换，完成语音信号的编解码如 G. 711 和 G. 729A，以及回声消除等主要功能。MX100 - TG 支持 ISDN PRI 信令，以实现与 PSTN 或 PBX 之间的呼叫控制。而 MX100 - TG 网关与媒体网关控制器（软交换）之间的呼叫控制，则是通过 SIP 协议来实现的。MX100 - TG 同国内外市场上众多的软交换完成了互连互通测试。MX100 - TG 机箱配有一块带 DSP 子卡的主控模块，一块 4 端口 T1/E1 中继模块。根据需要，用户可选用一块电源模块，也可选用二块电源模块以满足冗余性的要求。当采用 IS-DN PRI 接口时，4 个 E1 能为用户提供 4×30 路的语音通道。

3）WiFi 终端

无线 WiFi 终端采用华科力扬生产的 E10 WiFi 终端，是一款结合煤矿行业防爆、防尘、防水的特殊需要而专门研发的一款三防手机。

3. 系统特点

1）无线话音业务功能特点

（1）话务员：自动话务台、语音导航、工作时段/非工作时段、自动话务台模式切换、来电排队等待、话务组（多至五名话务员）、话务员监控台（软件）。

（2）来电处理：直接拨入、来电号码显示、电话拦截、铃音选择、呼叫等待、来电双振铃、呼叫转移（FWD）、免打扰（DND）、振铃选择、彩铃。

（3）群组来电处理：分机组、来电呼叫分配群、群组振铃、呼叫代接、指定分机代接、一键代接、话务员分机代接、组内代接。

（4）呼叫转接：盲转、转接咨询、转到外线。

（5）呼叫保持：呼叫保持、呼叫暂存、待机音乐。

（6）拨号：内线通话、密码外呼、出局线路选择、中继线群、缩位拨号、热线（即时、延迟）、屏蔽来电显示、紧急呼叫。

（7）外部访问系统：直接拨入系统访问（DISA）、回拨、远程分机设置。

（8）呼叫限制：长途限制/呼叫限制、预算管理、分机锁定、拨号前输入个人识别码。

（9）路由功能：自动路由选择。

（10）电话会议：三方通话、三方通话录音。

（11）电话录音：预先设置、通话中随时开启。

（12）电话监听：管理下的电话监听。

（13）信号音：拨号音、回铃音、忙音、证实音、特殊拨号音。

（14）企业语音专网：跨域分机直拨、异地外线共享。

（15）网络连接：DHCP、DNS/DDNS、PPPoE、NAT 穿越、IP 地址过滤、媒体流、G.711，G.729A、回音消除、抖动缓冲自动调节、忙音检测。

（16）非话机终端：T.38 传真中继、T.30 传真透传、POS 机传送、PBX 联机（模拟外线/分机）。

（17）系统管理：基于 Web 管理界面（近端和远程）、软件升级、日志管理、配置文件导入/导出、系统状态监控与统计。

2）语音网关功能特点

（1）高性能：与接入网关不同，中继网关对处理语音流量的能力有很高的要求。MX100 - TG 采用美国 TI 公司最新的具有很强语音处理能力的 DSP 芯片，通过 DSP 子卡，每台网关可拥有 4800 MIPS 的处理能力。强大的 DSP 硬件能力与高效的 DSP 算法和实现相结合，保证在满负荷运行状态下。

MX100 - TG 仍能从容执行语音处理（G.711、G.729A、G.723.1）、回音消除、传真中继（T.38）等功能。

（2）高可靠性和可维护性：为满足电信运营商对网关的最高可靠性要求，MX100 - TG 可配置双电源模块，其中任一模块故障时系统仍能正常运行。系统的硬件设计，从结构到选择元件，均充分考虑到优化平均无故障时间（MTBF）。

（3）灵活的配置：MX100 - TG 采用紧凑型槽口式机箱设计，用户可以根据实际需要采用不同种类和不同容量的接口卡。

（4）可支持的协议及采用的先进技术：支持 SIP、RTP、TFTP、HTTP、STUN、SNMP 协议，ISDN PRI 信令，采用 G.711、G.729A、G.723.1 编解码技术，G.168 回音消除技术及 DTMF 消息传递（RFC2833）、传真中继 T.38 技术。

（5）互连互通性好：已同国内外市场上众多的软交换完成了互连互通测试。

4. 主要设备参数

1）OM200 - NA - 1U - D 型交换机

OM200 - NA - 1U - D 型交换机硬件规格见表 7 - 1。

表 7 - 1　OM200 - NA - 1U - D 型交换机硬件规格

分机线长度	3000 m（最大）	外线端口	RJ - 45
振铃电压	60 V（有效值）	以太网口	2 个 RJ - 45
系统内存	64 MB	CPU	MPC8247
系统闪存	8 MB	DSP	3~9 片 TI C5509
最大功耗	125 W	操作系统	Linux
电　源	110~240 V/1A AC	安装方式	机架
模拟分机	RJ - 45		

2）MX100 – TG – 1E1 型网关

MX100 – TG – 1E1 型网关硬件规格见表 7 – 2。

表 7 – 2　MX100 – TG – 1E1 型网关硬件规格

项　目	说　明	项　目	说　明
标准规格		毛重（连包装箱）	9 kg
CPU	200 MHz，MPC8250	环境条件和功率要求	
系统内存	64 MB	运行温度	0 ~ 40 ℃
系统闪存	8 MB	非运行温度	– 25 ~ 70 ℃
机架插槽	3 个	运行湿度	5% ~ 95%（非冷凝）
以太网口	2 个 100M RJ – 45	噪声级别	30 dB（最大）
ISDN PRI/T1 或 ISDN PRI/E1	4 个接口，支持最大 96 个（T1）或 120 路（E1）话路	输入电压、交流电源	100 ~ 240 V
尺寸/重量		电流	0 ~ 0.5 A
尺寸（高×宽×深）	4.4 cm × 44 cm × 44 cm	输入交流功率	75 W（最大）
净　重	7 kg	控制台端口	异步串口（RJ45）

7.4　应急通信子系统

在矿区内某处出现故障或者重大事故的情况下，保证通信系统的畅通无阻，使得应急救援队迅速赶往事故现场，并及时处理灾情，为企业的安全生产提供有力的通信保障。在救援队赶往事发现场即可通过 2 个车载的无线基站、2 个移动摄像头和 10 部 WiFi 手机接入矿区移动无线宽带通信平台之上，获取事发现场的视频和数据信息。

指挥中心也可以通过事发现场临时架设的视频监视和会议系统，实时地了解现场发生的变化，并且根据现场灾情变化，进行资源的快速部署和调度。应急通信子系统的设备清单见表 7 – 3。

表 7 – 3　应急通信子系统设备

车载 Mesh 基站	台	2	包含天线
高倍高速宽动态变焦摄像头	台	2	
WiFi/GSM 双模手机	部	10	
车载电源	套	1	

8 露天矿环境监测系统

矿山环境，即指矿山周围的自然和社会条件。露天矿勘查、开采和运输的各个阶段都会使得矿山自然环境发生某些变化，即对环境产生了破坏。不同于井工矿，露天矿环境监测主要是对边坡和粉尘的监测。

矿山边坡是自然条件与工程生产相互作用的结果，其影响因素复杂，范围较大、类型众多。露天矿边坡稳定是困扰岩土工程界的重要工程，是关系矿山安全的关键问题。

此外，露天矿的生产环节中，也会产生大量煤炭和岩石的细微颗粒，这些颗粒长时间悬浮于空气中就形成了露天矿粉尘。长期以来，粉尘治理始终是露天矿安全生产的难题之一。

当前，伴随矿山环境问题的出现，各种矿山环境监测与评价技术、方法应运而生。通过环境监测，能准确、及时、全面地反映露天矿环境质量现状及发展趋势，为环境管理、污染源控制、环境规划等提供科学依据。

8.1 采场监测子系统

8.1.1 采场监测子系统概述

通常，边坡泛指自然或人工形成的斜坡坡体。露天采场在没有开挖以前，其天然初始应力被认为已基本达到平衡，位移也基本达到稳定。人工开挖形成采场边坡，破坏了岩土体的初始平衡，相当于对处于平衡状态下的岩土体施加了一个力，其在非平衡力的作用下，应力会发生重新分布，从而产生变形和位移。因此，露天采场边坡由于力的作用，处于不断地移动变形状态之中，对矿山安全生产构成很大威胁。

随着矿产资源开采环境的不断恶化和开发强度的日益增加，采场边坡的稳定性成为影响露天矿开采的重要因素。例如，边坡初始表现为岩体松动，在自重应力为主的坡体应力长期作用下持续变形乃至蠕动，贯通性破坏面一旦形成，坡体便加速滑移，造成滑坡、崩塌和滑塌等破坏。采场边坡灾害会造成人员伤亡事故、环境破坏与污染、矿产资源损失等问题，严重影响和威胁着矿山安全生产以及周围地区的环境和人民群众的生活，成为露天煤矿企业可持续发展的重要制约因素。

矿区采场边坡的稳定性与其特定的地形地貌、地层岩性、地质构造、地下水活动、爆破震动等有关，主要的影响和诱发因素是边坡的开挖、爆破震动和连续的降雨。

1. 采场边坡地质条件分析

对采场边坡地质条件的分析，应该考虑露天矿水文地质情况，并对地下水、地表水系对采场稳定性可能造成的影响进行研究，描述采场边坡中的地下水静水压及动力作用。

1）对区域地质和构造特征的分析

岩床的层理、接触带、节理、断层、倾角等地质条件，是影响边坡稳定性的主要因素。例如，在沉积矿床中存在许多斜层理，当这些斜层理与边坡面一致或斜层理被断层切断时就可能成为滑坡的潜在弱面。

2）对特殊水文条件的分析

滑坡大多发生于雨季丰水期或融雪季节。水的存在，一方面软化了岩石及结构面，导致其强度的降低；另一方面增加了坡体内地下水的渗透压力，使边坡稳定条件趋于恶化。

3）对地下开采情况的分析

边坡工程岩体的稳定性不仅取决于岩体结构的自然特性，还与地下开采的采矿方法和采矿工艺等有关。地质因素是产生滑坡的基础，而地下开采活动可视为诱导或触发条件，它可加速滑坡的发展过程。例如，随着露天矿的开发，一些延深较大的急倾斜矿体不断由露天转入地下开采。由于两种开采方式所产生的采动效应相互影响、叠加，在边坡中产生极为复杂的次生应力场及位移场，使得边坡的稳定性分析变得更加复杂。

2. 预想滑动模式分析

矿山边坡的变形和破坏模式具有多样性。在对某一特定的边坡进行变形监测时，掌握其变形和破坏机理有助于监测方案的制定和实施。因此，需要根据采场边坡稳定性影响因素的分析结果，有针对性地提出采场可能的滑动模式。

矿山边坡的变形和破坏模式通常包括平面破坏、圆弧形破坏、楔形破坏、倾倒破坏和崩塌破坏等。

1）平面破坏

当边坡岩体中发育着一组走向与边坡平行、倾向与边坡倾向一致、倾角与边坡相近的不连续结构面，且边坡受到外力作用时，将会形成平面破坏，边坡岩体会沿上述不连续结构面产生变形破坏。

根据滑面形态特征的不同，平面破坏具体可见以下几种：简单平面破坏、复合型平面破坏、多平面阶梯状破坏和波状平面破坏，如图 8 - 1 所示。

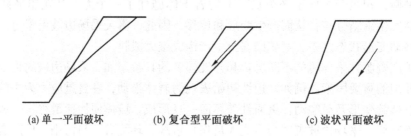

(a)单一平面破坏　　　　(b)复合型平面破坏　　　　(c)波状平面破坏

图 8 - 1　边坡平面破坏示意图

2）圆弧形破坏

当边坡岩体呈散体结构或岩体破碎、岩块间有较多泥质及其他碎屑物质填充、块间并无紧密结合时，边坡沿弧形破坏面发生滑动，形成圆弧形破坏。此类破坏主要发生在散体结构类型和碎裂结构类型边坡，如图 8 - 2a 所示。

3）楔形破坏

当两组结构面组合交线的倾向与边坡倾向相近，倾角小于坡面角且大于其摩擦角时，容易发生沿着组合交线方向滑动的这种破坏。楔形破坏一般为台阶边坡破坏，规模不大。

4）倾倒破坏

具有层状结构的岩石边缘，当边坡结构属于逆向坡或陡倾的顺向坡时，在其浅表层经常发生倾倒破坏。此类破坏一般规模不大，多为台阶边坡破坏，如图8-2b所示。

5）崩塌破坏

发生在下部的软弱垫层与上部的坚硬盖层构成的层状或似层状边坡岩体中。层状结构的岩体，其下部强度低的软岩发生变形崩解，引起坡顶盖层岩体产生张裂、悬空和块体崩落，如图8-2c所示。

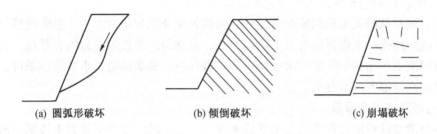

(a) 圆弧形破坏　　　　(b) 倾倒破坏　　　　(c) 崩塌破坏

图8-2　边坡破坏的其他形式

3. 稳定性指标选取

边坡稳定性指标的选取，应对工程地质物理力学指标的选取和可用性进行分析，在部分指标不能满足计算需要时，应指明参考或借鉴类似露天矿的指标情况及可借鉴的条件。

1）边坡坡面角

一般地，边坡稳定分析应概略描述采场各最终帮的稳定边坡角及稳定性。

台阶是露天矿场的基本构成要素之一，是进行独立剥离岩石和采矿作业的单元体。露天开采时，通常是把矿岩划分成一定厚度的水平分层，自上而下逐层开采，并保持一定的超前关系。在开采过程中，各工作水平在空间上构成了阶梯状，每个阶梯就是一个台阶。

如图8-3所示，台阶由上部平盘、下部平盘、台阶坡面、台阶坡顶线、台阶坡底线、台阶高度和台阶坡面角等要素构成。台阶的上部水平面称为台阶的上部平盘，台阶的下部水平面称为台阶的下部平盘，上、下两平盘之间的倾斜面称为台阶坡面，台阶坡面与下部平盘延伸线之间的夹角称为台阶坡面角。

台阶坡面角分为工作台阶坡面角和最终台阶坡面角。台阶坡面角直接影响露天矿生产的安全和剥离废石量的多少。在坚持分台阶分层

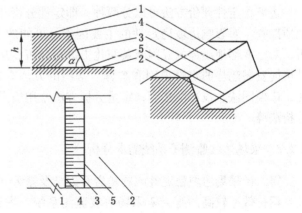

1—上部平盘；2—下部平盘；3—台阶坡面；
4—台阶坡顶线；5—台阶坡底线；h—台阶高度；α—台阶坡面角
图8-3　台阶坡面示意

开采的前提下，必须按照设计严格控制台阶或分层参数，尤其是台阶或分层高度、坡面

角。由于没有按照设计进行开采，造成台阶或分层高度过高，坡面角过大，形成高陡边坡，最终会导致露天采场坍塌事故的发生。

合理的露天矿边坡角，对露天矿的生产安全与经济效益有很大的帮助。过小的边坡角，将增加剥岩量，影响矿山的经济效益；过大的边坡角，将导致岩石塌落和滑坡事故的发生，严重影响矿山的正常生产。

工作台阶坡面角的大小与矿岩性质、穿爆方式、推进方向、矿岩层理方向和节理发育情况等因素有关，一般情况下，其大小取决于矿岩的性质。例如，对于松软矿岩，工作台阶坡面角不大于所开采矿岩的自然安息角；对于较稳定的矿岩，工作台阶坡面角不大于55°；对于坚硬稳固的矿岩，工作台阶坡面角不大于75°。

最终边坡角是露天采场构成要素之一，指露天矿非工作帮最上一个台阶坡顶与最下一个台阶坡底线所作的假想斜面与水平面的夹角，也称最终帮坡角或最终边帮角。最终边坡角通常参照类似矿山的实际数据来选择，与矿岩性质、地质构造、水文地质条件、开采深度、边坡存在期限等因素有关。

2）边坡稳定安全系数

边坡与滑坡的稳定性常常用安全系数来评价。边坡稳定安全系数为土坡某一滑裂面上抗剪强度指标按同一比例降低为和 c/F_{s1} 和 $\tan\varphi/F_{s1}$，则土体将沿着此滑裂面处达到极限平衡状态，有：

$$\tau = \frac{c}{F_{s1}} + \sigma\frac{\tan\varphi}{F_{s1}}$$

式中，σ 为滑面正应力；τ 为滑面剪应力；c 为边坡岩土体的黏聚力；φ 为内摩擦角；F_{s1} 为滑动面的安全系数。

3）位移速率

根据边坡移动监测数据可绘制边坡变形时程移动，移动曲线粗略判断边坡移动趋势，并据此数据对边坡移动性作出初步判断。

4）边坡稳定性评价方法的选择

边坡稳定性评价方法可以分两种，即定性分析和定量分析。定性分析主要是通过工程地质勘查，对影响边坡稳定性的主要因素、可能的变形破坏方式及失稳力学机制等的分析，对已变形地质体的成因及其演化史进行分析，从而给出被评价边坡一个稳定性状况及其可能发展趋势的定性说明和解释，常用的方法有自然历史分析法、工程类比法、图解法、诺模图法、投影图法等；定量分析方法常用极限平衡法、条分法、数值分析法、概率分析法等。

8.1.2　采场边坡监测子系统需求分析

露天矿采场边坡稳定性问题是岩石力学及露天开采的重要研究内容。提供一套功能完整且运行效率较高的露天矿采场边坡监测系统，进行数据的实时传输、统计、分析及预警，从而有效地减少监测费用，减少人力资源的占用，提高边坡治理效率和安全性，是减灾防灾的重要途径之一。

1. 功能要求

某露天矿采场边坡变形 GPS 监测系统建成后，要达到以下基本要求：

（1）GPS 站点自动运行，无需专员值守，年运行可靠率达 95% 以上。

（2）GPS 站点采用太阳能供电，蓄电池辅助供电的模式。在无光照情况下，蓄电池可以供给 7 天左右电源，当太阳能恢复之后，将继续为 GPS 站点供电，同时蓄电池能够利用太阳能自动充电。

（3）卫星定位系统接收机主机或其外部存储器的容量应能保证至少存储 30 天的采样数据。

（4）GPS 站点利用 GPRS 无线通信技术，能够实时地将卫星数据信息发送至数据处理中心，若因 GPRS 无线网络拥堵而发生暂时性的掉线，能够在网络恢复的情况下自动重新连接。

（5）在数据处理中心建成后，连通网络设备，应该能够实时接收各 GPS 接收机的卫星信息。

（6）数据处理中心能够实时解算出各 GPS 监测站点的变形信息，并以三维坐标形式储存于解算中心数据库中，解算的频率可按用户需要进行设置。

（7）数据处理中心申请动态域名，GPS 站点通过域名与数据处理中心进行交互，不受数据处理中心的转移或者拨号上网动态 IP 的限制。

2. 设计原则

矿山采场边坡监测的特点是监测区域大，涉及的岩土性质复杂；边坡逐渐形成，部分监测点的位置要随之变动；监测的期限较长，几乎贯穿于整个工程建设过程。监测信息具有数据源丰富、数据类型众多、数据结构复杂，即所谓多源、多量、多类、多维的特点。因此，应根据边坡的外形、高度和工程实际情况设计经济、可靠的边坡监测系统。

（1）系统能实现对某露天矿采场边坡的实时监测，系统能提供 30 秒或 1 小时、12 小时、24 小时的监测数据及相应分析报告。

（2）系统能自动分析边坡变形情况，包括数据自动采集、变形自动分析和自动预报预警等。

（3）系统能实时对外发布 RTK 基站网络差分数据，可以为各种品牌的 GPS 接收机提供实时差分服务，从而提高矿山日常生产测量效率。

为了对监测数据进行描述、分析统计，建立一套集成化程度高的边坡监测系统，以满足露天矿边坡监测数据分析与管理的需要，包括以下方面内容的选择及设计：监测内容、施测部位和测点布置、监测期限和频度、预警值及报警制度等实施计划。

1）监测内容的确定

系统监测应该目的明确、突出重点。边坡安全监测以边坡岩体整体稳定性监测为主，兼顾局部稳定性监测。根据边坡变形、破坏几何因素及生产要求来确定监测内容如下：

（1）变形监测：边坡变形破坏是边坡失稳的基本方式。任何地面及地下建构筑物均有一定的结构强度和安全系数，即有一定的抵抗地面位移及变形的能力。减灾有效的方法之一，便是正确地评价边坡的稳定性，而边坡稳定很大程度上反映在边坡岩土体的变形特征上。

边坡变形监测的内容为水平垂直变形、边坡裂缝位错、倾斜变形、边坡深部位移及支护结构变形等。

（2）主导因素监测：测试内容为边坡地应力、爆破影响、声发射。

（3）诱发因素监测：测试内容为孔隙水压力、地下水、降雨、洪水等。

2）稳定性计算指标选取

常用排弃物料抗剪强度指标的确定包括单位质量、内摩擦角、黏聚力等；基底强度指标的确定包括黏聚力、内摩擦角、弹性模量、泊松比、单位质量、单轴抗压强度、单轴抗拉强度等。

3）施测部位和测点的布置

根据边坡的地质结构、空间形态和自然环境，选择若干关键监测部位，合理地布设监测网点和监测仪器，做到既突出重点又兼顾整体，力求外部监测和内部监测相结合、几何量监测和有关物理参数监测相结合。

变形监测的测点一般布置在边坡表面、裂缝、滑带、钻孔、支护结构顶部，有以下两个步骤。

（1）测线布置，包括圈定主要的监测范围；估计主要滑动方向，按滑动方向及范围确定测线；选取典型断面，布置测线；按测线布置相应监测点。

（2）考虑平面及空间的展布，各个测线按一定规律形成监测网。监测网的布置形式可分为正方格网、任意方格网、十字交叉网、射线网和基线交点网等5种。监测网的形成可能是一次也可能分阶段形成；监测网的形成不但在平面，更重要的体现在空间上。

采用何种监测网要根据监测区的地形条件确定。例如，对于主滑方向和范围明确的边坡，测线可采用十字形布置，深部位移监测孔通常布设在主滑方向上；对于主滑方向和范围不明确的边坡采用放射形布置更适用，在不同方向交叉布置深部位移监测孔。

4）监测精度的确定

监测精度的确定，应当参考国内、外同类型边坡的监测精度要求，并结合实地的勘察结果、边坡的形成机理、变形的趋势和监测仪器的精度指标来综合分析。在边坡变形的不同时期、不同部位，变形监测的精度要求有所不同，监测仪器也需作必要的调整。

例如，按照误差理论（监测误差一般为变形量的 $1/5 \sim 1/10$）来确定适当的监测精度。通过一段时间的监测实践和监测资料的分析，对边坡的变形状态和变形趋势做出预测，可对监测精度进行适当的调整、完善。

5）监测周期的设定

边坡变形的监测周期应当根据边坡所处的变形状态而定，随变形过程作适当的调整。一般地，边坡未进入速变状态之前且变形量较小时，监测周期可以长一些，监测精度要高一些；当边坡变形速率增大或出现异常变化时，应缩短监测周期、增加监测次数，而监测精度可适当放宽。

6）监测费用的设定

监测费用应根据企业的经济效益情况来考虑，在达到监测精度和内容的情况下实现最小的投入。

7）预警值及报警制度的实施计划

不同的监测区域，其预警模型的算法、参数及阈值均可能不同。因此，需要设计并实现一个具有高度灵活性和可定制性的预警模块，即通过分析各参数的变化情况，可设定和调整相应的滑坡报警阈值。例如预警级别分3个等级，从低到高分别为注意等级、警示等级和临滑等级。

8.1.3 采场边坡监测子系统设计

近年来，国内外边坡稳定性监测所使用的技术手段得到了较快发展，也取得了很多的研究成果。目前，变坡监测正向着多门学科交叉联合的边缘学科方向发展。

现阶段应用于露天矿边坡监测的技术分为点对点及点对面两种方式。点对点的监测技术主要有测量机器人、空间定位监测技术等；点对面的监测技术主要有摄影测量技术、合成孔径雷达干涉测量技术、三维激光扫描监测技术等。

某露天矿采场边坡监测系统采用高精度全球卫星导航系统接收机（也可用北斗卫星定位计技术接收机）、高精度实时解算软件与相应的预警分析系统，对边坡位移实施动态监测与实时显示，监测系统可对数据进行自动分析，给出动态监测曲线，及时为生产管理者提供准确的预警信息，做好滑坡险情预防工作。

1. 关键技术

1）全球定位系统（Global Positioning System，GPS）

GPS 技术是美国国防部在 20 世纪 70 年代末开始研制发展的第二代全球导航定位系统。GPS 测量具有定位精度高、观测时间短、全天候、高效率、多功能等优点，因此在露天矿边坡监测方面具有广阔的应用前景。

作为一种空间定位技术，GPS 在越来越多的领域取代了常规的光学和电子测量仪器。随着数据通信技术、计算机技术的日益发展和完善，使得 GPS 技术在露天矿山边坡地面位移监测中得到了更广泛的应用，边坡监测逐渐由原来的周期性监测向高精度、实时、连续、全天候自动监测方向发展。

GPS 系统主要由 3 个部分组成，即空间星座部分、地面监控部分和用户设备部分。大地测量均应采用相位观测值进行相对定位。相对定位（差分定位）是根据两台以上接收机的观测数据来确定观测点之间的相对位置，它既可以采用伪距观测量，也可以采用相位观测量。

2）北斗卫星定位系统（BeiDou Navigation Satellite System，BDS）

我国北斗卫星定位系统是主动（应答）式的，通过与中心站建立联系实现定位功能，同时它具有通信功能，可将通信与导航结合在一起，利用两颗同步实点卫星就能进行双向信息交换，北斗导航定位卫星系统上、下行链路分别支持每秒 200 次定位或短信息业务，远高于其他系统的并发处理能力。现在的北斗已具备了与 GPS 精度相当的全时段快速定位和授时功能，无需其他通信系统支持即可实现定位和通信，可为中国及周边国家和地区提供 24 小时全时段无盲区服务。

2. 系统组成

一般来说，用于监测露天矿边坡变形的 GPS/北斗自动监测系统由数据采集、数据传输和数据处理三大部分组成，如图 8-4 所示。

1）变形监测基准点选取

露天矿山边坡变形监测基准点的选择直接影响到 GPS/北斗监测数据的可靠性。这要求 GPS/北斗监测基准点稳定可靠且尽可能不受各种不利因素的影响。因此，基准点位的确定有地质条件好，点位稳定；适合 GPS/北斗监测条件，并无显著多路径效应等原则。

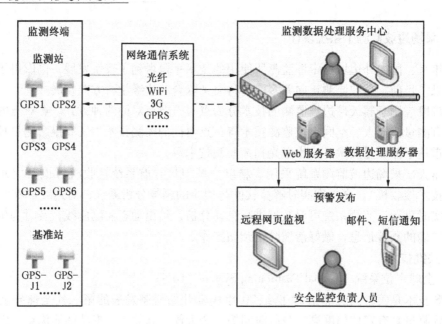

图 8-4　露天矿边坡变形 GPS/北斗自动监测系统

2）数据采集部分

GPS/北斗数据采集分为基准点和监测点两部分，至少由 3 台 GPS 接收机组成。为了提高监测点的精度和可靠性，边坡监测基准点选用两个。

3）数据传输部分

根据现场条件，GPS/北斗数据采用有线和无线相结合方法。

4）数据处理部分

接收机将观测数据传输到控制中心，进行处理、分析和储存。

3. 系统特点

（1）监测精度高。将监测基点选择在远离露天矿山开挖范围的稳定参考基准点上，可保证较高的测量精度。各监测点观测精度分布均匀，观测误差不会被积累。定位精度高，平面精度优于 ±2.5 mm、垂直精度优于 ±5.0 mm；即使在极长基线（大于 3 km）条件下其相对定位精度仍可达 $1 \times 10^{-6} \sim 2 \times 10^{-6}$。

（2）监测时间短。随着 GPS 系统的不断完善，软件的不断更新，目前 20 km 以内相对定位仅需 15~20 min，快速静态相对定位测量时，当每个流动站与基准站相距 15 km 以内时，流动站监测时间只需 1~2 min。响应快速，可实现长基线（3 km 左右）快速定位，其初始定位观测时间仅需数分钟。

（3）监测范围广。可对较大的矿区范围进行批量监测点的监测。

（4）监测站间不需要相互通视，且不要求网形有良好的几何结构，只需测站上空开阔即可，点位选择更加灵活。

（5）气候条件对监测影响较少，可进行连续监测。GPS 外业及内业作业简单、数据自动处理。可全天候作业，在大风、大雨、大雾、低温等极度恶劣气候条件下也能较好地实现连续实时观测。

（6）操作简便，无需进行手工重复劳动，可以节省大量人力和物力。

（7）可直接提供三维坐标及其绝对或相对变化量，没有量程限制，这是传感器类、声纳类、光波类、影像类、频普类监测手段不可比拟的。

（8）网络通信方式灵活，系统自动化程度高，可以方便实现远程控制、远程监测、远程数据下载与共享。

（9）能对变形监测数据进行初步分析与简单评价，并能根据预设警界值和实测值进行对比判别，预警发布形式灵活多样，可采用短信、网页、邮件、声音、大屏幕等方式进行分级发布，预警信息的发布方便灵活。

（10）系统既适用于施工期临时监测，也适合运行期永久监测。

8.2　排土场边坡监测子系统

露天开采的一个重要特点，就是要剥离覆盖在矿床上部及其周围的表土和岩石，并将其运至专设的场地排弃。这种接受排弃岩土的场地称作排土场，它由承纳废石的基底和排弃的散体废石两部分组成。由于排土量巨大，在排土场至少形成一面临空，也会形成边坡。排土场堆积体是造成滑坡、泥石流等灾害的一个主要原因，特别是多雨的南方矿山非常普遍，常常造成重大经济损失。

排土场的形成是采矿，尤其是露天开采的必然结果。排土场边坡稳定性研究不完全等同于矿山边坡稳定性研究，它还具有其本身的特点。开展排土场边坡稳定性研究具有十分重要的意义。

8.2.1　排土场边坡监测子系统概述

排土场作为露天矿山接纳废石的场所，其位置选择、建设质量、经营管理、安全稳定在矿山生产期间以至闭坑后相当长时期内都会对矿山企业产生重要影响。为确保正常生产，各矿山对排土场管理都很重视，排土场管理成本也在不断增加。但由于排土场在建设和使用过程中对各种影响因素考虑不同，比如，排土场选址缺乏科学论证、忽视排土场的建设质量、生产管理不到位等，常导致排土场灾害发生，给矿山生产和社会带来严重危害。

露天矿排土场边坡稳定性监测是指用仪器或装置探测边坡岩体移动的规律，提供边坡稳定性分析的基础资料，以识别不稳定边坡的变形和潜在破坏的机制及其影响范围，还可以依据监测资料了解和掌握滑坡的形态、规模和发展趋势，以便矿山调整采、掘计划，甚至修改设计，制定相应的防灾、减灾措施，并对处理效果提出评价，保证矿山生产安全、高效、经济的开采。该系统对促进矿场边坡监测工作的自动化、规范化、信息化建设，提高工作效率，节省人力成本，提升经济效益等具有重要的作用。

土场边坡的形成不同于露天矿山边坡，矿山边坡面是由人工开挖形成的，边坡稳定状态取决于其临界稳定状态与人工开挖形态之间的差别；而排土场边坡体坡面是被排弃散体在自重作用下形成的，其形态主要取决于散体动摩擦效应，坡体稳定性主要取决于散体静摩擦效应。动、静摩擦效应之差，使基底承载能力足够的排土场，随着土场台阶增高而具有更多安全储备。因此，排土场的边坡稳定性研究不同于露天采场边坡稳定性研究，它涉及散体的组成、物理力学性质，地下水的周期性变化，最危险滑动面的搜寻与确定，计算方法的选用等复杂内容。

分析排土场的变形、破坏原因，确定与之相适应的监测方法、监测精度与监测周期，既可避免监测过程的盲目性，又可确保排土场的稳定性与安全生产的需要。

1. 排土场的灾害形式

排土场的灾害形式因地质、地理、气候等自然条件不同而异，按其对环境危害的表现形式，大体可分为排土场滑坡、排土场泥石流和排土场环境污染。

2. 预想滑动模式及计算方法选择

根据其受力情况及变形方式，排土场变形、破坏的 3 种主要模式有压缩沉降变形、失去平衡产生滑坡和产生泥石流。

1）压缩沉降变形

新堆置的排土场为松散岩土物料，其变形主要是在自重和外载荷作用下的逐渐压实和沉降。排土场沉降变形过程随时间及压力而变化，排土初期沉降速度大，随压实和固结沉降逐渐变缓。在排土场正常压实沉降过程中，虽然变形较大，但不会滑坡，只有当变形超过极限值时才导致滑坡。

2）失去平衡产生滑坡

失去平衡产生滑坡如图 8-5 所示，分为 3 种情况：

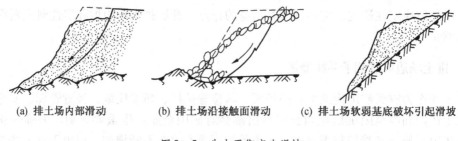

(a) 排土场内部滑动　　(b) 排土场沿接触面滑动　　(c) 排土场软弱基底破坏引起滑坡

图 8-5　失去平衡产生滑坡

（1）排土场内部滑动。该破坏往往是排土场台阶先鼓起后滑坡。当基底岩层坚硬稳定，排弃散体透水性差，含黏土矿物多、风化程度高、散体强度低时，常常发生这类破坏。

（2）排工场沿接触面滑动。当排土场散体物料及基底岩层强度较大，二者的接触面存在软弱物料时，常发生这种滑坡。例如，在外排土场陡倾山坡基底表面，存在软弱层覆盖的排土场，或内排土场基底表面存在有被风化而又未清除净的松散物料时，可能产生这种滑坡模式。

（3）排土场软弱基底破坏引起滑坡。当承纳废石的基底岩层软弱承载能力较小，在排土场的压力作用下可能会沿基底软弱岩层滑动，从而引起排土场滑塌。

3）产生泥石流

矿山泥石流常在暴雨或融雪、冰川、水体溃决激发下产生，其特点是过程短暂、发生突然、结束迅速、复发频繁。

8.2.2 排土场边坡监测子系统设计

1. 设计原则

1）监测的范围

一般说来，对无滑坡破坏可能的排土场或虽有这种可能但不会危及生命财产安全、也不会影响土场正常生产、不至于造成生态环境破坏的排土场，并不需要监测。为了保证安全生产和边坡稳定性，只是在特殊的条件下对排土场进行监测。

2）监测内容的确定

根据排土场失稳类型、变形破坏因素及生产要求，确定排土场的监测内容如下：

（1）土场顶面微量沉降与位移监测。例如在基底倾斜条件下，土场沿基底弱面滑移前邻近基底处的土场顶面沉降与位移，永久性土场稳定状态下的沉降与位移。

（2）土场坡面形态测量。例如对边坡角、台阶边坡角测量。

（3）土场变形、破坏观测和记录。包括变形及破坏类别、范围、条件、时间、特征量测量与记录；进行地球物理量测、水文孔观测等。

3）监测精度、周期与方法

监测精度、周期与方法应该与失稳类别及监测内容相对应，具体示例见表 8-1。

表 8-1 监测精度及周期示例

监测内容	监测精度	监测周期
精密位移与沉降观测	坡顶平台及相邻山坡沉降观测按四等水准要求，平台间按四等水准要求进行联测。测点间距：沿眉线横向观测线按 50 m 以内；竖向观测线，在眉线附近 20~30 m 范围内，每隔 10 m 设置一点，距眉线 30 m 以外，每隔 20~30 m 设置一点；附近山坡上每隔 10 m 设置一点，但至少不能少于 3 点	土场沉降大时，沉降观测每月 1 次，水平位移观测的周期可加大，发现特殊情况或滑坡时应加强观测，水平位移观测周期可定为每月 1 次
土场顶部沉降观测	主要用于区段沉降监测，其设置范围为对某工程研究目的感兴趣的区段，可按等外水准测量要求，测点间距按 5~15 m 设置，也可在已有固定点的基础上加设临时性木桩	周期一般可定为 2 天
土场坡面形态及坡面角测量	可采用大地测量的方法或摄影测量的方法，但因实地测量时往往会因为生产而人员和设备不安全，因此应尽可能采用摄影测量的方法	一般可视剖面形态的变化而不定期地测量
土场坡脚处地鼓测量	精度要求较低，测线一般为沿与底部眉线垂直的临时性测点组成，测点间距 5~10 m，测线需延设至地鼓区以外 20~30 m，一般设置相互平行的观测线 3 条以上，测线间距 10~20 m	周期一般为 7 天，变化剧烈时每天 1 次，稳定后 1 个季度至半年 1 次
土场变形与破坏调查	可在破坏处现场摄影、素描，以及钢丝悬锤法、边坡位移记录仪、倾斜仪和其他简易测量，以满足工程要求以及研究破坏发展过程的统计学要求为准则	以满足工程要求以及研究破坏发展过程的统计学要求为准则，观测周期可视变化随时调整

4）稳定性计算指标的选取

排土场边坡的稳定性可以用边坡角和稳定系数来表征，计算过程涉及以下参数：

（1）排弃物料抗剪强度指标。常用排弃物料抗剪强度指标包括单位质量、内摩擦角、黏聚力等。

（2）排土场基底强度指标确定。根据岩石物理力学指标试验成果，基底强度指标包括黏聚力、内摩擦角、弹性模量、泊松比、单位质量、单轴抗压强度、单轴抗拉强度等。

2. 关键技术

IBIS – M（Image by Interferometric Survey – For Mines）排土场边坡检测子系统集成了步进频率连续波技术、合成孔径雷达技术、相位干涉测量技术以及永久散射体技术，能够高精度、大范围、远距离、全天候地对目标进行监测。

1）步进频率连续波技术

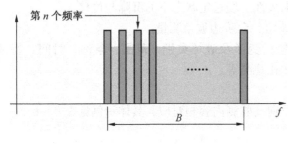

图 8 – 6　步进频率连续波示意图

步进频率连续波（SFCW, Stepped Frequency – Continuous Wave）是一种常见的脉冲压缩波形，如图 8 – 6 所示。步进频率连续波技术是系统以不同的频率在 T – sweep 时间内发射出 n 组连续的步进频率的电磁波，保证电磁波的长距离传输并为雷达提供高的距离向分辨率。在实际雷达系统中，距离向分辨率可由短脉冲波形获得，也可通过压缩长脉冲实现。步进频率连续波雷达具有发射功率低、瞬时带宽窄及信号工作带宽等特点，设备简单、重量轻、测距和测速精度高，在微变形监测等领域应用广泛。

IBIS – M 的空间分辨率包括距离向分辨率 ΔR 和角度向分辨率 $\Delta \Phi$，公式如下：

$$\Delta \varphi = \frac{\lambda}{2 \cdot L}$$

$$\Delta \Phi = \Delta \varphi \cdot D$$

式中，λ 为波长；L 为线性滑轨长度（合成雷达孔径）；角分辨率 $\Delta \varphi$ 为定值，因此，角度向分辨率 $\Delta \Phi$ 与检测距离 D 有关。距离向分辨率 ΔR 公式如下：

$$\Delta R = \frac{c \cdot \tau}{2} = \frac{c}{2B}$$

式中，c 为光速，距离向分辨率可以通过脉冲持续时间 τ 或脉冲带宽 B 来表示，可以得到距离向分辨率为定值，因此距离向分辨率 ΔR 与监测距离 D 无关。

2）差分相位干涉测量技术

差分相位干涉测量技术是一项非常成熟的测量技术，通过不同时段反射回来的电磁波相位变化来获得目标物位置的变化，具有大量程、高灵敏度、高精度等特点。差分相位干涉测量原理如图 8 – 7 所示，经过雷达波的第一次发射和接收，确定目标物所在的位置和相位信息，再经过一次雷达波的发射和接收，确定第二个位置的相位信息，通过其相位差确定精确的位移变化。具体计算公式如下：

$$d = \frac{\lambda}{4 \pi}(\varphi_2 - \varphi_1)$$

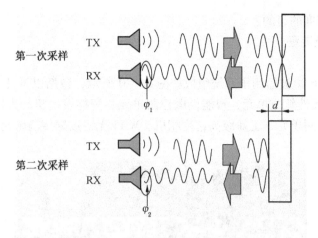

图 8 - 7   干涉测量获取相位示意图

式中，d 为测量出的位移，λ 为电磁波的波长，$\varphi_2 - \varphi_1$ 为相位差。

3）合成孔径雷达技术

合成孔径雷达（SAR，Synthetic Aperture Radar）是一种高分辨率成像雷达，可以在能见度极低的气象条件下得到类似光学照相的高分辨雷达图像。该技术可以获取大范围、高精度、高可靠性（全天候、全天时）的地表变化信息。

IBIS - M 系统运用了干涉测量技术，将不同时间得到的同一地区的 SAR 图像进行干涉，比较目标物在不同时刻的反射波相位信息的差异，从而演算得到微小的位移变化量。

利用 SAR 技术，在天线沿轨道线性扫描时，相当于增大了天线孔径，为系统提供较高的角度向分辨率。雷达具有了距离向分辨率和角度向分辨率之后，能够将整个监测区域分割成很多的单元，称之为监测像素。采集每一个单元的位移信息，再将所有的信息结合起来。在设备运行时，IBIS - M 覆盖区域及监测单元如图 8 - 8 所示，IBIS - M 空间分辨率如图 8 - 9 所示。

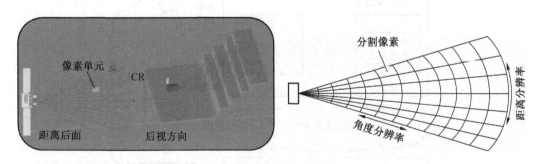

图 8 - 8   IBIS - M 覆盖区域及监测单元示意图   图 8 - 9   IBIS - M 空间分辨率示意图

4）永久散射体技术

永久散射体技术，是指系统通过对被测区域进行一定时间的监测，获取多幅多时相 SAR 图像，提取出经过长时间间隔仍具有较好相干性的像元，这些像元不受时间、空间基线和大气延迟的影响，我们把这类像元称为永久散射体。可以利用这些永久散射体，构建该被测区域的环境校准曲面，准确地去除各种外在环境因素对监测结果的影响，最终得到提高变形监测精度的目的。

3. 系统组成及流程

1）系统组成

IBIS - M 排土场边坡监测子系统组成如图 8 - 10 所示，包括以下几个单元：合成孔径雷达单元、2m 的线性轨道单元、智能供电控制单元、智能发电机、太阳能电池板、监测报警单元、气象监测单元、工业级高精度相机、WiFi 无线数据传输单元和设备工作间。

图 8 - 10   IBIS - M 排土场边坡监测子系统组成

2）系统流程

IBIS - M 排土场边坡监测子系统软件包含信号采集实时处理软件 IBIS Controller 和预警软件 IBIS Guardian 两大部分，具体流程如图 8 - 11 所示。

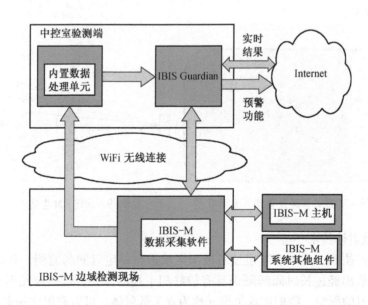

图 8 - 11   IBIS - M 排土场边坡监测子系统流程

（1）装有采集软件的计算机控制 IBIS – M 主机及附件现场采集数据。

（2）采集到的数据通过 WiFi 网络传输到中控室。

（3）中控室内一台装有 Guardian 实时监测、预警软件的计算机，可以实时显示被测区域的位移、速度、安全级别等，当形变超过阈值时即可通过电邮、短信、警报器等发出警报。

其中，Controller 实现下述主要功能：采集参数的智能设定；电源供应方式的智能控制；数据的实时预处理；系统运行状态的智能诊断；高分辨率相机的智能控制；气象站数据的智能显示。

Guardian 实现如下主要功能：三维雷达监测结果的显示；数据的实时处理，结果的实时显示；整体位移图、速度变化图的实时显示；区域、点的位移，速度变化曲线的实时显示；危险区域的自动报警；设备故障的自动报警；多种空间数据的导出并相关分析；气象站数据的智能显示。

4. 系统特点及指标

IBIS – M 排土场边坡监测子系统是一种非接触式的监测设备，可以为露天矿边坡提供有效、及时的安全性监测，为后期预警工作打下坚实基础，为矿山的安全生产提供保障。

1）系统特点

（1）遥感式测量，无需接近或靠近目标区域，无需反射装置。

（2）监测范围广，可覆盖整个矿区。

（3）测量精度高，径向位移精度高；空间分辨率高，能够监测到被测区表面极小区域的变形。

（4）采样间隔短，避免由于采样间隔长而造成的数据不连续、数据丢失。

（5）监测数据实时处理、传输至控制室，高自动化智能控制，可实现无人值守。

（6）具有高级环境校准功能，可智能化、高精度地去除环境因素干扰；全天时全天候条件下观测，能够适应雨、雾、粉尘等各种复杂的天气条件。

（7）系统具备地理编码输出功能，能够输出 DXF、SHP、3D 等多种格式的文件与 GIS 软件相接驳；可读取已有 DEM，三维显示监测结果。

（8）用户可自定义报警级别及报警区域，危险区域通过电邮、短信和电脑闪屏自动报警。

2）技术指标

IBIS – M 排土场边坡监测子系统参数见表 8 – 2，其中，IP65 表示环境相对湿度 90% 无水滴，防护级别为 IP65；径向位移精度可达 0.1 mm；一次扫描区域可覆盖 12 km^2；最大测量距离可达 4 km；不受气候及恶劣环境影响，能够适应下雪、降雨、大雾及粉尘等气候环境下连续监测；每 5 分钟读取一次数据，可实现 24 小时不间断监测。

表 8-2 IBIS – M 排土场边坡监测子系统参数

最大监测距离	4 km	测量精度	0.1 mm	工作温度	−20 ~ 55 ℃
距离向分辨率	0.5 m	系统能耗	< 100 W	角度向分辨率	(0.2 ~ 4.0) km × 4.5 mrad
数据采集周期	5 ~ 10 min	环境标准	IP65	分辨单元大小	4.5 mrad × 0.5 m

8.3 露天矿粉尘监测子系统

8.3.1 粉尘监测子系统概述

国际标准化组织规定，粒径小于 $75\mu m$ 的固体悬浮物定义为粉尘。露天矿的开采、掘进、运输以及转载等生产环节，会产生大量煤炭和岩石的细微颗粒，这些颗粒长时间悬浮于空气中就形成了露天矿粉尘。

露天矿有两类产尘源，一是自然尘源，二是生产过程中产尘。

1. 露天矿自然尘源

矿山所处的自然条件，比如因所在地区的地表覆盖率低，由水土流失、沙漠化、风力作用等形成的粉尘。

2. 露天矿生产过程中产尘

寻找露天矿致尘原因，还应该从露天矿的生产工艺来分析查找。针对岩石，生产环节包括穿孔—爆破—采掘—剥离—卡车运输—排弃；针对原煤，生产环节包括穿孔—爆破—采掘—卡车运输—原煤破碎—皮带运输—选煤厂洗选。

（1）钻机穿孔：穿孔与爆破是两个紧密相关的环节，穿孔是由钻机来完成的，钻机的牙轮钻头穿凿岩石形成钻孔，带压气体将孔内岩粉吹出后形成爆破孔。在目前还没有效果显著的钻机除尘技术条件下，无论钻机采用湿式除尘还是干式除尘方式，始终会有一定量的粉尘溢出，造成空气污染。

（2）爆破粉尘：无论是深孔松动爆破，还是抛掷爆破，产生的粉尘及烟尘强度都是非常大的，爆破时的尘柱可达数十米高，爆破瞬间产尘量极大，是影响矿区环境的污染源之一。

（3）电铲挖掘机作业产生粉尘：电铲挖掘机作业时产生的粉尘量是较大的，直接影响着矿区空气中粉尘的合格率。电铲挖掘岩石时，岩石因摩擦、碰撞产生粉尘，岩石因振动和滑落而形成扬尘；铲斗在向卡汽车卸料时，由于存在落差，会产生大量粉尘。电铲挖掘机、助铲推土机等在清里爆堆工作面时也会产生粉尘。

（4）卡车运输产生粉尘：卡车运输是露天煤矿最大的粉尘污染源。汽车运输时，路面行车产生扬尘；汽车运输路面沉积的粉尘受到汽车经过所产生的挤压、振动和气流的影响，无规则运动，形成二次扬尘。

（5）排土场粉尘：自卸卡车在卸载时岩石的碰撞、摩擦而产生粉尘，特别是高段排土落差加大，排放量加大，形成的二次扬尘量增大；推土机作业时，土岩依靠重力滑落会产生大量扬尘；未进行绿化、复垦前的排土场，在风力作用下也会产生大量扬尘。

（6）汽车尾气污染：露天煤矿大量的柴油动力机械尾气排放量大，主要污染物为碳氢化合物、氮氧化合物、一氧化碳等。尾气冲击地面产生的扬尘不但污染了矿山空气，对职工的身体健康也造成了危害。

8.3.2 粉尘监测子系统需求分析

随着现代化采矿业生产率的提高，粉尘问题也越来越严重。积极利用国内外先进技术，准确监测粉尘分布规律，实现粉尘监测与防治一体化、智能化是改善露天矿环境的重要措施。另外，需要不断制定、改进并严格实施粉尘和呼吸性粉尘浓度的管理等相关标准，增强工人的安全意识，从而改善工作人员在高浓度粉尘场内连续作业的条件。

1. 功能要求

1）监测内容确定

大气污染物影响因素主要是颗粒物（TSP，Total Suspended Particulate）。SiO_2 是地壳内最常见的氧化物，它以两种状态存在，一种是结合状态的二氧化硅，另一种是游离态的。测定粉尘中游离 SiO_2 含量的目的是了解粉尘的化学性质，评价各种粉尘对人体的危害，是设计除尘装置和检查作业环境的重要依据。另外，自燃发火区排放的 SO_2、氮氧化物（如 NO_2）等也是监测的主要对象。粉尘监测的常见指标包括粉尘浓度和分散度。

（1）粉尘的浓度。大气颗粒物浓度可分为个数浓度、质量浓度和相对质量浓度。个数浓度指以单位体积空气中含有的颗粒物个数表示的浓度值；质量浓度指以单位体积空气中含有的颗粒物的质量表示的浓度；相对浓度是指与颗粒物的绝对浓度有一定对应关系的物理量数值，作为相对浓度使用的物理量有光散射量、放射线吸收量、静电荷量等。

（2）粉尘的分散度。分散度是指物质破碎的程度，通常所说的粉尘分散度是指某粒级的粉尘量与粉尘总量的百分比。

2）监测结果分析

系统要能够对粉尘监测的结果进行分析。例如，工作场所有害因素职业接触限值中就工作场所空气中粉尘容许浓度做了规定，见表 8-3。

表 8-3　工作场所空气中粉尘容许浓度标准

粉尘中游离 SiO_2 含量/%	时间加权平均容许浓度/($mg \cdot m^{-3}$)	
	总　粉　尘	呼吸性粉尘
<10	4.0	2.5
≥10，<50	1.0	0.7
≥50，<80	0.7	0.3
≥80	0.5	0.2

3）粉尘治理方案实施

由于露天矿开采强度大、机械化程度高，而且受地面气象条件的影响，使得降尘防尘工作迫在眉睫。坚持监测于治理相结合的原则，制定出合理的粉尘治理方案，使粉尘合格率大幅度提高，从而改善露天矿职工的生产环境，减少环境污染。

2. 设计原则

粉尘监测子系统设计要满足以下要求：

（1）系统结构、功能及各类传感器的安装、检验和校验等符合《煤矿安全规程》和其他生产和安全技术规定。

（2）实时监测现场的粉尘浓度、颗粒大小等数据并进行需要的数据处理。

（3）数据库管理。包含原始、历史、预报或成果数据库的形成、检索、查询等。

（4）数据输出。可通过显示器（包括大屏幕显示）、打印机、绘图仪等直观输出粉尘浓度、颗粒大小的直方图、曲线图、过程线等。

（5）联网通信。可将粉尘监测结果接入局域网或广域网实现数据共享，实现多计算机的串行通信，通过电话线即可实现数据传输功能。

（6）定时或人工查询监测站点的粉尘浓度及设备工作状态。

（7）状态告警。根据先前设定的告警浓度，可实现自动声光告警，并可通过电话线实现电话语言报警。

（8）粉尘预报及优化调度。包括粉尘预报参数初始化、参数设置或修改、定时预报、脱机估报、优化调度、成果储存与输出等。

（9）高压雾化除尘功能。当作业场所粉尘浓度超过设定标准值时，监控调度中心就会输出信号，控制高压泵的喷雾和停止。喷头可以设置多个不同型号喷嘴，以调节喷雾效果。

（10）具有防病毒和数据安全保护等功能。

8.3.3　粉尘监测子系统设计

粉尘监测是粉尘防治和科学管理的重要环节，对改善作业环境、防止粉尘爆炸、保证露天矿安全生产具有重要意义。因此，世界各国纷纷制定严格的粉尘浓度标准，并对粉尘监测技术做了大量的研究工作，研制了一系列粉尘监测仪器，以此维护工人身心健康和采矿业安全。

1. 技术路线

英国是世界上最早研究粉尘危害及其监测技术的国家之一，其生产的定点呼尘采样器配有激光装置，含尘气流经激光照射，仪器便可自动显示呼吸性粉尘浓度，并绘制出呼吸性粉尘曲线变化图。

20世纪60年代美国科学家根据大量文献资料和研究，发现呼吸性粉尘是引起尘肺的主要成分，并成功地将粉尘浓度的表示由尘粒计数法换算成呼吸性粉尘质量测定法，而后者则是构成美国目前制定粉尘接触限值的基础。

德国生产的粉尘测定仪是一种测试精度高，并且便于短时间测试的粉尘质量浓度计，实现了用称重法进行浮游粉尘质量浓度的实时测试。

1）粉尘颗粒物浓度的监测

大气颗粒物浓度的测量，主要的依据是颗粒物的物理性质（包括力学、电学和光学等）与颗粒物的数量或质量之间的关系。常用颗粒物检测方法有滤膜称重法、光散射法、β射线吸收法、压电晶体法、微量振荡天平法和电荷法等。各种方法的测量原理、测量方式、灵敏度、特点及应用的比较见表8-4。应根据不同的测定目的来选择。

随着自动化及信息技术的迅速发展，环境监测由以人工采样和实验室分析为主，向自动化、系统化、智能化和网络化的方向发展。能够实现连续监测的粉尘浓度传感器已成为国内外研究的热点。例如，基于图像分析监测煤尘装置，既可以观察颗粒形貌，又可以分析煤尘颗粒粒度分布等参数，测量结果直观。

某露天矿粉尘监测及治理系统采用光散射原理，并选取了GCG1000型粉尘浓度传感器（图8-12），暗室内的平行光与受光部的视野呈直角交叉构成灵敏区。具体测尘过程如下：

表8-4 常用颗粒物浓度监测方法比较

监测方法	原理	测量方式	灵敏度/ $(mg \cdot m^{-3})$	特 点	应 用
滤膜称重法	重力	人工、捕集	与天平有关	原理简单，数据可靠，操作较复杂	基本方法，膜捕集后可进行其他分析
光散射法	光学	自动、在线、连续	0.01	结果与颗粒物粒径颜色成分有关，须标定	大气颗粒物、粉尘浓度的自动监测
β 射线吸收法	光学	自动、在线、连续	0.01	结果与颗粒物粒径颜色成分无关	大气颗粒物、粉尘浓度的自动监测
压电晶体法	力学	自动、在线、连续	0.005	结果与颗粒物粒径颜色成分无关，晶体须清洗	大气颗粒物、粉尘浓度的自动监测
微量振荡天平法	力学	自动、在线、连续	0.0001	结果与颗粒物粒径颜色成分无关，受湿度影响大	大气颗粒物、粉尘浓度的自动监测
电荷法	电学	自动、在线、连续	0.002	结果与颗粒物粒径颜色成分有关，须标定	主要用于烟尘浓度的监测

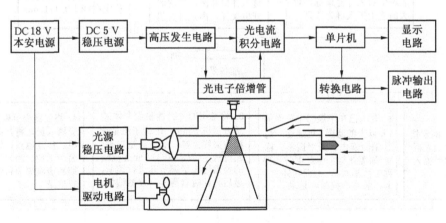

图8-12 GCG1000型粉尘浓度传感器原理图

（1）外部（检测器外）含尘空气在风扇的吸引下进入吸引口，经导流装置后进入检测器暗室。

（2）粉尘通过灵敏区时，其90°方向散射光透过狭缝射进来由光电倍增管接收并转换成光电流，经光电流积分电路转换成与散射光成正比的电信号。

（3）电信号通过放大电路和A/D转换电路输入单片机，单片机计算出粉尘的质量浓度并显示和信号输出。

2）测尘方法的确定

从国内外粉尘监测技术的发展来看，由于瞬时、固定点的采样方法不符合现场环境下粉尘时间、空间分布上的客观规律，难以真正地代表作业工人的实际接触水平，粉尘监测技术正逐步从全粉尘浓度卫生标准和短时间、大流量、固定点的环境浓度采样方法向长周期、远距离、大面积多点连续监测发展。

目前，世界上许多国家都相继推广呼吸性粉尘全尘采样。全尘采样是指个体或定点的整班连续采集尘样，而所采集的粉尘空气动力学直径均在 7.07 μm 以下，而且空气动力学直径 5 μm 粉尘的采集效率为 50%，此粉尘为呼吸性粉尘。

呼吸性粉尘全尘采样能够比较客观地反映作业现场粉尘的实际情况和矿工的实际接尘水平，从而可以针对不同粉尘浓度的采区或工作面、不同程度的接尘人员或工种采取相应的管理和监护，达到分级管理、重点治理，利用管理和技术手段预防、减少尘肺病的发生，确保劳动者健康。

呼吸性粉尘全尘采样所采用的测尘方法分为两类，一是在流动作业场所采用整班连续的个体呼吸性粉尘采样，即由作业场所的工人在上班进入产尘作业场所前佩戴好采样器，开机采样，采样时间为一个工班；二是在固定的作业场所如选矿、破碎等，采用整班连续的定点呼吸性粉尘采样。某全工班个体呼吸性粉尘监测流程框图如图 8 - 13 所示。

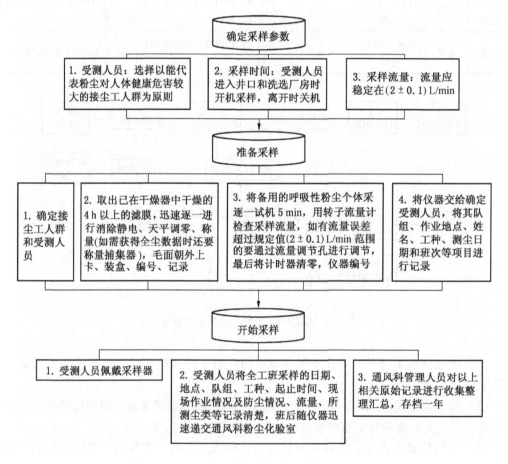

图 8 - 13　某全工班个体呼吸性粉尘测定流程框图

3）粉尘防治方法的实施

降低、消除生产过程及生产生活环境中的粉尘，就能减少或杜绝煤尘爆炸事故、职业危害事故。国内外在综合防尘方面做了大量的工作，从除尘方式到装备手段都有了许多进步。露天矿粉尘防治主要有4个思路：

（1）减尘。在开采之前，通过采取合理的技术措施，来降低矿体产尘的可能性。例如，在开采之前，通过合理选择采煤机的每线齿数、采煤机的牵引速度、滚筒转速等参数，来减小其工作时的产尘量；又比如，通过注水工艺来提高煤体的润湿性，减少煤体产尘的可能性。

（2）降尘或捕尘。即在开采时，利用特定的防尘技术或设备控制尘源，使粉尘存在于特定的空间和位置，不能进一步扩散，及时地沉降或捕捉粉尘。

（3）排尘。利用相关除尘技术或设备，及时地把产生的粉尘过滤或排除掉。

（4）隔尘。即利用气幕隔尘技术、个体防护装备（包括防尘口罩、防尘帽、防尘呼吸器、防护眼镜等），把工人与粉尘尤其是呼吸性粉尘隔离开来。

2. 系统组成

某露天矿粉尘监测子系统（图8-14）能够实时监测作业区的粉尘状况，并利用喷雾除尘技术，可以实现露天矿粉尘监测及治理的一体化。粉尘浓度采集终端通过通信接口与无线通信传输设备串口连接。串口通过网络连接到远程数据中心服务器主机，与中心建立连接后开启透明数据通道。当采集终端需要上报数据时，串口数据被读取并到发送到监控调度中心的服务器主机；当监控调度中心下发的指令或数据通过通道传送到串口后，输出至采集终端，实现了数据的双向透明传输。同时，当作业场所粉尘浓度超过设定标准值时，监控调度中心就会输出高压雾化除尘控制信号，通过感应电流、粉尘浓度、光控、触控、声控、开停等形式控制设备开停，控制高压泵的喷雾和停止，实现了露天矿粉尘浓度的在线连续定量监测与控制。

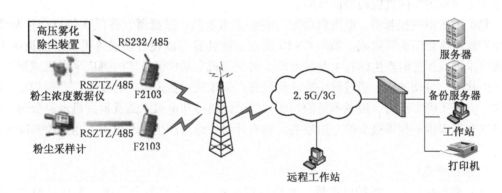

图8-14 粉尘监测子系统

粉尘监测及治理系统由以下四部分组成：粉尘浓度采集终端、无线通信设备、监控调度中心和高压雾化除尘装置。

1）粉尘浓度采集终端CGC1000

CGC1000型粉尘浓度传感器是可在线连续监测粉尘浓度的传感器，如图8-15所示，该终端通过外置探头时刻感知空气中悬浮的颗粒物大小与含量，实时将粉尘浓度数据采集到智能监控终端内。CGC1000型粉尘浓度传感器采用光散射原理，具有多种标准信号制式输出及报警功能，能单独使用或联检后与煤矿安全监控系统配套使用。

图 8-15　CGC1000 型粉
尘浓度传感器

CGC1000 测量出的粉尘浓度值不受粉尘颗粒的物理化学性质影响，不受被测气体流速、温度影响，可长期不间断进行粉尘监测，测量准确性高，长期稳定性好，维护工作量小。

2）无线通信传输设备 F2103 Modem（GPRS-dtu）

该设备采用 RS-232/485 接口，金属外壳设计，体积小、功耗低，配置使用简单，即插即用，支持主备份数据通道，并行多数据通道，实时在线和按需在线多种工作方式，并且支持 APN 网络接入等功能，不仅可以保障数据的安全可靠，还可以让客户根据需要有选择性的进行传输。

3）监控调度中心

监控调度中心主要由中心服务器和系统软件组成，负责对现场各个粉尘浓度采集终端上传上来的各项粉尘数据进行分析、存储、发布，并对各监测站点下达诸如除尘等各种控制指令或发布各种预警信息。

4）高压雾化除尘装置

高压雾化除尘装置的降尘机理是雾滴对粉尘碰撞、拦截和捕获，使雾滴与尘粒凝聚，密度增加而加快沉降。高压水雾速度高，有效与粉尘颗粒碰撞、凝固；水雾颗粒小，容易沉降对人体危害严重的呼吸性粉尘；水雾的分散性好、覆盖面大，有利于提高粉尘与水雾的碰撞概率；水雾的电离子数量明显增加，其与粉尘颗粒的电荷产生相应的电荷效应，增强了粉尘颗粒的吸附性能而凝固沉降。

除尘装置由主控制器、电磁启动器、隔爆高压水泵、过滤器、高低水位自动控制器、高压胶管和雾化喷头等组成，如图 8-16 所示。该装置可以设置在采煤机上及掘进机上，对滚筒采煤或掘进时产生的粉尘及时治理。对采煤机自动检测，实时感应采煤机或掘进机的工作状况，自动加压，通过管路输送到设置在采煤机或掘进机上的喷头，合理均布分散水雾，克服了喷雾压力、流量不足的问题，同采煤机冷却电机水路或掘进机水路分离，通过设置在采煤机或掘进机上的专用喷头，具有针对性地对产尘区域包裹，达到喷雾降尘的目的。

3. 系统特点

（1）监控效率高，维护成本低。系统可以遍布露天矿的各个角落，尤其是粉尘污染高发段，采用 GPRS 无线远程监控粉尘浓度，大大提高了监控效率，同时也大大降低了维护成本。

（2）分布广泛，区域间隔比较远时，可以远程直接进行网络参数配置，无需到现场做参数修改，达到时间和人力的合理利用。

（3）系统组网的灵活性。系统可以随时增加新的监控站点，不会对现有的监控系统造成任何影响。

（4）CGC1000 型粉尘浓度传感器是一种智能型检测仪表，具备调零、预设 K 值、报警点设置等功能，具有稳定可靠、使用方便等特点。

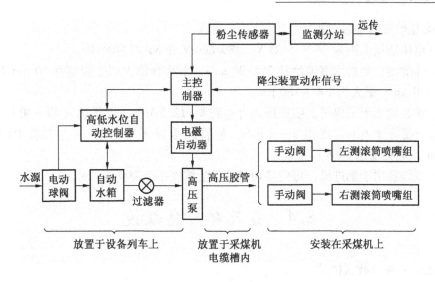

图 8-16 高压雾化除尘装置

（5）采用多中心设计，可同时设置 5 个中心以监控粉尘浓度采集终端，避免因某个中心网络不稳定或者关闭导致无法对粉尘监控现场进行监控而造成安全隐患。

（6）F2103 IP Modem 采用标准的工业串口通信，即插即用，无需太多的专业技能和知识便可很快完成操作，且为高规格的模具设计，体积小巧，方便维护。

（7）F2103 设备采用高规格材料选配，可在 -25 ~ 65℃，相对湿度 95%（无凝结）环境下正常工作。

（8）F2103 设备支持 TCP、UDP 协议传输和自定义应用协议等多种协议功能。

（9）系统全天 24 小时处于工作状态。F2103 采用高性能工业级处理器以及看门狗等安全机制设计，IP Modem 永久在线，即使通信中断也会自行检测并自动断电重启，保证通信链路正常。

（10）提供数据中心软件的二次开发包和多语言版本源代码，客户可根据自己的需要进行二次开发，增加了客户使用的灵活性。

4. 技术指标

1）CGC1000 型粉尘浓度传感器指标

（1）外形尺寸及重量：270 mm × 145 mm × 73 mm；重量：1.6 kg。

（2）温度：0 ~ 40 ℃。相对湿度：≤95%。大气压：86 ~ 110 kPa。

（3）供电电压及电流：电压为 18 V（本安）；工作电流≤250 mA。

（4）采样流量：2 L/min。

（5）测量范围：0.1 ~ 1000 mg/m³。测量误差：≤ ±10%。

（6）信号输出：200 ~ 1000 Hz 频率信号输出；RS - 232/485 接口任选一种。

（7）显示方式：四位 LED 数码管。

（8）报警功能：一路光电耦合。报警点可在 0.1 ~ 1000 mg/m³ 范围内任意设置，报警显示值与设定值的差值不超过粉尘浓度测量相对误差要求。

（9）防爆形式：矿用本质安全型。

2）高压喷雾降尘装置指标

（1）电压适用范围为 36 V、127 V、380/660 V 和 660/1140V 等。

（2）喷嘴出口处的水雾速度达 20～30 m/s，水雾颗粒大部分控制在 50 μm 左右，最小为 20～30 μm，最大为 100～150 μm。

（3）该装置用于采煤机，喷雾压力可达到 8～12.5 MPa，流量达到 40～80 L/min，有效射程大于或等于 6 m，流速 3～8 m/s，使得距滚筒下风向 10 m 左右粉尘浓度小于 200 mg/m³，能见度达 50 m 以上。

（4）该装置用于掘进机，可使得司机处粉尘浓度小于 200 mg/m³。

8.4 露天矿应急救援

8.4.1 露天矿应急救援概述

1. 露天矿内存在的危险及有害因素

露天矿内存在的危险及有害因素，一类是由于地质灾害引起的矿山灾害，如地震、洪水、泥石流等引发的矿山灾害；另一类是与矿山生产条件相关的重大事故引起的灾害，机械伤害、触电、滑坡等属于主要危险因素。具体分析如下。

（1）压力容器爆炸：矿内的压力容器主要有水暖锅炉、水暖管道，氧气、乙炔气体瓶等。受压容器发生爆炸事故，不但使整个设备遭到破坏，而且会破坏周围的设备和建筑物，并造成人员伤亡事故。

（2）水灾：矿山水文地质条件决定水灾的发生情况。主要水害危险有地表水危险以及雨季汛期危险等，发生地点主要为采掘工作面、排水系统等。发生大的水灾可能造成财产损失、人员伤亡或淹矿。

（3）火灾：内因火灾有煤层自然发火倾向性自燃；外因火灾有矿下电气事故引发的火灾，雷电引入矿下引起火灾，人为造成的火灾，机械碰撞、摩擦引发的火灾。

（4）运输车辆事故：矿车制动、转向、灯光故障或者操作不当都有可能造成运输设备对人员的碰撞，造成人身伤害或车辆相互刮蹭等事故。

（5）机械伤害：机械设备运行部件、工具、加工件直接与人体接触引起的夹击、碰撞、剪切、卷入绞、碾、割、刺等形式的伤害。各类机电、水泵、风机、带式输送机、支架、机加工设备等转动机械的外露传动部分和往复运动部分都可能对人体造成机械伤害。

（6）高空坠落：矿坑口地面坠落危害为高空作业坠落造成的伤亡事故，如线杆等建筑物均可能发生高空作业坠落。

（7）滑坡：发生在工矿区的滑坡，可摧毁矿山设施，伤亡职工，毁坏厂房，使矿山停工停产，常常造成重大损失。

2. 矿山救护队

矿山救护队是处理和抢救矿山灾害的职业性、技术性、军事化的专业队伍，是在矿山发生事故时，能迅速赶赴现场抢救人员和处理灾害的专业救护组织。

矿山救护队必须贯彻执行国家安全生产方针以及"战备合格、训练达标、主动预防、科学施救"的工作指导原则，坚持矿山救护队质量标准化建设，切实做好矿山灾害事故的应急救援、安全技术性工作和预防性检查工作。

1）矿山救护队组成

（1）国家矿山应急救护队：由矿山救护大队、抢险排水大队、救援钻探大队、医疗急救大队和专家组等组成。原则上实行大队—中队—小队的体制编制。

（2）救护大队：由2个以上中队组成。救护大队负责本区域内矿山重大灾变事故的处理与调度、指挥，对直属中队直接领导，并对区域内其他矿山救护队、兼职矿山救护队进行业务指导或领导，应具备本区域矿山救援指挥、培训、演习训练中心的功能。

（3）救护中队：由4个救护小队组成。每天应不少于2个小队值班，是独立作战的基层单位。

（4）救护小队：救护小队由10人及以上组成，值班人员不少于7人在岗。

（5）兼职矿山救护队：应根据矿山的生产规模、自然条件、灾害情况确定编制，原则上应由2个以上小队组成，每个小队由9人以上组成。应设专职队长及仪器装备管理及维修人员。直属矿长领导，业务上受矿总工程师和矿山救护大队指导。人员由能够佩用氧气呼吸器的矿山生产各部门骨干工人、工程技术人员和管理人员组成。负责矿山简单的安全技术性工作，协助专职救护队开展复杂的安全技术性工作及矿山抢险救援工作，不能单独从事应急抢险救援工作。必须经省级矿山救援指挥机构组织验收合格后，方可在本矿山企业内履行赋予的职责。

2）矿山救护队的职责与任务

当矿山发生生产安全事故时，矿山救援指挥部启动应急救援预案后，针对采集的矿山事故相关信息，组织专家进行分析，研究产生决策方案，组织指挥应急救援队伍和相关人员去实施，使矿山恢复正常生产和重建。

（1）国家矿山应急救援队伍职责与任务：能承担规划区域内重特大、特别复杂矿山事故及相关灾害的应急救援任务，兼顾自然灾害和非矿山类生产安全事故救援，组织开展规范化实训演练，储备应急救援高层次人才、技术、装备，组织开展规范化实训演练，具备侦检搜寻、灭火与气体排放、钻掘支护，以及抢险排水、救援钻探、医疗院前急救和救援技术指导等功能。

（2）矿山救护大队职责与任务：负责本区域内矿山重大灾变事故的处理与调度、指挥，对所属中队直接领导，并对区域内兼职矿山救护队进行业务指导，应具备本区域矿山救援指挥培训、演习训练中心的功能。

（3）兼职救护队的职责和任务：负责矿山安全宣传教育工作，负责矿山简单的安全技术性工作，协助专职救护队开展复杂的安全技术性工作，协助专职救护队开展矿山抢险救灾工作。

3）救援装备的配置

矿山企业应根据灾害特点，结合所在区域实际情况，储备必要的应急救援装备及物资。救护队使用的装备、器材、防护用品和安全检测仪器等，必须符合国家标准、行业标准和矿山安全有关规定。纳入矿用产品安全标志管理目录的产品，应取得矿用产品安全标志，严禁使用国家明令禁止和淘汰的产品。支持、鼓励救护队多采用应用先进技术装备。救护队应配备以下装备和器材：①个人防护装备。②处理各类矿山灾害事故的专用装备与器材。③气体检测分析仪器，温度、风量检测仪表。④通信器材及信息采集与处理设备。⑤医疗急救器材。⑥交通运输工具。⑦训练器材。

　　救护队应根据技术和装备水平的提高不断更新装备，并及时对其进行维护和保养，以确保矿山救护设备和器材始终处于良好状态。表 8-5 以矿山救护队大队（独立中队）为例，示意了其基本装备配备标准。表 8-6 以矿山救护队指战员（含兼职矿山救护队指战员）为例，示意了其个人基本装备配备标准。

表 8-5　矿山救护大队（独立中队）基本装备配备标准

类别	装备名称	要求及说明	单位	大队数量	独立中队数量
车辆	指挥车	附有应急警报装置	辆	2	1
	气体化验车	安装气体分析仪器，配有打印机和电源	辆	1	1
	装备车	4~5 t 卡车	辆	2	1
通信器材	移动电话	指挥员 1 部/人	部		
	视频指挥系统	双向可视、可通话	套	1	
	录音电话	值班室配备	部	2	1
	对讲机	便携式（防爆）	部	6	4
灭火装备	高倍数泡沫灭火器	400 型	套	1	
	快速密闭	喷涂、充气、轻型组合均可	套	10	5
	高扬程水泵	（200 m³，200 m）以上	台	2	1
检测仪表	气体分析化验设备		套	1	1
	热成像仪	矿用本质安全或防爆型	台	1	1
	便携式爆炸三角形测定仪		台	1	
	演习巷道设施与系统	具备灾区环境与条件	套	1	1
	多功能体育训练器械	含跑步机、臂力器、综合训练器等	套	1	
	多媒体电教设备		套	1	
	破拆工具		套	1	1
	生命探测仪		套	1	
	二氧化碳吸收剂化验装置		套	1	
信息处理设备	传真机		台	1	1
	复印机		台	1	1
	台式计算机	指挥员 1 台/人	台		
	笔记本电脑	配无线网卡	台	2	1
	数码摄像机	防爆	台	1	1
	数码照相机	防爆	台	1	1
	防爆射灯	防爆	台	2	1
材料	氢氧化钙	直属中队除外	t	0.5	
	泡沫药剂	直属中队除外	t	0.5	
	煤油	已配备惰性气体灭火装置	t	1	

表8-6 矿山救护队指战员（含兼职矿山救护队指战员）个人基本装备配备标准

类别	装备名称	要求	单位	数量
个人防护	氧气呼吸器	4 h（正压）	台	1
	自救器	压缩氧	台	1
	战斗服	带反光标志	套	1
	胶靴		双	1
	毛巾		条	1
	安全帽		顶	1
	矿灯	双光源、便携	盏	1
检测仪器	温度计		支	1
装备工具	手套	布手套、线手套各1副	副	2
	灯带		条	2
	背包	装战斗服	个	1
	联络绳	长2 m	根	1
	粉笔		支	2

救护队值班车上基本配备装备和进入灾区侦察时所携带的基本配备装备，必须符合表8-7、表8-8的规定。矿山救护小队进入灾区抢救时必须携带的技术装备，由矿山救护大队或中队根据本区情况、事故性质作出规定。

表8-7 矿山救护队值班车上基本装备配备标准

类别	装备名称	要求	单位	数量
个人防护	压缩氧自救器		台	10
装备工具	负压担架		副	1
	负压夹板		副	1
	4 h呼吸器氧气瓶		个	10
	防爆工具		套	1
检测仪器	机械风表	中、低速各1台	台	2
药剂	氢氧化钙		kg	30
其他				

注：1. 急救箱内应装有止血带、夹板、碘酒、绷带、胶布、药棉、消炎药、手术刀、镊子、剪刀以及止痛药和止泻药等。
　　2. 备件袋内装呼吸器易损件。

表8-8 矿山救护小队进入灾区侦察时所携带的基本装备配备标准

类别	装备名称	要求	单位	数量
通信器材	灾区电话	与采区基地联系	台	1
	引路线		m	500
个人防护	2 h氧气呼吸器		台	1
	自动苏生器	放在采区基地	台	1

表8-8（续）

类别	装备名称	要　求	单　位	数　量
检测仪器	瓦斯检定器	10%、100%各1台	台	2
	一氧化碳检定器	含各种气体检测管	台	1
	温度计	0～100 ℃	支	1
	采气样工具	包括球胆4个	套	1
	氧气检定器	便携式数字显示，带报警功能	台	1
装备工具	担架		副	1
	保温毯	可放在采区基地	条	1
	4 h呼吸器氧气瓶		个	2
	刀锯		把	1
	铜钉斧		把	1
	两用锹		把	1
	探险棍		个	1
	灾区指路器	或冷光管	个	10
	皮尺	10 m	个	1
	急救箱		个	1
	记录本		本	2
	圆珠笔		支	2
	电工工具		套	1
其他				

注：必要时，应携带热成像仪、红外线测温仪和红外线测距仪、多种气体检测仪进入灾区侦察。

8.4.2　露天矿应急救援预案

1. 应急救援工作基本要求

1）应急避险和先期处置

（1）制定需矿山救护队执行安全技术工作的安全措施，建立健全事故预警、应急值守、信息报告、现场处置、应急投入、救援装备和物资储备、安全避险设施管理和使用等规章制度。

（2）露天矿应向矿山救护队提供采剥、排土工程平面图和运输系统图、防排水系统图及排水设备布置图等有关资料。矿山救护队根据服务矿山的灾害类型，制定事故应急救援预案和灾害预防处理计划。上述图纸和资料至少每季度更新一次。

（3）矿山企业必须根据险情或事故情况下矿工避险的实际需要，建立紧急撤离和避险设施，并与监测监控、人员位置监测、通信联络等系统结合，构成矿山安全避险系统。安全避险系统应随采掘工作面的变化及时调整和完善，每年由矿总工程师组织开展有效性评估。

（4）所有工作地点必须设置灾害事故避灾路线。避灾路线指示应设置在不易受到碰撞的显著位置，并应标注所在位置；避险路线上应设置紧急避险设施，明确标注其位置、规格和种类；应根据需要在避灾路线上设置自救器补给站。紧急避险设施、补给站均应有清晰、醒目的标识。矿山企业必须对紧急避险设施进行维护和管理，每天巡检 1 次；建立技术档案及使用维护记录。

（5）矿山作业人员必须熟悉应急预案和避灾路线。矿山应设置应急广播系统，保证入矿人员能够清晰听见应急指令。矿山发生险情或事故时，入矿人员应按应急预案和应急指令撤离出去，在撤离受阻的情况下紧急避险待救。入矿人员必须随身携带额定防护时间不低于 30 min 的隔离式自救器。

2）矿山救护队出动和返回基地

（1）出动：矿山企业发生灾害事故后，现场人员必须立即汇报，在安全条件下积极开展抢救，否则应立即撤离至安全地点或妥善避难。企业负责人接到事故报告后，应立即实施应急救援预案，组织抢救、救援队出动。

矿山救护队值班员必须 24 小时值班。电话值班员或调度员接听事故电话时，应在问清和记录事故地点、时间、类别、遇险人数、通知人姓名（联系人电话）及单位后，立即发出警报，并向值班指挥员报告。

救护队接警后必须在 1 分钟内出动，不需乘车出动时，不得超过 2 分钟；按照事故性质携带所需救援装备迅速赶赴事故现场。当矿山发生火灾、爆炸等事故时，待机小队应随同值班小队出动。

救护队出动后，应向主管单位及上一级救援管理部门报告出动情况。在途中如果得知矿山事故已经得到处理，应得到上一级救援管理部门的同意后，才能返回驻地。

先期到达的救护队应根据事故现场具体情况和矿山灾害事故应急救援预案立即启动应急预案，开展救援工作。

救护队到达事故矿山后，救护队指挥员迅速到救灾指挥部领取任务，小队长带领救援人员应立即按事故类别整理好所需装备，做好战前检查，做好救援准备；根据救援指挥部命令组织灾区侦察、制定救援方案、实施救援。

救护队指挥员了解事故情况、接受任务后应立即向小队下达任务，并说明事故情况、完成任务要点、措施及安全注意事项。

（2）返回驻地：参加事故救护的救护队只有在取得救护指挥部同意后，方可返回驻地。返回驻地后，救护队指战员应立即对所有救援装备、器材进行认真检查和维护，恢复到值班战备状态。

3）救援指挥

发生灾害事故后，必须立即成立现场救援指挥部并设立地面基地。事故发生单位必须向救援指挥部提供全面真实的技术资料和事故情况资料，救护队指挥员为指挥部成员并参与救护方案的决策。如果有多支救护队联合作战时，应成立矿山救护联合作战部，由事故所在区域的救护队指挥员担任指挥，协调各救护队救援行动。如果所在区域的救护队指挥员不能胜任指挥工作，则由救援指挥部另行委任。

2. 露天矿事故救援预案

露天矿应急救援主要涉及但不仅限于边坡坍塌和排土场滑坡事故救援。

预案制定时应进行作业区煤种成分及生产工艺进行分析，重点防御，设计合理的事故救援预案。例如某露天矿开采煤种为精煤，有少量火烧煤及煤矸石燃点低，特别是在春秋干燥多风季节，煤中的丝碳组分较多，自燃可能性较大。某露天矿的生产工艺采用单斗汽车工艺，内燃设备也易将明火带入坑下煤掌子面和坑上煤台，遇有明火容易燃烧。

8.4.3　露天矿应急救援子系统

1. 露天矿应急救援子系统需求

从有利于安全施救的方面考虑，设置一套集监测、通信联络、自救、施救等功能于一体，提供通信及供给的露天矿救援系统，可在事故过程中连续监测、连续通信、连续供气、连续供水，满足自救、互救及救援的应急要求是必要的。

露天矿应急救援主要涉及边坡坍塌救援和排土场滑坡事故救援，系统能够实现的功能包括：

（1）安全监控，即在避险点内设有环境监测分站并设有瓦斯、一氧化碳、二氧化碳、氧气、温度等传感器，实时监控各安全参数。

（2）指挥调度，即指挥人员在最短的时间内对危机事件做出最快的反应，采取合适的应急措施。

（3）灾害预报，即通过各种监控信息，经过计算机处理，预报事故信息。

2. 技术路线

地理信息系统（GIS）作为获取、存储、分析和管理地理空间数据的重要工具，近年来得到了广泛关注和迅猛发展。简而言之，GIS 是一个基于数据库管理系统的分析和管理空间对象的信息系统，以地理空间数据为操作对象是地理信息系统与其他信息系统的根本区别。

GIS 在近 30 多年内取得了惊人的发展，被广泛应用于灾害预测领域，解决在发生洪水、战争、核事故等重大自然或人为灾害时，如何安排最佳的人员撤离路线、并配备相应的运输和保障设施的问题。对突发事件的预防与应急准备、监测与预警、应急处置与救援、事后恢复与重建等给予了明确的规定。在对突发事件应急指挥的各个阶段中，也都需要 GIS 的支持。

1）监测预警阶段

通过 GIS，可以识别出明显的或潜在的危险目标，并对其进行分类分级，再和人口密度、街道、管线、电力线等其他地图数据一起，评估可能造成的损失。这样，可以提前采取一些保护和预防措施，防止和减轻可能发生的突发事件所造成的后果。如确定危险目标邻近的建筑、公共设施、居住区；对危险品仓库进行监测；对高危楼房进行结构加强，动迁，建立安全缓冲区；加强警卫，限制随便出入；限制车辆通行，修建新的桥梁等。

2）应急指挥阶段

需要了解事件的影响范围、复杂性和严重性，统计损失和伤亡情况，评估次生灾害可能造成的进一步伤害，建立安全缓冲地带，找到水阀、电闸的位置，切断电源、受污染的水源等。还要安排搜救人员和设备，组织人员的疏散和安置，建立现场指挥所，组织医疗、后勤和治安，对环境（有毒气体）进行监测等。

3）辅助决策阶段

通过空间分析，可以了解事件发生周围的人口、建筑、危险源、应急物资、周边医院、避难场所等信息，使应急指挥人员及时了解事件周边信息，为应急指挥人员的指挥调度提供科学的依据。同时，还可为应急指挥人员提供救援路径、人员疏散路径，做到快速的应急指挥调度，减少事件产生的影响，保证人民群众的生命和财产安全。

应急保障资源的空间化管理，可以使应急指挥人员及时了解应急救援物资的空间分布情况和物资的类型、数量等信息，使在应急指挥中可以最短时间调度相关的救援物资到达现场。

4）灾后恢复和重建阶段

恢复期内，可以用手持设备、GPS 定位毁坏的设施、确定伤害类型和数量，排出优先级；配给中心按人口和每个地区受伤害的类型，给安置点发放水、食物、药品、衣被。重建期内，要恢复所有的服务（街道、家庭、医院、学校、供水、供电等）到正常或更好的水平，可以用 GIS 来跟踪和显示重建的计划和进展，辅助重建资金的预算、分配和记录。

3. 系统组成及特点

1）GIS 辅助决策及预案管理子系统

（1）系统组成：应急体系架构的核心是应急指挥中心系统，其基本架构如图 8-17 所示。支持指挥人员在最短的时间内对危机事件做出最快的反应，采取合适的措施预案，有效地动员和调度各种资源，借助有线、无线、语音系统、视频会议、卫星等各种通信设施，把应急措施与救治命令下达到有关单位和人员。

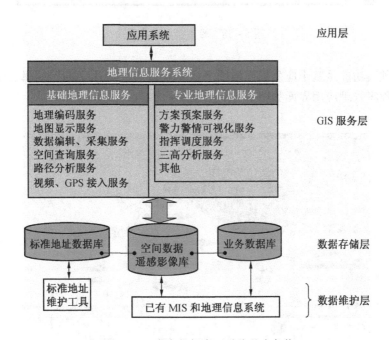

图 8-17 应急指挥中心系统基本架构

某露天矿 GIS 辅助决策及预案管理子系统主要由七部分组成，分别是地面指挥平台、控制平台、地面供给平台、分站调度平台、信息播报平台、传输总线和救生线。通过控制平台显示各种监控信息，经过计算机处理，预报事故信息；由指挥平台通过信息播报平台发布作业人员立即撤离命令及撤离路线和等待救援命令；供给平台通过救生管线供给饮用水、营养液等，通过通信信息播报平台及时与避难人员双向通话，通报了解情况，最终通过指挥平台实现救援指挥避险功能。该系统所有监控、通信及供给等系统为成套配备，因此在矿区发生灾害时能够独立运行从而起到很好的救援辅助作用。

　　GIS 辅助决策及预案管理子系统集成了应急预案模块系统和 GIS 模块，其基本结构是预案组织结构，如图 8 – 18 所示。

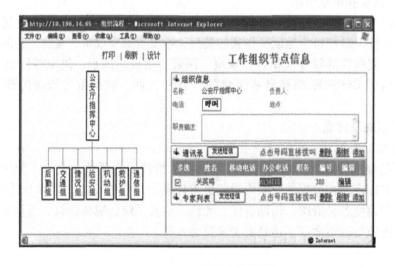

图 8 – 18　预案组织结构图

　　系统的预案功能是基于应急指挥地图平台，实现应急应用中的预编辑、生成、查询、调用功能。预案管理应用界面如图 8 – 19 所示。

图 8 – 19　预案管理应用界面

（2）子系统特点：GIS 辅助决策及预案管理子系统是基于 GIS 计算研发的分析工具，用于应急事件现场的信息查询，具有放大、缩小、平移、鹰眼、浏览等基本功能，以及距离量算、面积测量、切图保存等 GIS 常用功能。还开发了最优/最近路径计算功能、问题影响范围展示、周边情况分析查询、地理编码快速定位等功能，能够方便地给予应急指挥人员以丰富的信息支撑。

子系统具有对重要案例进行整理、存储、管理、统计、检索、查询、分析的手段，以及对重大事件、火灾、灾害处置经验、建议、计算公式的整理、存储等功能。

2）应急指挥子系统

应急指挥子系统为公安、消防、急救等应急处置机构提供通信与信息交互保障，通过对各部门的信息网络和通信系统加以集成，将各种应急服务资源统一在一套完整的智能化信息处理与通信方案中。报警与求助电话在统一的接警中心和处警平台进行；在紧急求助时，只需拨打一个号码；遇紧急、突发、特殊事件，应急指挥系统即成为政府统一的协调、信息的收集与分析、指挥调度中心。应急指挥系统实现统一接警、统一出警，在调度通信平台和集成数据信息的支持下，统一指挥相关部门开展应急响应工作。系统总体组成如图 8－20 所示。

图 8－20 系统总体组成图

9　露天矿大屏显示系统

大屏幕显示兼有大型、彩色、动画的优势，具有引人注目的效果，信息量也比普通显示器大得多，作为多媒体终端系统，其作用不可替代。大屏显示系统可以将各类计算机VGA、SVGA、XGA信号以及HDTV、PAL和NTSC制普通视频信号在大屏幕数字拼接板上显示，形成一套功能完善、技术先进的信息显示管理控制系统，满足调度指挥中心实时、多画面显示的需要。

9.1　露天矿大屏显示系统概述

某露天矿调度中心由LCD液晶大屏、液晶电视机、控制键盘、视频接收机、硬盘录像机、视频服务器、标准机柜等设备组成。镜头控制可以采用键盘、计算机、视频服务器三种方式。工业大屏显示系统如图9-1所示，选46英寸LCD大屏幕拼接单元，以3×3排列组合成多媒体信息墙，两边各3台32英寸监视器。

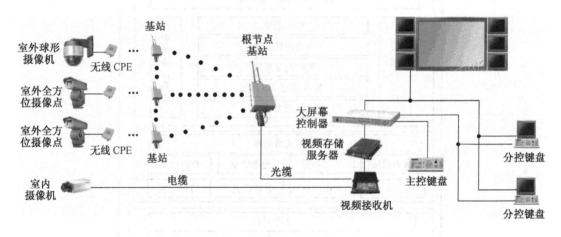

图9-1　工业大屏显示系统示意图

视频监视系统所有的监控图像全部都能够显示在调度中心大屏幕电视墙上，并可以在大屏上实现画面分割显示，并随意放大所需图像。系统还可实现远程录像查询、播放、截图、下载至本地存储等功能。系统支持其他内部授权用户登录查看实时监控图像。

调度中心配置一台视频数据服务器，负责管理前端所有摄像机以及视频服务器，同时管理后端所有网上监控用户。在网络具备的条件下，单位领导及相关值班人员只需要用IE浏览器访问视频数据服务器，获得授权后即可监控前端摄像机。

9.2 露天矿大屏显示需求分析

这套拼接墙大屏幕显示系统方案将国际高清显示技术、DID 拼接技术、多屏图像处理技术、多路信号切换技术、集中控制技术等的应用集合为一体，使整套系统成为一个拥有高亮度、高清晰度、高智能化控制、操作方法最先进的液晶拼接显示子系统。

根据用户需求，将前端视频监视系统的多媒体信号输出到视频墙上显示，视频墙由 9 台 460UTLFD 拼接单元组成。在拼接墙两侧各设置 3 台 320MX－2LCD 监视器，用于前端视频监视信号的显示。在电视墙上方设置双色 LED 屏，用于显示欢迎语等信息。

9.2.1 大屏显示系统功能要求

所设计的大屏显示系统能够实现以下功能。

（1）放大拼接：将输入的多路视频信号、HDTV 信号和 RGB 信号分割成 1×1、1×2、2×1、1×3、3×1、2×2、2×3、3×2、3×3 等，有多种效果的组合。单机最大可支持 16 个显示单元，多机并联可处理 256 路。

（2）实时输出：对 RGB 及 HDTV 信号的图形或文字按比例放大全实时显示，无延时、拖尾、丢帧现象、画质优异，超强色彩表现能力。

（3）自由拼接：可随意调整图像位置，设置图像的拼接。多级联调可以把几个拼接处理器联合成一个大规模的拼接处理器，并且各个处理器的输出都是同步的。

（4）图像微调：对图像的亮度、对比度、饱和度、色度、平滑等全部参数的调整。

（5）信号组合：单路信号可设置多种显示方式组合。配合矩阵，可实现不同信号的显示组合并有矩阵通道记忆功能，在调用模式的时候会重新记忆各个显示单元的图像通道。

（6）模式自定：给用户提供丰富的模式定义功能，16 个内置自定义模式，大容量外模式自定义，并支持中控的调用模式。

（7）透视功能：可以任意控制子窗口的透视度，不管是文字内容，还是动感的高码流视频都实时流畅的播放，给您带来全新的视觉体验。

9.2.2 大屏显示系统设计原则

以系统工程、信息工程、自动化控制等理论为指导，将高清液晶显示技术、拼接技术、多屏图像处理技术、网络技术等融合为一体，使整套子系统成为一个高亮度、高分辨率、高清晰度、高智能化控制、操作先进的大屏幕显示子系统。其能够很好地与用户监控子系统、指挥调度子系统、网络信息子系统等连接集成，形成一套功能完善、技术先进的交互式信息显示及管理平台。整套子系统的硬件、软件设计上已充分考虑了子系统的安全性、可靠性、可维护性和可扩展性，存储和处理能力满足远期扩展的要求。

9.3 露天矿大屏显示系统设计

本方案所提供的三星 460UT 液晶显示器拼接大屏幕显示系统是根据用户需求专门设计的。它将卓越的三星超窄 DID 液晶高清晰度数码显示技术、拼接技术、多屏图像处理技术等综合为一体，形成一个拥有高亮度、高清晰度、高智能化控制、操作方法先进的大屏幕显示系统。

9.3.1   大屏显示系统组成

某露天矿大屏显示系统主要设备包括：三星 46 英寸窄边 DID 显示单元 460UT9 台，三星 32 英寸 LCD 320MX－2 型液晶监视器 6 台，伟昊 WSP2000 拼接控制器 1 台，混合矩阵 1 台，控制电脑 1 台、拼接控制软件 1 套，双色 LED 屏 1 套、LED 控制软件 1 套、电视墙机柜，以及线材等。

系统结构如图 9－2 所示，由 9 台三星 460UT 组成的 3×3 大屏在拼接控制器及屏幕管理软件的控制下可以形成一套拼接画面显示，既可独立显示 9 路信号，又可整屏显示 1 路信号和 M×N 屏拼接，同时也可实现开窗、漫游、缩放功能；在拼接屏两侧各设置 3 台三星 320MX－2 液晶监视器，通过解码器及画面分割器等设备实现前端视频监视的实时显示；在电视墙上方配置双色 LED 屏，用于显示欢迎词与信息，其效果如图 9－3 所示。

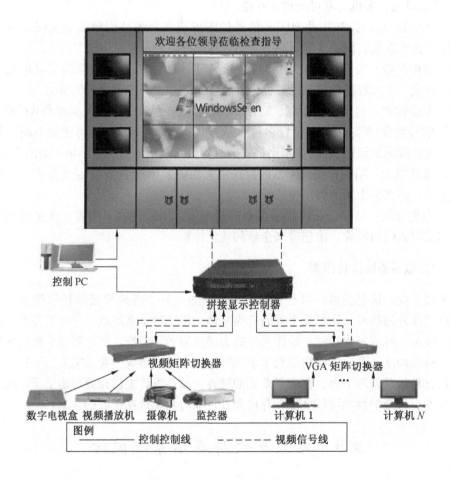

图 9－2   大屏显示系统示意图

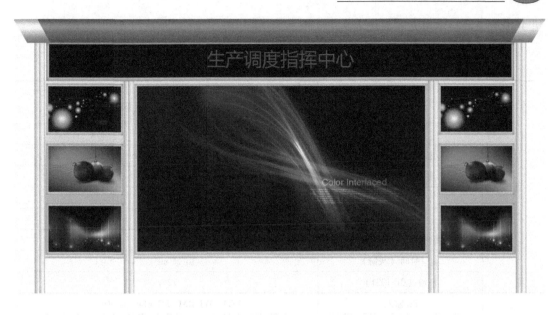

图9-3　大屏显示子系统效果图

9.3.2　大屏显示系统主要设备

某露天矿大屏显示系统设备清单见表9-1。

表9-1　某露天矿大屏显示系统设备清单

序号	产　品　名　称	规　　格	厂商	单位	数量
1	46英寸DID窄边拼接单元	460UT	三星	台	9
2	32英寸液晶监视器	320MX-2	三星	台	6
3	拼接控制器	WSP2000	伟昊	台	1
4	混合矩阵	16进16出	Brillview	台	1
5	VGA分配器	1进2出		个	8
6	控制PC	380	DELL	台	1
7	LED屏	双色屏，异步控制	定制	块	1
8	电视墙支架	主屏3行3列	定制	个	9
9	线缆、辅材			批	1
10	控制PC	戴尔，Intel酷睿3 GHz及以上CPU，2G内存320 GB硬盘	DELL	台	1

（1）三星46英寸DID窄边显示单元460UT：通过这套三星液晶大屏显示系统可以实现对生产、调度系统计算机图像和视频图像信息的综合显示，形成一套功能完善、技术先进的图像和信息显示管理控制系统，满足视频监视、多媒体显示、生产调度监控的各种需要，并完全取代现有的模拟屏，为公共显示、监控、管理提供一个交互式的灵活系统。三

星460UT 液晶显示单元参数见表9-2。

表9-2　三星460UT 液晶显示单元参数

	对角线尺寸	46 寸
面板	类型	S-PVA（DID）
	分辨率	1366×768
	点距/（mm×mm）	0.7555（H）×0.7555（V）
	亮度（标准值）	700 cd/m²
	对比度	3000∶1
	动态对比度	40000∶1
	可视角度（水平/垂直）	178°/178°
	响应时间（灰阶）	8 ms
	色域（CIE1931）	72%
连接方式	PC 输入	VGA/DVI/BNC/PC（SupportSOG）
	视频输入	CVBS/Component/HDMI
	网络功能	X
	音响（可选）	N/A
电源	功耗（最大）	260 W
	待机功耗（最大）	2 W（节能模式开）
	电源管理	AC 100~250 V ±10%，50/60 Hz
机械指标	VESA 壁挂	600 mm×400 mm
	重量（净重/毛重）	27.9/33.3 kg
	尺寸	1025.7 mm×579.8 mm×130 mm
	边框厚度	左上：5.3 mm；右下：2.5 mm
运行环境	运行温度	0~50 ℃
	湿度	10%~80%
	平均失效等待时间	40000 小时
特性	特性	背光灯实时监控；温度传感器；内置散热风扇；IRIn/Out；RS232C 环路控制
可选配件	壁挂件	WMN-5770D
	垂直壁挂	WMN-5770D
	吊挂件	CML400D
附件	手册	快速安装向导，保修卡，应用程序光盘
	连接线	D-Sub，电源线
	其他	遥控器，电池

（2）三星320MX-2 型液晶监视器：三星320MX-2 型监视器采用三星独创的 DID 显示技术，其主要参数见表9-3。

表 9-3　三星 320MX-2 型监视器主要参数

面板	对角线尺寸		32 英寸
	类型		S-PVA（B-DID）
	分辨率		1366×768（16：9）
	点距/（mm×mm）		0.511（H）×0.511（W）
	可视区域/（mm×mm）		697.6855（H）×392.256（V）
	亮度（典型值）		550 cd/m²
	静态对比度		4000：1
	可视角度（水平/垂直）/（°）		178/178
	响应时间（灰阶）		8 ms
	发色数		8bit-16.7M
	色域		72%
显示	动态对比度		10000：1
	行频		30~81 kHz
	场频		56~85 Hz
	视频带宽		165 MHz
连通性	输入	RGB	AnalogD-SUB，DVI-D
		VIDEO	CVBS，HDMI（320MP-2：CVBS，HDMI，Component，BNC）
		AUDIO	RCA（L/R），StereominiJack
	输出	RGB	无
		VIDEO	无；（320MP-2：BNC）
		AUDIO	RCA（L/R）
		输出电源	5 V
	外接控制器		RS232C（输入/输出）
	外接传感器		无
电源	类型		内置
	电源范围		AC100~250V±10%，50/60 Hz
	功耗	运行状态	153 W（峰值）/150 W（典型值）
		睡眠状态	≤2 W
		关机状态	≤1 W
机械规格	尺寸/（mm×mm×mm）	裸机	780×582×109
		包装	890×590×256
	重量/kg	裸机	13.7
		包装	16.7
	VESA 壁挂孔距		200 mm×200 mm
	防护玻璃		选配
	底座类型		底座（选配）
	媒体播放器类型		无

表 9 - 3（续）

环境特性	温度	0 ~ 50 ℃
	湿度	10% ~ 80%
功能特性	卖点	超高性价比
	特性	背光灯实时监控，防图像残留功能，内置温度传感器，内置风扇智能控制，RS232CMDC，内置音响（5W + 5W），即插即用（DDC2B，DDC/CI），内置视频墙功能（5 × 5），支持垂直显示，按键锁功能

（3）WSP2000 系列拼接控制器：本系统采用广州伟昊生产的 WSP2000 系列拼接控制器作为拼接控制单元，WSP2000 系列拼接控制器采用模块化设计，根据客户的具体需要，增减不同的功能模块。以最优的性能价格比来满足用户需求。产品可以根据用户的实际需求灵活的配置成支持从 2 块屏到 256 块屏等不同规格。

WSP2000 系列产品实现图像不同拼接，多画面显示；窗口控制、跨屏漫游、叠加、缩放、透视等功能。

WSP2000 系列产品采用专用工控机箱，在提高系统可靠性方面做了许多特殊设计，它的可靠性大大优于商用 PC，使整个系统更加可靠。

WSP2000 系列产品针对目前显示器件的数字平板化、大尺寸化应用，解决目前市面上信号在大尺寸平板显示设备上出现的马赛克、粗糙大颗粒等画质问题。

10   露天矿产量计量系统

计量管理体系对企业提高产品质量，节约能源，降低消耗等方面起着越来越重要的作用，计量的管理工作直接或间接影响企业产品质量和经济效益的提高。

露天矿产量计量系统不仅能够自动计量卡车运载次数和电铲装载次数功能，而且能够规范矿山皮带、车辆运输，提高露天矿煤炭产销工作效率，节省劳动力成本，减少人为因素对生产运输、销售的影响。

本书第 6 章露天矿工程车辆管理系统之工况参数采集子系统已经涉及煤炭产量计量问题，主要是各装载点产量、各排卸点产量、各区域产量、各司机产量及各卡车产量等，这里不再赘述。本章主要讲述皮带传输计量、地磅房计量等。

10.1   皮带传输计量子系统

皮带传输子系统是露天矿生产系统中较为庞大的一个子系统，现阶段许多企业中的煤炭输送是通过皮带输送机来完成的。皮带传输子系统具有输送能力强，适用范围广，安全可靠，易于维护检修，费用低等特点。

10.1.1   皮带传输计量子系统组成

某矿业远程皮带传输子系统主要由称重部分、测速部分、运算部分、通信部分、数据服务等 5 个部分组成，如图 10 - 1 所示，其工作原理如下。

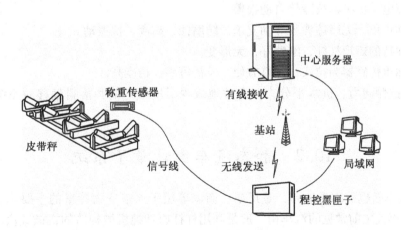

图 10 - 1   某矿业远程皮带传输计量子系统组成

称重桥架横梁中的称重传感器检测皮带上煤炭重量信号，测速传感器检测皮带的运行信号，运算部分把接收的重量信号和速度信号进行放大、滤波、A/D 转换后送入 CPU 进行积分运算，然后将矿物重量数据按照时段设定再通过无线 GPRS 或光纤网络传输至数据中心服务器，服务器接收到现场数据后，通过存储、分析、整理为用户提供实时、准确、分类的产量信息。

称重部分采用目前成熟的皮带称重传感器及其称重架体结构，配合 32 位的专用数据处理器，可以使精度达到 98% 以上；测速传感器实时监控皮带运行速度，作为系数为处理器提供速度信息，使称量能够在带速 $0.1 \sim 4$ m/s 的范围内正常进行。

运算部分由一个 32 位的数字处理器和一个 8 位的控制器组成双 CPU，数字处理器把称重信号和速度信号进行综合运算，提供实时的产量信息并能够海量存储数据，控制器管理系统的时间通信用户信息等，双处理器互相监控对方运行状态，并且监控周边部件（光纤网络、传感器、时钟、无线 GPRS 模块等）的工作，为设备的正常工作提供监控，使设备拥有自检能力；双处理器分工工作，使数据采集拥有完全的实时性能，为用户提供完整精确的实时产量信息。

通信部分主要由光纤网络或无线 GPRS 数据传输模块完成，实现远程传输和数据服务，为用户提供简洁易用的数据信息，能够长久保存历史数据，可以打印成多种数据报表，统计产量信息。

10.1.2　皮带传输计量子系统特点

皮带传输计量子系统具有以下特点：

（1）系统智能化，集成化。

（2）采用 GPRS 无线数据传输协议，数据准确，实时高效。

（3）32 位嵌入式高速专业数据处理 CPU，高精度，高效率，高可靠性，高实时性。

（4）现代数据统计管理技术，功能强大，使用简便。

（5）远程网络服务，能实现实时数据信息服务。

（6）掉电、传感器故障等自动报警。

（7）称重单元无摩擦橡胶耳轴支承，防腐蚀、防潮、抗振动。

（8）独特的矩形杠杆，刚性好，无形变。

（9）称重传感器为拉式，调整方便、灵活可靠、精度高。

（10）抗侧向力、抗水平分力，有效地减少了皮带跑偏和落料偏移对系统精度的影响。

10.2　静态汽车衡计量子系统

静态汽车衡也被称为地磅，是厂矿、商家等用于大宗货物计量的主要称重设备，在 20 世纪 80 年代之前常见的汽车衡一般是利用杠杆原理纯机械构造的机械式汽车衡，也称作机械地磅。20 世纪 80 年代中期，随着高精度称重传感器技术的日趋成熟，机械式地磅逐渐被精度高、稳定性好、操作方便的电子汽车衡所取代。经过多年的发展，电子汽车衡的技术通过不断的研发、提升，已到了非常成熟、稳定的阶段，如图 10 - 2 所示。

10.2.1 静态汽车衡计量原理

静态汽车衡分进、出两套设备，进口设备用来测量空车的重量，出口设备用来测量载煤重车的重量，整个进出及计量状况都是在摄像头的全景监控下进行的，产量和安全生产状况都可以实时传输到上层部门的中心服务器，通过报警等方式做到安全产量监控和安全生产的监管目的。

静态汽车衡计量子系统主要由汽车衡本体部分、称重传感器、仪表、车辆识别器（电感线圈）、电动挡车器、保护栏、监控系统、语音系统等组成，其原理如图 10 - 3 所示。

图 10 - 2　全电子汽车衡

图 10 - 3　静态汽车衡计量称重原理图

静态汽车衡计量子系统具体工作流程如下：

空车进入时要经过如图 10 - 4 所示的检测设备，当车辆驶进汽车衡附近时，车辆识别线圈 A 便能检测到来车信号，线圈接到信号的同时给挡车器一个启动信号，把挡杆 1 抬起

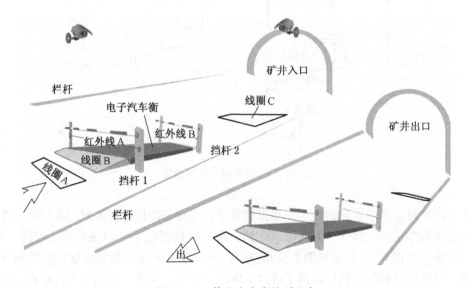

图 10 - 4　静态汽车衡检测设备

来，车辆就可以经过线圈 B 驶入汽车衡，线圈 B 的主要作用是检测车辆是否完全进入到汽车衡的称重区域，当车辆经过线圈 B 时，线圈输出一个持续的长信号，等车辆完全驶过线圈 B 时（即车尾部完全越过线圈 B 的边线），持续信号结束。

在同时满足持续信号结束和红外线 A 检测无障碍物信号时，系统便默认为车辆已经完全在汽车衡上了，这时启动数据采集模块工作、控制摄像头抓拍现场的镜头、落下挡车器的挡杆 1。

等车辆称重数据存储完毕时，煤矿主控箱发出控制指令给挡车器，命令挡车器抬起挡杆 2，放行车辆下磅；当车到达线圈 C 区域时，表明车辆已经完全驶出汽车衡，如果红外线 B 此时检测无障碍物，线圈 C 就可以控制挡杆 2 落杆。这样一个完整的称重过程就结束了。

红外检测器和电感线圈在这个过程中起到了检测和安全保护的双重作用。重车出口时同样要经过检测设备，其过程和原理与进入时相同。静态汽车衡工作原理如图 10 – 5 所示，计量称重原理如图 10 – 6 所示。

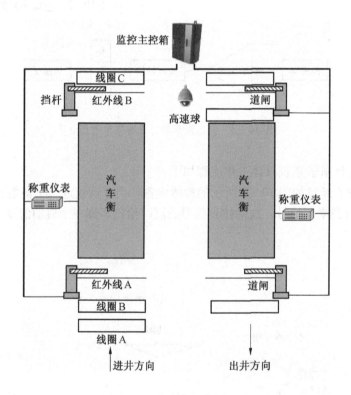

图 10 – 5　汽车衡工作原理图

重车过磅时数据采集到的是车皮和煤的重量，在程序的后台还要减去入口时空车的重量，得到煤的净重量，这样一方面可以存储一条完整数据记录（包括日期、时间、照片、毛重、皮重、净重等），以备定期汇总和查阅；另一方面还可以参考该数据对拉煤车辆计算工费。这样形成的数据信息做到了进出车辆的一一对应关系，有助于查看数据记录。

静态衡监控系统在称重过程中形成一个封闭的计量段，能确保车辆安全平稳的停靠在汽车衡上，作为静态计量，精度高、稳定性好。

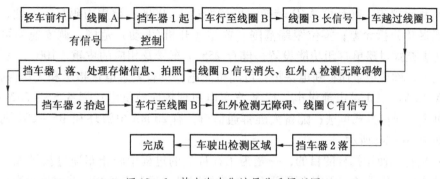

图 10 - 6　静态汽车衡计量称重原理图

10.2.2　静态汽车衡计量子系统组成

标准配置的静态汽车衡计量子系统主要由承重传力机构（秤体）、高精度称重传感器、称重仪表三大主件组成，可完成汽车衡基本的称重功能，根据煤炭产量计量要求还配备有挡车器、红外线发射器、电感线圈、高速球红外一体化摄像机、语音对讲系统，以完成更高层次的数据管理及传输的需要。

汽车衡终端设备结构如图 10 - 7 所示。

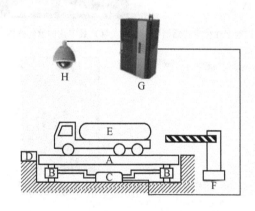

序号	说　明
A	秤台
B	传感器
C	接线盒
D	红外线发射器
E	载重汽车
F	挡车器
G	主控箱
H	高速球红外一体摄像机

图 10 - 7　汽车衡终端设备结构图

（1）秤台：它是将物体的重量传递给称重传感器的机械平台，采用型钢焊接的框架式结构，整体刚性好，抗扭能力强，与高精度称重传感器和称重显示仪表等共同组成称重系统，可对货物进行静态称量，如图 10 - 8a 所示。

（2）数字化称重传感器：它采用高集成化高智能化的处理单元全数字量输出；对称重传感器的非线性、滞后、蠕变等参数自补偿；可以防止用简单电路改变称重信号大小的方式进行作弊；记忆力能力免除了更换传感器后的校准问题。采用 RS485 总线技术，实现称重信号的远距离传输，传输距离不小于 1000 m；输出信号高，使抗干扰能力加强，同时提高了系统的防雷击能力。采用双剪切梁或柱式结构,抗侧向力和抗冲击性能优良;具有自动调心和复位能力;现场安装方便快捷。如图 10-8b、图 10-8c 所示。

(3) 称重仪表:高精度 A/D 转换,可读性达 1/30000;调用内码显示方便,替代感量砝码观察及分析允差;零位跟踪范围、置零(开机/手动)范围、调零速率可分别设置;快速填充式过磅单打印功能设置;储存 255 个车号及相应的皮重、100 个货号、205 组称重记录;称重记录储存断电保护;可随机充电,具有剩余电量指示和欠压保护装置;随机配置 12 V/7 AH 蓄电池供电,12 V 汽车电瓶现场应急供电;配备 RS-232 通信口,波特率可选,通信方式可选;配备大屏幕通信口,有 20 mA 电流环和 RS-232 两种连接方式。如图 10-8d 所示。

(4) 挡杆:使用挡杆的目的,一是为了在称量的过程中防止车速过快导致称量不准确;二是防止在称量的过程中有两辆或多量车同时进入静态汽车衡,造成称量数据的不准确。如图 10-8e 所示。

(5) 红外线发射器:红外线发射器配合挡杆使用,当发现有物体穿过红外线时说明挡杆上有物体经过,这时挡杆不能落下,以防伤到物体或人。如图 10-8f 所示。

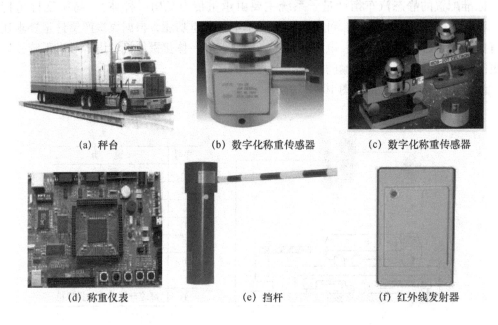

(a) 秤台   (b) 数字化称重传感器   (c) 数字化称重传感器

(d) 称重仪表   (e) 挡杆   (f) 红外线发射器

图 10-8 静态汽车衡计量子系统组成

10.2.3 静态汽车衡计量子系统特点

(1) 数字化通信技术:采用 RS485 总线技术,实现信号的远距离传输,传输不小于 1000 m;输出数字信号幅度高,使抗干扰能力增强,同时提高了系统防雷击能力。总线结构便于多个称重传感器应用在同一个系统中,最多可接 32 只称重传感器。

(2) 智能化技术:防止利用简单电路改变称量信号和大小;可根据指令更改传感器特性参数;完善的记忆能力免除了更换传感器后的校准问题。

（3）数字化校准技术：使衡器偏载（四角）校准一次自动完成；使衡器量程校准一次完成；可以根据需要修改衡器的量程系数和零点数值以及每只传感器的系数和零点参数。

（4）故障诊断技术：具有诊断衡器零点数值变化的能力；具有诊断每只传感器的零点数值变化的能力；具有诊断每只传感器通信变化的能力；具有判断更换传感器后地址和编号不符的提示能力；具有对多种操作错误信息的提示能力。

10.3 动态汽车衡计量子系统

动态汽车衡也叫轴重衡，主要由称重传感器、称重仪表、秤体等组成，可满足 5 ~ 30 t的轴重要求。专门选配的称重传感器，高度低，输入输出阻抗大，组成计量系统功耗低；秤体采用模块化结构，重量轻，稳定可靠；针对轴重衡的特点，选配可满足快速动态计量和高精度静态计量的称重显示仪表；既保留了静态仪表的特点，又增加了动态称重的能力，存储量大。

10.3.1 动态汽车衡计量子系统组成

动态汽车衡计量子系统主要由汽车衡秤体部分、称重传感器、仪表、车辆识别器（电感线圈）、电动挡车器、保护栏、视频监视摄像头、语音播报设备等组成，如图 10 - 9 所示。

图 10 - 9 动态汽车衡计量子系统组成

动态衡计量子系统也分进出、口两套设备，如图 10 - 10 所示，进口是用来测量空车的重量，出口用来测量载煤重车的重量，整个进出及计量状况都是在摄像头的全景监控下进行的，产量和安全生产状况都时时传输到上级主管单位的监管中心服务器，通过报警等方式起到安全生产的监管目的。

动态汽车衡计量子系统具体工作流程如下：

空车进入时要经过图 10 - 10 的检测设备，当车辆驶进汽车衡附近时，车辆识别线圈 a 便能检测到来车信号，线圈 a 接到信号后给挡车器一个启动信号，把挡杆 1 抬起来，车辆就可以通过汽车衡进行计量，当系统接收完称重数据时，发送指令控制挡板落下，等待下一车通行。同时系统把采集到的车辆称重数据、进入时间存储在数据库中。

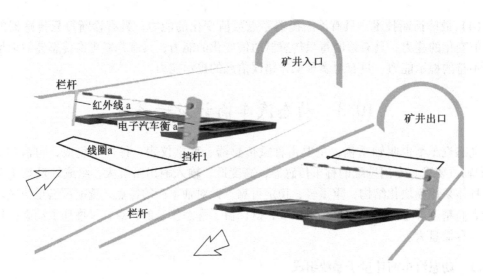

图 10 - 10   动态汽车衡的计量称重

在车通过衡体的同时系统控制摄像头抓拍现场的镜头。

线圈 a 和挡杆的主要作用是限制车速，动态衡对车速的要求很高，车辆的行驶速度不得超过 10 km/h。

重车出口时同样要经过检测设备，其过程和原理和进入时相同。动态汽车衡计量工作原理如图 10 - 11 所示，计量称重流程如图 10 - 12 所示。该方式简单、称重速度快，可行性强。

10.3.2   动态汽车衡计量子系统特点

动态汽车衡计量子系统具有以下特点：

（1）系统智能化、集成化。

（2）动态检测，快速准确。

（3）秤台采用高精度传感器和高强度框架式结构，精度高，性能稳定可靠。

（4）单轴计量，多轴累加方式，不受车型、吨位限制，经济实用，尤其适用场地狭小的地方。

（5）仪表采用 8 位单片机微处理器技术，功能多，性能稳定，操作方便。

（6）仪表内置标准 RS - 232C 串行通信接口。

（7）仪表零位自动跟踪。

（8）采用光纤网络和无线 GPRS 无线数据传输协议，数据准确，实时高效。

（9）32 位嵌入式高速专业数据处理 CPU，高精度，高效率，高可靠性，高实时性。

（10）现代数据统计管理技术，功能强大，使用简便。

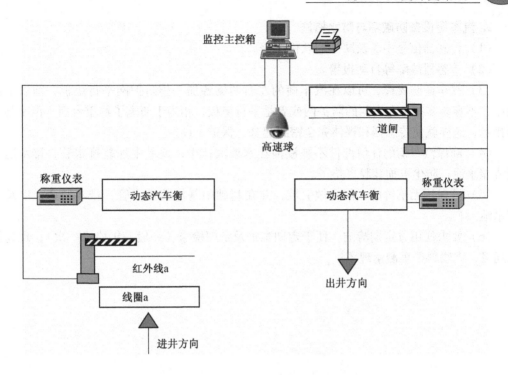

图 10 - 11   动态汽车衡计量工作原理图

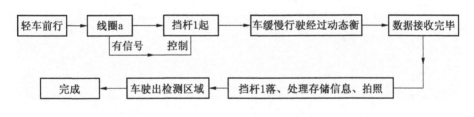

图 10 - 12   动态计量称重流程

（11）远程网络服务，无论身在何处，有 NET 就有实时数据信息服务。

（12）各种掉电，传感器故障等自动报警。

（13）称重秤台单元采用柔性连接，防腐蚀、防潮、抗振动。

10.3.3   建设动态汽车衡计量子系统注意事项

1. 汽车衡安装地面基础

汽车衡的基础是确保汽车衡精度及稳定性的重要组成部分，汽车衡基础分为深基坑式、浅基坑式和无基坑式 3 种，其中浅基坑式基础安装的秤体与地面齐平，其优点在于占用场地少，汽车上下秤较方便，但采用此形式时，我们需在秤坑内添加排水及干燥设施。无基坑式基础安装的秤体会高出地面，故须制作可使汽车上下的引坡，因而其占用场地较大，但其良好的通风干燥环境，可确保汽车衡一直保持理想的使用状态，且易于维护。

因基础是保证汽车衡正常使用及整体品质的一个重要组成部分，故基础制作须严格把握施工质量及精确度。

2. 汽车衡设备防破坏与防水措施

（1）传感器信号中断及缺失的软件报警。

（2）传感器故障等自动报警。

（3）汽车衡防支撑，可以在汽车衡的左右两侧各加一排防护网平行垫板，前后空隙狭小，不容易支撑，左右侧的防护网或者是平行垫板，相当于拓宽了称重台面，但不与台面接触，这样就使传感器和秤体完全密封起来，保护了设备。

（4）确保汽车衡的任何部件不被浸泡在水或液体中；地基中加装排水管，排水通道及浅储水池；防尘可加装胶皮垫子。

（5）可以用无基坑的，两边做引坡，并在基础中基加装排水管，排水通道，以及浅储水池。

（6）要求使用方定期清洁，便于定期维护及定期检修（一般一年检修一次）；现场排水通畅，无物料严重洒落现象。

11　露天矿信息化工程辅助系统

露天矿信息化工程辅助系统主要包括地理信息子系统和视频会议子系统。

地理信息子系统融合计算机图形技术和数据库技术于一体，把地理位置和相关属性有机地结合起来，准确、真实、图文并茂地输出用户所需的各种数据，并借助独有的空间分析功能和可视化表达，为矿产资源开发管理和矿区环境工程进行规划、实施和决策提供科学依据。

视频会议子系统把相隔多个地点的会议室视频设备连接在一起，将声音、影像及文件资料互相传送，使各方与会人员有如身临现场一起开会和学习的感觉，达到即时且互动的沟通，以达到完成会议的目的。

11.1　地理信息子系统

11.1.1　地理信息系统概述

地理信息系统（GIS）作为获取、存储、分析和管理地理空间数据的重要工具、技术和学科，近年来得到了广泛关注和迅猛发展。简而言之，GIS 是一个基于数据库管理系统的分析和管理空间对象的信息系统。

1. GIS 的特点

1）GIS 的操作对象是空间数据

空间数据包括地理数据、属性数据、几何数据、时间数据。GIS 对空间数据的管理与操作，是 GIS 区别于其他信息系统的根本标志，也是技术难点之一。

2）GIS 的技术优势在于空间分析能力

GIS 独特的地理空间分析能力、快速的空间定位搜索和复杂的查询功能、强大的图形处理和表达、空间模拟和空间决策支持等，可产生常规方法难以获得的重要信息，这是 GIS 的重要贡献。

3）GIS 与地理学、测绘学联系紧密

地理学是 GIS 的理论依托，为 GIS 提供有关空间分析的基本观点和方法。测绘学为 GIS 提供各种定位数据，其理论和算法可直接用于空间数据的变换和处理。

2. GIS 的功能

就 GIS 本身来说，一般均具备四种类型的基本功能，它们分别是：

1）数据采集与编辑功能

GIS 的核心是一个地理数据库，所以建立 GIS 的第一步是将地面的实体图形数据和描述它的属性数据输入到数据中，即数据采集。为了消除数据采集的错误，需要对图形及文本数据进行编辑和修改。

2）属性数据编辑与分析

属性数据比较规范，适用于表格表示，所以许多地理信息系统都采用关系数据库管理系统管理。通常的关系数据库管理系统都为用户提供了一套功能很强的数据编辑和数据库查询语言，即 SQL，系统设计人员可据此建立友好的用户见界面，以方便用户对属性数据的输入、编辑与查询。除文件管理功能外，属性数据库管理模块的主要功能之一是用户定义各类地物的属性数据结构。由于 GIS 中各类地物的属性不同，描述它们的属性项及值域亦不同，所以系统应提供用户自定义数据结构的功能，系统还应提供修改结构的功能，以及提供拷贝结构、删除结构、合并结构等功能。

3）制图功能

GIS 的核心是一个地理数据库。建立 GIS 首先是将地面上的实体图形数据和描述它的属性数据输出到数据库中，并能编制用户所需的各种图件，因为大多数用户目前最关心的是制图。从测绘角度来看，GIS 是一个功能极强的数字化制图系统。然而计算机制图需要涉及计算机的外围设备，各种绘图仪的接口软件和绘图指令不尽相同，所以 GIS 中计算机绘图的功能软件并不简单。ARC/INFO 的制图软件包具有上百条命令，它需要设置绘图仪的种类，绘图比例尺，确定绘图原点和绘图大小等。一个功能强的制图软件包还具有地图综合，分色排版的功能。根据 GIS 的数据结构及绘图仪的类型，用户可获得矢量地图或栅格地图。地理信息系统不仅可以为用户输出全要素地图，而且可以根据用户需要分层输出各种专题地图，如行政区划图、土壤利用图、道路交通图、等高线图等。此外，还可以通过空间分析得到一些特殊的地学分析用图，如坡度图、坡向图、剖面图等。

4）空间数据库管理功能

地理对象通过数据采集与编辑后，形成庞大的地理数据集。对此需要利用数据库管理系统来进行管理。GIS 一般都装配有地理数据库，其功效类似对图书馆的图书进行编目，分类存放，以便于管理人员或读者快速查找所需的图书。其基本功能包括：数据库定义、数据库的建立与维护、数据库操作、通信功能和空间分析功能。

通过空间查询与空间分析得出决策结论，是 GIS 的出发点和归宿。在 GIS 中这属于高层次的功能。与制图和数据库组织不同，空间分析很少能够规范化，这是一个复杂的处理过程，需要懂得如何应用 GIS 目标之间的内在空间联系并结合各自的数学模型和理论来制定规划和决策。由于它的复杂性，目前的 GIS 在这方面的功能总的来说是比较低下的。典型的空间分析有：

（1）拓扑空间查询：目标之间的拓扑关系有两类，一种是几何元素的节点、弧段和面块之间的关联关系，用以描述和表达几何要素间的拓扑数据结构；另一种是 GIS 中地物之间的空间拓扑关系，这种关系可以通过关联关系和位置关系隐含表达，用户需通过特殊的方法进行查询。

（2）缓冲区分析：根据数据库的点、线、面实体，自动建立其周围一定宽度范围的缓冲区多边形，它是地理信息系统重要的和基本的空间分析功能之一。

（3）叠置分析：将同一地区，同一比例尺的两组或更多的多边形要素的数据文件进行叠置，根据两组多边形边界的交点来建立具有多重属性的多边形或进行多边形范围的属性特征的统计分析。

（4）空间集合分析：按照两个逻辑子集给定的条件进行逻辑交运算、逻辑并运算、逻辑差运算。

（5）地学分析：地理信息系统除有以上基本功能外，还提供一些专业性较强的应用分析模块，如网络分析模块，它能够用来进行最佳路径分析，以及追踪某一污染源流经的排水管道等。土地适应性分析可以用来评价和分析各种开发活动，包括农业应用、城市建设、农作物布局、道路选线等，优选出最佳方案，为土地规划提供参考意见。发展预测分析可以根据 GIS 中存储的丰富信息，运用科学的分析方法，预测某一事物如人口、资源、环境、粮食产量等，结合今后的可能发展趋势，并给出评价和估计，以调节控制计划或行动。另外，利用地理信息系统还可以进行最佳位址的选择，新修公路的最佳路线选择，辅助决策分析和地学模拟分析等。

（6）数字高程模型的建立：数字高程模型有 3 种主要形式，包括格网 DEM、不规则三角网，以及由两者混合组成的 DEM。格网 DEM 数据简单，便于管理，但因格网高程是原始采样点的派生值，内插过程将损失高程精度，仅适合于中小比例尺 DEM 的构建。TIN 直接利用原始高程取样点重建表面，它能充分利用地貌特征点、线，较好地表达复杂的地形，但 TIN 存储量大，不便于大规模规范管理，并难以与 GIS 的图形矢量数据或栅格数据以及遥感影像数据进行联合分析应用。所以一般的 GIS 都提供了两种数字高程模型的软件包，用户可以根据需要进行选择。

11.1.2 露天矿地理信息子系统需求分析

某露天矿地理信息子系统构建虚拟地球，地图比例 1:50000；界面左上方设置有滚轮操作、图层控制、方向朝向、调整比高、光影效果、返回后台等 6 个按钮；图层控制分为经纬线、俯仰角信息、海拔信息、地标信息、交通信息等 5 层；滚轮操作包括拉远、离近、方位、倾角等。

子系统添加煤矿下属所有矿点、装车点的分布位置及其之间的交通联系等专题信息，并以地标的形式重点标示出来；鼠标点击或触摸某一个矿点、装车点地标，则屏幕弹出该点简单文字信息（名称、煤场面积、储煤品种等）。

子系统在后台添加相关解说录音，在演示到热点地区或者路线时，可自动调用对应的解说内容，使用户有着视觉、听觉等多方位的直观感受。

通过沿预采集的路线可进行自动巡航，可将预定路线两旁的兴趣点尽收眼底。还可对路线进行订制，对飞行速度、方向等参数进行实时调整。

子系统可以编制自动演示序列，也可以灵活调整顺序及相关关联项目，达到针对具体情况制定相关演示序列的效果。

1. 功能要求

某露天矿地理信息子系统具体实现的功能如下：

（1）虚拟城区漫游：在系统构建的虚拟场景内，可以进行自动漫游、行走和飞行，以及重点地区的多视角观察。

（2）粒子系统模拟动态效果：通过使用粒子系统，可进行瀑布、喷泉等多种场景的模拟。

（3）多媒体效果：系统在后台可添加相关解说录音，在演示到热点地区或者路线时，可自动调用对应的解说内容，使观察者有着视觉听觉等多方位的直观感受。

（4）天气系统：通过对多种天气系统的模拟，使用户可以对现场有更加身临其境的感受。

（5）监控系统：在矿区内安装监测系统，可实时了解到各矿区乃至井下的温度、湿度及运行情况等基本信息。

2. 系统概况

客户关系管理系统包括引导 flash 和客户全国分布图两个部分。

1）引导 flash

"引导 flash"部分配背景音乐或解说词，设置"SKIP"按钮，登录界面设置用户名和密码按钮，实行用户权限分级管理制度。

2）客户全国分布图

"客户全国分布图"部分主页面为全国二维矢量地图，地图比例 1∶1000000，可细到乡镇级别，根据所有客户地理位置图示其分布情况；左上方设置全屏、滚轮操作、图层控制、鹰眼、图集、语音关闭、返回等按钮；左边图层控制分为电厂、钢厂、化工厂、经销商、其他、地图、竞争对手等 7 层，设置隐藏/显示功能按钮；左下方导航栏设置地图上、下、左、右、旋转、居中、指北、放大、缩小等功能按钮；右边放置图集（铁路规划图、煤炭资源分布图等）；右下方放置鹰眼，用户能在地图上全方位快速漫游浏览图形与数据库信息，直观、动态了解客户情况；用不同按钮来区分客户类型，分别用红、橙、绿、蓝来代表 A、B、C、D 四个客户等级；鼠标指向或触摸到地图显示辖区内某个具体客户，则弹出该客户简单文字信息（企业名称、类型、信用等级），同时语音提示该客户简单信息；进一步点击则显示企业详细信息，其内容与"神华宁煤集团（煤炭产品）客户档案"表内容、规格一致；对话框设置关闭按钮。

3. 设计原则

（1）对数字沙盘范围内 1∶50000 地形图的相关数据进行提取、平差计算等工序，建立高精度的地形高程库。依据建立起的高程库数据采用专门软件生成对应的纹理效果，并建立多层的地表纹理库，保证系统调用效果。通过预留的数据录入接口，后期进行专题数据维护。

（2）方便的人机对话界面，使非专业人员即可完成信息管理和发布的全部工作，不需要 HTML 语言知识等专业知识。可快速对内容进行编辑、查阅、维护，比传统方式效率提高，保证了信息的及时性和管理的需求。

（3）系统提供模板管理功能，支持模板的添加、调用、修改、删除等操作。支持显示内容样式的灵活设置。具有信息的添加、修改、删除及移动等操作功能，可轻松实现页面结构的设置与修改。

11.1.3　露天矿地理信息子系统设计

1. 技术概述

1）三维数字沙盘

三维数字沙盘，有人称之为电子沙盘、三维可视化虚拟仿真系统。我们认为三维数字沙盘和三维可视化虚拟仿真系统概念接近，而数字沙盘概念更广，还包括实物沙盘结合声、光、电等综合而成的演示系统。数字沙盘如图 11 - 1 所示。

图 11-1　三维数字沙盘计算机截图

数字沙盘示意如图 11-2 所示，通过模拟真实的三维地理信息，产生缩微模型；利用先进的控制技术，能实时动态查找每一个点的地理信息，如三维坐标、高度、坡度、河流、道路及各种人工工程与设施、远景规划等信息；通过先进的三维仿真功能，实时在电脑上进行三维单点显示、路径显示、绕点显示、工程设施查询、经济效益的分析以及其他各种智能分析等；通过计算机多媒体控制技术，控制声音、视频等同步显示，可通过遥控、手控、感应式控制，也可以通过多媒体控制，有数码显示、单点显示、组合显示、动态显示等多种显示方式。具有操作灵活、简单、便于维护和修改等特点。

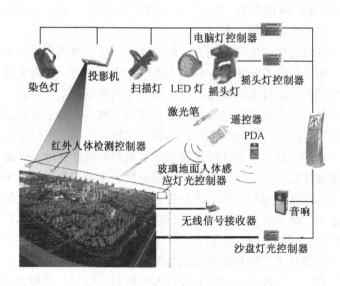

图 11-2　数字沙盘示意图

由于各行业对数字沙盘功能使用上的特点不同，出现了如下几种数字沙盘：

（1）多媒体数字沙盘：在传统数字沙盘的基础上，通过计算机多媒体控制技术，控制声音、视频等同步显示，可通过遥控、手控、感应式控制，也可以通过多媒体控制；具备数码显示、单点显示、组合显示、动态显示等多种显示方式。

（2）触摸式数字沙盘：以传统沙盘为基础，为其增加红外感应设备、计算机、音响设备、显示设备（可选）。用户可以用手指或长杆指点沙盘上的各个位置，红外感应设备可以立刻将被点击的位置坐标信息传送至计算机，计算机会将该位置的介绍性内容以声音、视频的方式进行播放，为用户提供详细的点对点的说明介绍。触摸式实景数字沙盘系统具有可重复使用的特点，同一套系统可以反复应用于不同的实景数字沙盘；对于每一套沙盘，只需要将沙盘中各关键点的坐标输入计算机，然后再将与每一个关键点相对应的介绍内容（声音、视频）输入计算机即可。对于每一个关键点的介绍可以方便地进行修改。

（3）数字沙盘（三维虚拟仿真）：它是一种基于可计算信息的沉浸式交互环境，具体地说，就是采用以计算机技术为核心的现代高科技手段生成逼真的视、听一体化的特定范围的虚拟环境，用户借助必要的设备（鼠标、方向盘等外部配件）以自然的方式与虚拟环境中的对象进行数字沙盘理论基础及实验准备交互作用、相互影响，从而产生身临其境的感受和体验。主要优势为不受场地限制；表现效果更为优美、逼真，具有很强的交互性，走进三维虚拟仿真中的虚拟环境，恰如身临其境。

2）二、三维联动技术

目前三维 GIS 研究主要集中于三维空间信息获取、三维空间数据模型、三维空间数据管理与分析以及三维空间数据显示和可视化表达等方面。有关研究人员就指出，当前三维 GIS 研发应以开发二维为主、三维为辅的混合型 GIS 为主要目标，不宜单纯开发三维 GIS。认为这一是由需求决定，即二维 GIS 能够满足大部分实际需求；二是受技术限制，即当前在三维 GIS 技术方面还不能以较好的性价比满足大规模商业应用的需要，完全采用三维 GIS 势必需要高昂的系统建设费用。基于二、三维混合结构的 GIS 设计是在当前背景下处理三维 GIS 的一个较为实际的解决方案。

同时，二维 GIS 具有很强的分析能力，例如缓冲分析、路径分析、平面测量、搜索查询、渲染分析等，但是二维 GIS 缺乏有效的三维空间表达能力。在现实世界中，客观事物总是存在于三维空间的，二维 GIS 只能提供给用户平面的信息，对于客观存在的三维空间信息只能通过用户的合理想象或者经验的推断。然而三维 GIS 的出现打破了这一僵局，三维 GIS 形象地表达了空间事物的地理方位，能够让用户从平面的电脑屏幕感受到三维的真实感，这一表达方式的突破也给 GIS 的发展带来了新的契机。三维 GIS 提供了二维 GIS 所不具有的功能，例如体积测量、三维建模、纹理贴图、模拟飞行、视角判断等。三维 GIS 在给用户带来视觉上的真实感和新的三维分析功能的同时，却失去了二维 GIS 分析特色。

因此，有必要将二维 GIS 与三维 GIS 进行联动开发，在同一框架体系下充分发挥各自的优势、长处和特色，同时系统可以根据用户的需要，自行选择二、三维联动或者不联动。特点在于，不仅满足了二维 GIS 的空间数据分析和三维 GIS 的海量空间数据实时调度功能，还能通过构建二、三维数据的映射和视点的映射，以二、三维联动的方式实现 GIS 空间分析，能有效地提供更加逼真的 GIS 空间分析，且三维场景是随空间数据的更改实时更新的。

二、三维地理信息系统联动的基本原理：二维 GIS 与三维 GIS 采用的都是同一数据库，基于二维 GIS 和三维 GIS 所具有的统一坐标系，通过彼此之间坐标的对应关系来实现二、三维的联动。

二、三维联动实现的途径首先是系统的二维部分和三维部分的地理坐标相对应；其次是三维部分中各种空间地物模型对应于二维部分的图层数据。具体从两个层面上进行，分别是可视化层面和数据层面。

（1）可视化层面的联动：通过坐标映射，使二维图层中的地理坐标与三维场景的空间位置相对应；并通过交互时的事件触发机制保持其变化时的同步，这是可视化层面二、三维联动的实质。

为了使二维图层中的地理坐标与三维场景的空间位置相对应，需要两者共享同一坐标空间。另外，为了保证在交互操作时的场景信息同步，在这些交互操作时还需要增加对二、三维场景信息实时刷新的事件触发机制。

（2）数据层面的联动：三维场景中的地物都对应于二维图层中的某一矢量图或模型点，在进行数据查询、数据更新操作时，通过这种对应保证二、三维数据的一致性，这是数据层面的二、三维联动的实质。

其具体实现方法是使三维数据与二维图层的数据在数据结构上关联起来，在此，我们将三维地物的编号设置成对应的二维图层号和对应的模型编号的组合。三维到二维地物之间的映射通过其编号和对应图层号两者相联系；而二维到三维之间的映射可直接通过空间坐标转换或通过地物的编号完成。

2. 系统设计

1）企业级 WebGIS 开发平台 SuperMap IS. NET6

SuperMap IS. NET6 是一款企业级高性能的网络地理信息服务发布与开发平台，能够实现空间信息的管理与发布，提供网络分析、空间分析、栅格分析和交通换乘分析等多种GIS 功能，并具有空间信息在线编辑能力。

SuperMap IS. NET 是网络地理信息发布系统的开发平台，可以为企事业单位提供不同层次的解决方案，可以全面满足网络 GIS 的应用需要。使用 SuperMap IS. NET 软件产品，用户不仅可以快速建立基于地图的 Internet 或 Intranet 的地理信息服务网站，也可以快速开发定制化的地理信息服务系统。SuperMap IS. NET 的技术特点如下：

（1）采用 . NET Framework3. 5 和 SuperMap Objects6 组件构建：基于 . NET 强大的技术平台和 SuperMap Objects6 稳定的 GIS 处理内核，SuperMap IS. NET 提供丰富的 GIS 功能和开发组件，为用户提供更加稳定、高性能、可扩展的开发平台。

（2）多源数据集成与海量影像数据快速访问：内置的 SDX + 数据库访问引擎支持访问 Oracle、SQL Server、Oracle Spatial、Kingbase、Sybase、DB2、Informix 等多种数据库系统的空间数据，支持直接发布多种格式的空间数据，如 DGN、SDB、ADO 等。小波变换影像压缩技术实现海量数据支持，轻松处理 TB 级的地图数据，并将其快速发布到 Internet 网络，用户访问时间与数据量的大小基本无关。

（3）支持异构系统的无缝集成：SuperMap IS. NET 的 GIS 服务支持异构系统集成，支持 SOA 应用与开发。

（4）优化的多级智能缓存技术：SuperMap IS. NET 提供的多级智能缓存技术，在不同的层面上进行相应的缓存处理，大幅提高系统性能，包括动态的地图呈现、快速的地图响应时间、高并发量访问能力等。使用智能缓存技术可以减少交互的通信量，有效减少在进程和机器间的传输量；能够降低系统的处理量和磁盘的访问次数。

（5）强大的分布式层次集群技术：SuperMap IS. NET 通过分布式层次集群技术支持复杂的 GIS 服务集群以及集群级别的集群管理，为任意数量的应用程序或用户提供 GIS 服务，提高企业级 GIS 应用系统性能、可伸缩性和可靠性，获得更好的用户体验。并且可以有效地适应负载和高峰通信量的变化，也为改善可用性奠定了基础。

（6）完善的日志系统：SuperMap IS. NET 提供了完善的日志系统，采用了资源化技术，支持多种语言的输出，在不同语言的操作系统自动输出相应的日志，SuperMap IS. NET 提供了中文和英文平台的日志，通过资源化日志信息，可以轻松实现其他操作系统语言的版本，而无需对程序进行修改。

（7）灵活的二次开发结构：SuperMap IS. NET 支持多层次的二次开发，以及提供丰富的 SDK，包括基于 Ajax 技术封装 Web 服务端的 AjaxControls 控件，以及用于客户端开发的 AjaxScripts 脚本控件，使开发人员快速地实现符合系统需求的 GIS 功能。

SuperMap IS. NET 是地理信息服务的发布与开发平台，它为 Internet GIS 系统提供全方位的解决方案，包括丰富的 GIS 服务，各种类型的标准服务，GIS 服务的管理工具，集群服务、智能缓存技术等。

2）ArcGIS——完整的地理信息系统解决方案

"Enterprise GIS" 中的 "Enterprise" 并不是指通常意义上的企业，这个企业表达的是一类已形成一定规模，贯穿组织机构内各种关键业务，具有明显流程化特征的信息应用群体。企业级 GIS 与其他技术都是为了满足机构的广泛需求。企业级 GIS 不是孤立的应用程序、单一解决方案和工具，而是工作业务的关键技术。相比传统 GIS，用户更倾向于利用企业级 GIS 来解决关键业务，例如管理机构设施或资产。

现实情况中，许多单位机构最初是因为某个特殊的目的而采购 GIS，数据等都很有限。形成了分散的，或者是部门级别的 GIS 投资和建设。

随着 GIS 应用慢慢地普及，越来越多的工作都需要地理空间数据集的支持，越来越沉重的数据重复冗余负担需要被减少或消除，对所获得的空间数据精确度要求也越来越高，更重要的是要能够在整个工作机构内合理地分发数据。这些都是信息共享的要求，也是企业级 GIS 产生的原因。

3）数字沙盘系统的制作流程

根据地理信息系统的基本理论，建立实用的数字沙盘系统。首先，需要采集三维地形数据，建立一个 DEM 数字高程模型。然后，分析现有 GIS 的特点和功能，在 DEM 数据上加载遥感影像数据和地理属性数据，并进行试验和应用。

MAPGIS 数字沙盘系统是一个 32 位专业图像软件，它提供了强大的三维交互地形可视化环境，利用 DEM 数据与专业图像数据，可快速生成三维透视景观图。MAPGIS 数字沙盘的制作流程如图 11 -3 所示。

3. 系统特点

通过集成遥感、地理信息系统和三维仿真技术建立的数字沙盘，具有传统模拟沙盘和平面地图不可比拟的优势。

（1）真实模拟地形。采用国家标准地形图建立数字地面模型，采用卫星遥感影像作为地表贴面，可以准确地按比例还原地貌形态，能形象、立体展示山地、河流、城镇、交通及单位部署及行动方案，不仅有使用价值，且有装饰和欣赏效果。

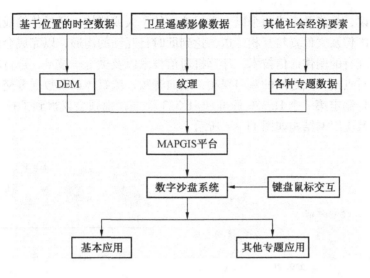

图 11 - 3　数字沙盘制作流程

（2）智能动态显示。沙盘采用不同颜色灯光，通过单点、群点、长亮、闪亮及流水式显示等方法，使沙盘显示有明显的动态效果。

（3）多功能控制。沙盘系统采用计算机编程和控制，实现声音、视频等多种技术、手段的综合运用，既可用鼠标、键盘控制，也可遥控或触摸感应式控制，还可漫游控制，且各种接口具有开放性和扩充性，便于日后修改。

（4）综合演示。沙盘系统运用多媒体和信息技术，实现声、光、电、文字、图像等分别通过沙盘灯光、音响、等离子（液晶）显示屏、计算机屏、投影、报警器等予以同步综合演示。

（5）操作简便。通过选点控制技术，地图漫游功能、数据库技术、关键词控制、网络兼容及软件优选等技术，能够快速查询和演示用户有关要素，部署、行动方案等文字、表格、图形、图像等资料，并可及时打印和编辑。

（6）运用广泛。地理沙盘系统可用来研究地形、确定部署、进行规划、指挥调度、研究方案、广告宣传等。可应用到商业展览、科技展、博物馆等现实模拟。

11.2　视频会议子系统

视频会议作为一种先进的通信手段，最大特点是摆脱了距离的限制，能够把相隔多个地点的会议室视频设备连接在一起，使各方与会人员有如身临现场一起开会或学习，进行面对面对话的感觉，因此广泛地应用于各类行政会议、远程教育、远程医疗、远程监控、远程作战指挥以及商务谈判等活动中。

视频会议系统具有真实、高效、实时的特点，是一种简便而有效的用于管理、指挥、教学以及协同决策的技术手段。

11.2.1　视频会议系统技术概述

视频会议系统又叫会议电视系统，是一种以视频为主的交互式多媒体通信，包括卫星会议和网络会议，是指两个或两个以上不同地方的个人或群体，通过传输线路及多媒体设备，将声音、影像及文件资料互相传送，达到即时且互动的沟通，以完成会议目的的系统设备。它利用现有的图像通信技术，计算机通信技术以及微电子技术，进行本地区或远程地区之间的点对点或多点之间的双向视频、双向音频、流媒体以及数据等交互式信息实时通信。随着 ITU 制定第一个 H. 320 标准和 H. 323 标准，视频会议得到了很大的发展。通常，视频会议系统组网结构如图 11 − 4 所示。

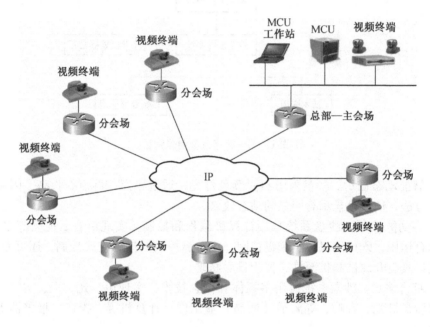

图 11 − 4　视频会议系统组网结构示意图

11. 2. 2　视频会议系统的分类

各种不同的视频会议系统分类，为用户提供了更为广阔的选择空间，为各种不同的需求提供了一个定制的标准。

1. 按设备结构来分

（1）硬件视频会议系统：基于嵌入式架构的视频通信方式，依靠 DSP + 嵌入式软件实现视音频处理、网络通信和各项会议功能。其最大的特点是性能高、可靠性好，大部分中高端视讯应用中都采用了硬件视频方式。一般来说，硬件视频会议系统采用专用的视音频设备，视觉质量较好，易于使用并且可以提供服务质量。

（2）软件视频会议系统：基于 PC 架构的视频通信方式，主要依靠 CPU 处理视、音频编解码工作，软件视频会议系统的原理与硬件视频会议系统基本相同，不同之处在于其多点控制单元（MCU）和终端都是利用高性能的 PC 机和服务器结合的软件来实现。在目前的技术条件下，软件视频会议在音视频质量上已接近硬件系统的效果。

（3）影响软件视频会议发展的主要因素有以下 3 个方面。

①计算机 CPU 的处理能力。由于音视频的编解码需要很强的运算处理能力，在 Intel

奔腾处理器推出之前的 PC 无法满足音视频编解码的运算要求，这也是硬件视频会议长期存在的原因。

②通信网络的带宽和价格。高质量视频信号的传输需要一定的带宽，过去宽带网络的低普及率与高使用成本大大限制了视频会议的应用。

③人们的使用习惯。与硬件视频会议系统相比，软件系统需要用户对电脑进行简单的操作，随着计算机与互联网的发展上述因素均已突破，因此纯软件视频会议系统将有广阔的前途，是未来视频会议系统的发展方向。

2. 按照业务的不同来分

（1）公用视频会议系统：公用视频会议系统是由中国电信经营的、预约租用方式使用的会议电视系统，覆盖所有省会及主要地级城市。召开电视会议的单位需要提前预约，电视会议在中国电信的会场进行。对于新成立的小规模公司及偶尔召开电视会议的单位可考虑使用，优点是可减少公司的初期投资、资金压力，不需专人维护；缺点是使用时必须提前预约，不能随时随地进行电视会议。

（2）专用视频会议系统：专用视频会议系统是由独立单位自己组建的会议电视系统，包括组建专用的传输网络，购买专用的会议电视系统设备，主要在大公司、大企业中组建。其优点是使用时不必提前预约，可随时随地进行电视会议；缺点是一次性投资较大，需专人维护。

（3）桌面型视频会议系统：桌面型视频会议系统是智能建筑内部采用的多媒体通信会议电视系统。系统基于计算机通信手段，投资少，见效快，使用方便快捷，可以满足办公自动化数据通信和视频多媒体通信的要求。该系统是在计算机上安装多媒体接口卡、图像卡、多媒体应用软件及输入，输出设备，将文本图像显示在屏幕上，双方有关人员可以在屏幕上共同修改文本图表，辅以传真机、书写电话等通信手段，及时把文件资料传送给对方。桌面型视频会议系统不仅具备一般计算机（网络）通信的功能特点，而且具有动态的彩色视频图像、声音文字、数据资料实时双工双向同步传输及交互式通信的功能。同时，还具有点对点或多点之间的视频会议、实时在线档案传输、同步传送传真文件和传送带有视频图像及声音的电子邮件、远程遥控对方摄像机的画面位置等特点。

3. 按视频会议终端来分

（1）桌面型终端：桌面型终端是强大的桌面型或者膝上型电脑与高质量的摄像机（内置或外置），ISDN 卡或网卡和视频会议软件的精巧组合。它能有效地使在办公桌旁的人或者正在旅行的人加入到你的会议中，与你进行面对面的交流。

主要应用：桌面型视频会议终端通常配给办公室里特殊的个人或者在外出差工作的人。虽然桌面型视频会议终端支持多点会议（例如会议包含 2 个以上会议站点），但是它多数用于点对点会议（例如一人与另外一人的会议）。

（2）机顶盒型终端：机顶盒型终端以简洁著称。在一个单元内包含了所有的硬件和软件，放置于电视机上，安装简便，设备轻巧。开通视频会议只需要一台普通的电视机和一条 ISDN BRI 线或局域网连接。

主要应用：机顶盒型终端通常是各部门之间的共享资源，适用于从跨国公司到小企业等各种规模的机构。

（3）会议室型终端：会议室型终端几乎提供了任何视频会议所需的解决方案，一般集成在一个会议室。会议室型终端通常组合大量的附件，例如音频系统，附加摄像机、文档投影仪，和 PC 协同文件通信。双屏显示、丰富的通信接口、图文流选择使终端成为高档的、综合性的产品。

11.2.3 视频会议子系统需求分析

1. 功能要求

视频会议子系统应具有以下基本的功能及应用：

（1）实时音视频广播：优秀的音视频交互能力。在主控模式下，由主持人选择广播参与会议成员的视频，系统允许同时广播多路语音、视频。

（2）电子白板：系统提供多块白板，与会人员都可通过白板进行绘制矢量图，可以进行文字输入、粘贴图片等。在主控模式，主持可以禁止其他人使用白板。

（3）演讲稿列表区：会议发言人可以事先或在会议进行时，把准备好的演讲稿放在演讲稿列表区，当被主持人列为当前发言人时，可以将该文档同步展示给大家。

（4）网页同步：会议成员可以引导大家登录某一个具体网站，共同分析问题。

（5）座位列表显示区：显示参与会议的人数和各自状态，可用来查看视频和赋予发言权。

（6）屏幕广播：当被主持人指定为当前发言人时，可以把自己的屏幕广播给所有的会议成员。

（7）文字讨论：会议成员可以通过会议系统中的文字聊天系统与全部、部分会议成员或其中某一位成员进行文字聊天、发送信息。另外，系统具有的词典过滤功能可以过滤那些经常出现的不文明词汇。

（8）系统消息：显示会议系统发生的事件，如其他人查看你的视频、系统中的发言、主持人的部分系统操作等。

（9）会议投票：在会议进行中，会议主持人可以就某一问题，提出几个不同观点，通过会议投票系统可以了解人们对各种观点的支持率，领导可借此实现快速判断决策。

（10）发送文件：在会议开始之前或会议进行中，发言人可以把自己的演讲稿发送给与会者。

（11）程序共享：视频会议的辅助功能，主要用来解决协同办公时相互之间的紧密协作问题。该功能是由发言人把自己的操作的程序共享给大家，在主持人的引导下，其他会议成员可以共同操作该程序。

（12）主持助理：在会议过程中，主持人正在演讲，主持助理可以拥有主持人赋予的部分权限。如主控模式下，当有人举手时，主持助理就可以为主持人处理发言请求，主持助理就可以事先与举手的会议成员进行沟通，通过试听功能控制举手人员的发言质量，同时也可以在不影响会议进程下协商发言的内容（主要用于正规的、人数较多的会议中）。

（13）会议录制：在会议进行中，会议录制功能能把整个会议录制下来，供会后编辑、参考、存档。

（14）远程设置：为确保会议顺利进行，主持人通过远程设置，可以把会议成员使用的带宽调整到合适的范围。

（15）系统设置：会议成员可以根据网络环境情况，选择相应的视频压缩格式，从而调整系统所需带宽，保证会议能以最好的效果进行。

（16）用户管理：可以灵活地添加、删除能够使用会议系统的用户，可以灵活地修改已有的用户信息，避免没有权限的其他人员进入会议系统，干扰会议的正常进行。

2. 设计原则

为露天矿建设一套视频会议子系统，应满足矿方与上级单位召开视频会议的需要。该子系统主要由一套视频会议终端、显示系统及一套扩声系统构成，根据业主上级单位统一要求，视频会议终端采用腾博公司视频会议系统。

视频会议地点设在露天煤矿办公楼，数量暂定为 1 个，安装 1 个视频会议终端与公司视频系统及电信公网汇接，信号传输借助光纤通信网络，形成现代化视频网络系统。考虑选用腾博公司的高清视频会议终端，分辨率达到 1920 × 1080dpi，摄像头速率 30 帧/秒，辅之以高清电视、投影机及扩声系统构成一个高清的视频会议系统，功能达到以下要求：

（1）具备高清图像、高清声音，可以逼真地反映现场人物和景物，使与会者有临场感、一体感，以达到视觉与语言信息交流的良好效果。

（2）由本会议系统中传送的图像清晰可辨。

（3）系统稳定可靠，功能丰富，使用灵活，控制简便。

11.2.4　视频会议子系统设计

1. 关键技术

视频会议终端将输入进来的视频使用 H.261、H.263 或 H.264 协议，音频使用 G.711、G.722 或 G.728，数据、控制信令进行单独编码，然后将编码后的数据进行"复用"打包后形成遵循网络协议的数据包，通过网络接口传到 MCU 供选择广播。从 MCU 传来的其他会场的数据包通过"解复用"，分别还原成视频、音频以及数据及控制信令分别在相应的输出设备上回显或执行。

在传输的信息里面，优先级的排列顺序为：音频→视频→控制信令→数据。因为会议是以声音为主，当网络拥塞时，首先要保证声音的连贯和清晰。

视频会议子系统实现过程中用到以下技术：

1）H.323 协议分析

H.323 是基于 TCP/IP 网络的视频会议系统的标准协议，它涉及会议终端、多点控制单元、网关、网守、音视频和数据的传输、网络控制、网络接口等方面的内容。H.323 协议中采用实时传输协议（RTP）和实时传输控制协议（RTCP）进行音视频数据的实时传输和控制。视频编解码采用 H.261、H.263、H.264 等标准。音频编解码采用 G.711、G.722、G.729 等标准。网络层音视频数据的传输都采用用户数据包协议（UDP），并且优先传送音频数据。

H.323 标准支持在一个网络环境中同时召开多个独立会议，用多点控制单元来实现多点控制和管理。H.323 的主要优点有：

（1）可以被应用在通用的网络体系结构中，具有网络独立性。

（2）能够对网络中并发的 H.323 链接数和 H.323 应用可获得的总带宽进行限制，保证了视频会议系统的有效传输。

（3）提供了链接基于电路交换的视频会议手段，支持多播传输技术。

2）音视频编解码技术

音视频编解码技术是视频会议系统的关键技术指标，是影响会议效果的重要因素。目前在国际上有两个负责音视频编码的组织。一个是国际标准化组织下的运动图像专家组（MPEG），另一个是国际电信联合会下的视频编码专家组（VCEG）。VCEG 制定的标准有 H.261、H.262、H.263、H.264 等，其中 H.264 是为新一代交互视频通信制定的标准。MPEG 制定的标准有 MPEG-1、MPEG-2、MPEG-4、MPEG-7、MPEG-21，其中 MPEG-4 是为交互式多媒体通信制定的压缩标准。目前在视频会议系统中用到的视频编码技术主要有 H.261、H.263、H.264、MPEG-2、MPEG-4 等，音频编码技术主要有 G.711、G.722、G.723、G.728、G.729 等。

目前绝大多数软件视频会议系统采用 MPEG-4 标准。MPEG-4 的优势在于基于对象的交互性，然而语音视频对象分割仍未获得理想的解决，基于对象的交互性在视频会议系统中还没有真正实现，因此，MPEG-4 的压缩性能受到了 H.264 的挑战。

H.264 具有区别于现有其他一些标准的特性：

（1）增强的压缩效率：在大多数分辨率的情况下，当编码优化程度和视觉质量相当时，H.264 的码率节省可达 30%~50%。

（2）可靠的视频质量：据测试，在相同码率的情况下 H.264 的视频质量明显优于 MPEG-4 和 H.263，尤其是极低码率时更为明显。

（3）对延时约束的处理更强：用于视频会议系统时，H.264 可工作在低延时模式。

（4）具有差错控制能力。

（5）网络适应性好：H.264 将视频编码层（VCL）和网络适应层（NAL）从概念上区分开来，VCL 专门针对视频内容进行高效压缩，NAL 则针对不同的网络进行信息打包。

H.264 的上述特点，使其适合于视频会议应用。然而，它的性能提升是以编、解码的复杂度提高为代价的。H.264 编码复杂性是 MPEG-4 的 2~3 倍，解码复杂性约为 MPEG-4 的 2 倍。因此，必须针对视频会议的低时延要求对 H.264 进行优化。最常见的优化办法是在压缩比（算法复杂度）和压缩效率（实时性）之间进行折中。首先，可屏蔽 H.264 最耗时的一些特征，如 B 帧，熵编码采用 CAVLC。其次，可对运动估计、多参考帧和自适应分块大小等耗时较多的部分进行算法优化，例如，采用速的运动估计算法，使 PSNR 和压缩比略有下降。目前，已有一些厂商开始提供支持 H.264 Baseline 的产品，如 TANDBERG 和 Polycom 等，但市场还未推广。

3）服务质量（QoS）保证技术

视频会议对实时性要求高，对网络的传输延迟、抖动很敏感，因此必须提供 QoS 保证。由于 IP 网络执行"best effort"的策略，对所有数据一视同仁，而视频会议系统传输的数据的重要性不尽相同，如少量的视频数据丢失可能影响不大，但认证信息丢失会导致整个会议呼叫失败，视频数据包中的序列、宏块头等头信息丢失会造成序列、宏块的解码失败，而一些宏块的内部信息如运动矢量可以通过相邻宏块恢复得到。

要求 QoS 的目的是在现有条件下尽可能获得好的效果，例如保证重要的数据优先得到传输，必要时可丢弃一些相对不重要的数据。QoS 可在不同的层次上实现，由于 IP 网络不提供 QoS 保证，因此视频会议系统的 QoS 需要在应用层上实现。应用层的 QoS 保证，如拥塞控制等，需要与编解码器等其他部件配合才能发挥优点。

目前提高 QoS 已经有了一些比较成熟的方案。资源预留协议（RSVP）工作在 IP 协议上，基本思想是通过对端到端资源的预约来实现端到端的服务质量保证。实时传输协议（RTP）/实时传输控制协议（RTCP）也是 IP 网的实时传输措施之一。RTP 是 UDP 上运行的协议，它对数据进行包封装；RTCP 控制协议与 RTP 数据协议配合使用，它提供对数据传输质量的反馈信息，以便应用信息采取相应策略与处理。RTP/RTCP 虽然不能保证数据传输的完整性，但利用时间戳方法可处理好定时关系，确保传输过程中的数据顺序不被打乱。分类业务服务定义了一种实现 IP 层 QoS 的方法，即在对 IP 层所承载的数据进行分类标识的基础上，针对不同类型的数据给予不同的处理策略，在一定程度上实现了不同级别的 QoS 保证。例如，当网络带宽不够时，在声音优先的原则下视频可以被压缩成一个实时传输的小视窗。为此，利用 RTP/RTCP 报告得到关于网络状况的信息，如丢包率、包抖动、延迟，可根据这些信息动态调整图像带宽。当网络状况不好时，可以通知编码器，降低图像带宽，优先保证声音带宽；当网络状况好转时，通知编码时，恢复图像带宽。

下一代 IPv6 也在解决网络 QoS 问题上作了一些有别于 IPV4 的定义。H.264 提供了一些 QoS 措施，如差错隐藏工具，NAL 可根据不同的网络类型，进行信息打包，从而使分组过程变得更灵活，同时也改善了对信息优先权的控制情况。

4）组播技术

组播技术是一个发送者一次发送数据给多个接收者的技术，与之对应的两个概念是单播（一对一的传输）和广播（一对所有人的传输），其显而易见的好处是组播可减少数据传输量。

在因特网中已经设计了组播方案，并预留了一些 IP 地址作为组播地址。但是由于设备能力、安全等因素，IP 层次上的组播无法在广域网范围内实现。因此，目前比较看好的是应用层组播，本质上是通过多个单播实现"组播"的效果，因同时引入了诸如动态负载均衡等技术，效果会优于简单的多个单播。

5）信息安全技术

与互联网上的其他业务一样，视频会议系统的信息安全性近来受到了越来越多的关注，尤其是当视频会议用于政府部门和企业商业投资决策时。用于视频会议系统的信息安全技术主要有加解扰技术和数字签名技术两大类。

（1）加解扰技术：目的是防止信息被非法盗用，可用于视音频数据的加密。基本原理是在发送端对要发送的数据加扰，同时在授权的接收端（拥有相应的解密密钥）对接收的数据解扰。加解扰技术可以有很多的变化，如使用三方加解扰体系可对不同的用户授权不同的接收频道。可用会话初始协议分发会话密钥，也可用 RTP 会话配置文件保存会话密钥。为了防止明文攻击，每个消息应加入一次性且不可预测的信息。RTP 报头的时标字段提供了这个机制，而加密 RTCP 报头之前应在要加密的报文前添加一个随机数。

（2）数字签名：该类技术的目的是防止有人伪造和篡改信息，同时也可防止有人对做过的事不认账。数字签名可用在视频会议系统登录的身份认证、数据交互时的数据真实性验证、电子文档会签等场合。

6）跨越防火墙

防火墙可以限定进出网络的数据包类型和流量（这种限定可以基于源 IP 地址、目的 IP 地址或端口号等包过滤规则），而基于 IP 的语音和视频通信的 H.323 协议，要求终端之间使用 IP 地址和数据端口来建立数据通信通道。因此，存在一个两难境地，即为了建立数据连接终端，必须随时侦听外来的呼叫，而防火墙却通常被配置成阻止任何不请自到的数据包。

7）分布式处理技术

视频会议实现点对点、一点对多点、多点之间的实时同步交互通信。视频会议系统要求不同媒体、不同位置的终端的收发同步协调，多点控制单元（MCU）有效地统一控制，使与会终端数据共享，有效协调各种媒体的同步传输，使系统更具有人性化的信息交流和处理方式。通信、合作、协调正是分布式处理的要求，也是交互式多媒体协同工作系统（CSCW）的基本内涵。因此从这个意义上说，视频会议系统是 CSCW 主要的群件系统之一。

2. 系统组成

一般的视频会议子系统包括多点处理单元（MCU）多点控制器（如视频会议服务器）、会议室终端、PC 桌面型终端、电话接入网关、网闸等几部分。各种不同的终端都连入 MCU 进行集中交换，组成一个视频会议网络。

1）多点处理单元（MCU）

MCU 是视频会议系统的核心部分，为用户提供群组会议、多组会议的连接服务。目前主流厂商的 MCU 一般可以提供单机多达 100 个用户以上的接入服务，并且可以进行级联，可以基本满足用户的使用要求。MCU 的使用和管理不应该太复杂，要使客户方技术部甚至行政部的一般员工能够操作。目前主流的 MCU 操作界面非常人性化，全中文，使用非常方便，符合我国政府会议和企业的需要。

多点处理单元（MCU）是由多点控制器（MC）和多点处理器（MP）组成的。

（1）多点控制器（MC）：提供支持多点会议的控制功能。在多点会议中，MC 与每一会议终端进行能力交换，最终确定会议中的公共能力。MC 还为会议选定通信模式，使会议中各个终端工作在选定的通信模式上。

（2）多点处理器（MP）：可以处理视频、音频和数据码流。MP 对视频码流的处理有视频切换和视频复合两种方式。MP 对音频的处理主要是混合，它可以将 M 个通道的输入经过处理后得到 N 个通道的输出。在数据处理方面，MP 主要处理的对象是 T.120 数据（目前只在软件中有使用，硬件视频会议主要采用双流协议实现数据交互）。

2）大中小型会议室终端

大中小型会议室终端是提供给用户的会议室使用的，视频会议终端设备有的自带摄像头和遥控键盘，有的不带摄像头，增加了用户选择的余地，使得配置更加灵活，视频会议终端可以通过电视机或者投影仪显示，用户可以根据会场的大小选择不同的设备和数量。

3）桌面型（PC）终端

直接在 PC 上举行视频会议，一般配置费用比较低的 PC 摄像头，常规情况下只能一两个人使用。

4）电话接入网关（PSTN Gateway）

在基于 IP 网的视频会议系统中，网关是跨接在两个不同网络之间的设备，把位于两个不同网络上的会议终端连接起来组成一组会议。网关有三大主要功能：通信格式的转换；视频、音频和数据信息编码格式之间的互译，以完成表示层之间的相互通信；通信协议和通信规程的互译，以完成应用层的通信。

用户直接通过电话或手机在移动的情况下加入视频会议，这点对国内许多领导和出差多的人尤其重要，可以说今后将成为视频会议不可或缺的功能。

5）网闸（Gatekeeper）

与电路交换网络上的会议系统不同，基于 IP 网的视频会议系统，面向的是分组交换的质量不能保证的 IP 网，从而导致了网闸这一特殊角色的出现。网闸是一个可选的角色，但基于 IP 网的实际视频会议系统，如果没有网闸，则难以很好地工作。

网闸有以下三个主要功能：

（1）用户别名和运输层地址的翻译。在实际应用中，用户很难记住对方会议终端的网络地址（运输层地址），而比较容易记住用户的别名。在此情况下，网闸的作用就十分明显了。

（2）用户进入会场许可的管理和控制。网闸对每一个要进入会场的用户进行检查和论证，以确定用户的合法性。

（3）网络带宽的管理和控制。通过对带宽的控制能根据网络实际情况来控制用户数或者用户的使用带宽，以此保证会议有一个基本的质量。

RAS 信道，就是为了网闸工作而在 H.323 中专门设计的一个信道。

此外，视频会议子系统一般还具有录播功能。能够进行会议的即时发布并且会议内容能够即时记录下来。基于现时流行的会议信息资料的要求，本系统能够支持演讲者电脑中电子资料 PPT 文档、FLASH、IE 浏览器及 DVD 等视频内容，也包括音频的内容等、会议中领导嘉宾视频画面、会场参与者视频画面的同步录制。

根据某露天矿要求，本方案选用挪威腾博公司的 C60 编码器及 1080P 高清摄像头作为会议设备，并配置 SONY 大屏幕液晶电视及 BENQ 投影机作为显示单元，并配备一套本地扩声系统，视频会议子系统如图 11-5 所示。视频会议系统由 1 台 C60 编码器、1080P 高清摄像头、1 台 SONY KLV-55EX500SONY 55 英寸液晶电视机、1 台明基 MP777 投影机、1 台雅马哈 MG166C 调音台、1 台 QSC ISA280 功放、1 对 JBL CM62 音响及一套 DVON U9500 无线会议话筒构成。

其中，1080P 摄像头、计算机采集会议现场视频信号及计算机信号，DVON U9500 无线会议话筒采集现场音频信号，通过 C60 编码器传至远端会场。远端会场的视频信号通过 C60 解码后在 SONY 电视机（MP777）上显示，而同时远端音频信号通过 MG166C 调音台经 QSC ISA280 功放放大后经由 CM62 音响再现。

3. 系统特点

（1）高清视频会议：视频会议终端支持业界领先的高清 1080P 视频会议效果。

（2）稳定的系统：高清视频会议终端支持 7×24 小时工作。

（3）丰富的会议召开模式：系统支持多种会议召开模式；实现用户的业务会议和调度会议；各会议室召开点对点和全系统高清多点会议；所有会议都可实现单屏、多分屏；高清多分屏会议中，任意会场切换至全屏显示，分辨率保持高清分辨率不变；可通过管理员切换改变分屏模式，也可通过终端遥控器自有选择所需观看的分屏/单屏画面，任意终端观看图像模式互不干扰。

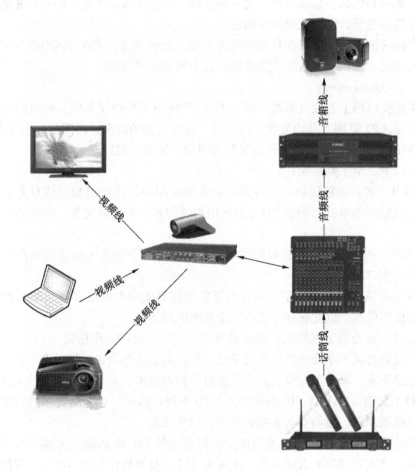

图 11-5　视频会议子系统

　　(4) 双流数据协作会议：推荐的视频终端通过 H. 239 双流技术，实现数据会议功能，它是把计算机的显示输出口直接接在视频会议终端上来实现双视频流。

　　(5) 安全加密会议：考虑到实际的安全需要，选用 AES (Advanced Encryption Standard) 加密算法。

　　(6) 双显仿真的应用：在一个显示设备的两个不同视窗中同时显示远端会场图像和本地会场图像，非常适合在只有一个显示设备的会场中使用。

　　(7) 极高的兼容性、标准性：支持 ITU-T、IETF 相关标准；视频必须支持 ITU-T H. 261、H. 263、H. 263+、H. 263++、H. 264；音频至少支持 G. 711、G. 722、G. 722. 1、G. 728，必须支持宽频音频协议，例如 MPEH4 AAC-LD 等；系统必须支持 IETF SIP 标准，并且可同时使用 H. 323 和 SIP 标准。

　　(8) 灵活的设备部署：高清终端可随时召开全系统高清会议，总部、分支机构可随时召开高清分组会议。

　　(9) 打造好的会议效果：专为可扩展的宽带音频解决方案设计的 MPEH4 AAC-LD

算法。360°全向 MIC 的厂家，由多个小 MIC 的集合阵列，360°的采集范围是由这个小 MIC 阵列实现的。支持最新的 H.264 视频压缩技术，能在现有的连接速率下显著提升视频质量。

（10）灵活、方便的使用和管理：提供中文菜单、中文 Web 界面、中文遥控器。终端背板的接口都标有彩色标记，线缆的连接非常方便，对设备的主要操作都利用红外遥控器，因此整个设备的使用就如同使用 DVD 机一样方便。MCU 通过 Web 可以实现远程诊断、配置、管理。

（11）系统的安全性：终端菜单、终端 Web 界面、MCU Web 界面都支持密码保护功能，防止非法用户使用。

（12）系统的高可用性、扩展性：TANDBERG 提供的解决方案，提供了高可用性，主要体现在终端支持 7×24 小时连续工作。终端均严格遵循 ITU – T 标准，具有最大的兼容性。终端均基于全硬件平台，非 PC 架构，保证了系统的稳定、安全性。强大、集中式的网管平台，提供细致入微的管理、监测、诊断、配置功能。

（13）网络 QoS 策略：具备独特的 IPLR 技术，即数据包丢失重传。IPLR 技术即使在 6% 的网络丢包率的情况下也可以维持一定的视频质量，与会人员感觉不到视频、音频效果的变化。不支持 IPLR 技术的产品如果在视频数据包一点丢失的情况下图像质量和声音质量都会明显的下降。

（14）面向未来的先进系统：支持新的协议标准——会话发起协议（SIP，Session Initiation Protocol）。SIP 是由 IETF 提出的讯令协议。TANDBERG 产品支持 IPv4、IPv6 双协议栈，网络平滑过渡。TANDBERG 产品支持 ITU – T H.460.18/19 穿越防火墙标准，提供最佳的安全解决方案。TANDBERG 产品支持 SIP 协议，配合 Microsoft、Avaya、Cisco 等厂商实现无缝的统一通信（UC）解决方案。

（15）系统扩容和升级：子系统建设完成后，随着形式的发展将不可避免地会遇到系统的扩展问题，视频会议系统必然要进一步扩展。那么，在系统的建设初期就应该考虑到这一问题，在系统中预留一定的资源，以便在系统扩展时，能充分保护用户的投资，并能快速灵活地完成扩展。鉴于此，我们在方案中做了多方面准备。

4. 技术指标

1）供货清单

某露天矿视频会议系统的供货清单见表 11 – 1。

表 11 – 1　视频会议系统供货清单

序号	设　备	规　格　参　数	单位	数量
1	视频会议终端	编码器 C60，1080P 高清摄像头， 2 条 HDMI 线缆和桌面麦克风，双流功能 分体式终端，1080P 高清许可	套	1
2	投影仪明基	MP777	台	1
3	120 寸电动幕布	120 寸，电动	套	1
4	调音台	YAMAHA MG166C	套	1

表 11 - 1（续）

序号	设　备	规　格　参　数	单位	数量
5	功率放大器	QSC ISA280	套	1
6	音箱	JBL CM - 62	只	2
7	无线话筒	DVON U - 9500	套	2
8	液晶电视机	SONY KLV - 55EX500	台	1

2）技术指标

（1）带宽：H. 323/SIP 速率高达 6 Mbps（点对点）。

（2）防火墙穿越：TANDBERG Expressway 技术；H. 460. 18、H. 460. 19 防火墙穿越。

（3）视频标准：H. 261、H. 263、H. 263 + 、H. 263 + + 、H. 264。

（4）视频特性：16：9 宽屏制式；先进的屏幕布局；智能视频管理；本地自动布局。

（5）视频输入接口：5 个。

（6）视频输出接口：3 个。

（7）音频标准：G. 711、G. 722、G. 722. 1、64 bit 和 128 bit MPEG4 AAC - LD、AAC - LD立体声。

（8）音频特性：20 kHz CD 音质级别的单声道和立体声，4 个独立的回声消除器，4 端口混音器，自动增益控制（AGC），自动降噪。

（9）音频输出接口：3 个。

（10）双视频流：H. 323：H. 239 双视频流；SIP：BFCP 双视频流，主视频流和双视频流可同步达到 1080p30 的分辨率。

（11）协议：H. 323，SIP。

（12）嵌入式加密：H. 323/SIP 点对点；标准：H. 235 和 AES，密钥自动生成和交换；支持双视频流。

（13）IP 网络特性：DNS 服务配置查找；服务质量保证（QoS）；IP 自适应带宽管理（含流量控制）；自动网闸发现；动态播放和唇音同步缓冲；基于 H. 323 的 H. 245 DTMF 拨号音；NTP 日期和时间支持；丢包自动降速；URI 拨号；TCP/IP；DHCP。

（14）安全特性：通过 HTTPS 和 SSH 进行管理；IP 管理密码；菜单管理密码；禁用 IP 服务；网络设置保护。

（15）网络接口：1 个局域网/以太网（RJ - 45）10/100/1000 Mbit 接口。

（16）其他接口：USB 主机端口（备用）；USB 设备端口（备用）；GPIO。

（17）系统管理：支持腾博管理套件；通过内置的 SNMP、Telnet、SSH、XML、Soap 执行所有管理任务；软件远程上传：通过 Web 服务器、SCP、HTTP、HTTPS；1 个 RS - 232 端口，用于本地控制和诊断；远程控制和屏幕菜单系统。

（18）目录服务：支持本地号码簿（我的联系人）；企业号码簿；使用服务器目录支持功能，可以无限制输入；LDAP 和 H. 350；企业号码簿可无限制输入（通过 TMS）；本地号码簿可输入 200 号码；已接来电；已拨电话；注明日期和时间的未接来电。

（19）工作温度和湿度：温度为 0 ~ 35 ℃，湿度为 10% ~ 90% 。

5. 视频会议技术的应用及发展趋势

随着视频编解码、多媒体通信技术的进步，以及网络带宽的进一步提高，视频会议系统将得到更快的发展。可以预见，未来视频会议系统的发展随着时延问题被 IETF 技术和标准（如组播技术、带宽预留协议和实时控制协议）逐步解决，基于 IP 的视频会议方案把终端互操作性和高传输性能结合了起来。就标准而言，资源预留协议（RSVP）有助于避免网络拥塞，保证了视频会议的传输质量；实时传送协议（RTP）虽然不能保证数据传输的完整性，但能利用时间戳方法处理好定时关系，使传输过程中的数据顺序不被打乱。视频通信将会变得更容易，费用会更低，传统的会议模式已经远远不能适应网络时代的需求。而视频会议系统作为支持人们远距离进行实时信息交流、开展协同工作的应用系统，使协作成员可以远距离进行直观、真实的视/音频交流。具有以下几大趋势：

1) H. 323 系统得到进一步的发展

随着通信网络运营商宽带业务的拓展以及在保证网络服务质量情况下对核心宽带骨干网技术的应用，网络传输能力将得到更进一步提高，从而使得基于 H. 323 协议的视讯会议系统得到进一步的发展。

2) 呼唤一种标准，解决纯软件视频会议的互通问题

H. 323 是一个复杂而庞大的多媒体通信协议族，而纯软件视频会议系统通常采用自主研发的某种协议，两者完全不同。纯软件视频会议系统可遵守、也可不遵守 H. 323，这要看选择的视频软件编译时采用何种协议，遗憾的是这使得此类系统很难与其他系统兼容，只能作纵向的升级。SIP（会话初始协议）是 IETF 提出的在基于 IP 网络中实现实时通信的一种信令协议，与 H. 323 在技术实现上有很大不同，但在商用方面 H. 323 更成熟一些。目前还没有成熟的基于 SIP 的视频会议系统。

3) 开发丰富的会议辅助功能

大多数跨国集团和分支机构与较多的企业在使用视频会议系统时，除了会议功能外，使用最为频繁的将是虚拟合作，如远程的项目管理、客户服务、技术培训等，这些应用在知识型企业尤为明显。开发丰富的会议辅助功能，如资料分发、投票机制、录制播放、白板交互、软件传真和文字交互等，是"纯视频"视频会议系统面临激烈竞争的需要。

4) 浸入式的 3D 虚拟视频会议是未来几年研发的重点之一

现有的视频会议系统可实时传输一路甚至多路视、音频信息，但仍然存在着交互深度不够、缺乏空间感和真实感等问题。在实际会议中，与会者之间存在着深层次的交互行为，如形体语言、眼神接触等对于人与人之间的信息交流具有重要的意义。

浸入式的 3D 虚拟视频会议是指利用虚拟现实技术对各个与会终端处的局部会场进行空间上的扩展，将分布在不同地点的局部会场合成一个所有与会终端都能够感知与交互的虚拟会议空间。例如，来自三个不同地方的与会者仿佛在同一个会议室中召开会议。它只需要传输感兴趣的视频对象，而不是各分会场的视频场景，可以有效地减少视频会议对带宽的要求。但是，它需要解决两个基本问题：

(1) 前景和背景的分割，以得到感兴趣的视频对象。语义视频对象分割是计算机视觉的一个经典难题，目前还没有一个适合所有场景的通用算法。

(2) 3D 建模，以便把来自不同分会场的视频场景尽可能逼真地显示出来。它的解决依赖于对人眼视觉系统的进一步认识，需要人工智能、模式识别等多学科的知识。

5）编解码方式由硬件向软件转化

由于计算机处理速度和附属板卡的处理速度提高，许多需要专用设备进行的数据处理过程可以交由计算机及其内置的通用板卡来完成，可根据需要随时下载的便解码器未来将更方便用户的使用。并且需要更高压缩率的视频编解码技术。

6）降低用户享受多媒体业务的门槛

网络建设的目的是公众化、商用化、融合化、多功能化，而不是专网专用。专网是视频会议在前几年主要的市场，在公用电信网和互联网上虽然也都有了一定的推进，但进步远低于预期。在没有特殊事件影响的情况下，视频会议业务的市场将会受到其他多媒体业务的影响，和整个产业整体共同互动发展。由于网络条件、技术水平、生产工艺等因素的变化，视讯会议系统正从高价位专用市场逐步向低价位普通用户市场转移。从市场发展规律、视讯技术现状以及网络技术等多方面情况分析，推行视讯通信业务的公众化运营，使其尽快商用化，将是视讯通信业务发展的趋势。

7）系统功能多元化具有图文同传功能

除视音频外，可以方便地传送和显示电脑文档用于培训、汇报、交流；视频会议与电话系统浑然一体。

8）系统组网多样化

有网络就能开会，通过专线、ISDN、IP（ADSL、LAN 接入）、电话等现有网络接入各种多媒体终端。还有网络在服务质量和安全方面也要有所改进，今天功能固定的、不灵活的视频会议产品需要加以替换，或者采取昂贵的硬件升级去兼容，或者在将来利用这些变化和改良。

12　露天矿应用管理软件

露天矿智能信息平台还包括许多应用管理软件，随着技术进步，种类也越来越多，比如企业档案管理系统、企业资产管理系统、主要设备点检系统、办公自动化系统、财务管理信息系统、销售管理信息系统、库房管理系统、电子商务平台、企业门户系统等。本章主要讲述办公自动化系统和煤炭运销管理系统。

12.1　办公自动化系统

12.1.1　办公自动化系统概述

随着信息技术和互联网应用的普及以及知识经济时代的到来，信息的作用日益重要。对信息的掌握程度、信息在内部流转是否通顺、信息获取是否及时、信息能否得到充分的利用、对信息的反应是否敏感准确，已越来越成为衡量一个企业效率的重要因素。

传统的管理模式和管理手段已难以适应时代发展的要求，而信息化建设正是提高现代化管理水平、改革落后的管理手段的必由之路。由计算机辅助的协同工作系统，正是适应了时代发展形势的要求。协同工作系统的实施将大大提高用户的科学管理水平，极大地提高工作效率，优化信息管理方式，加快信息处理速度，增强管理执行力。

Web 2.0 概念的兴起，是以"虚拟、单向"为特征的第一代互联网应用，逐步走向以"诚信真实、协同互动"为特征的第二代互联网应用，办公自动化软件正因为符合 Web 2.0 的要求，才成为基于互联网的管理信息化首选软件。

12.1.2　办公自动化需求分析

办公自动化系统建设内容：

（1）办公自动化平台建设：办公自动化软件是一个统一解决用户的信息及办公自动化工作的基于 J2EE 架构的 B/S 应用软件，为用户实现数字化办公提供的完整应用平台。

通过信息推送和门户的模式提供个人办公的电子助理；整合办公所需要的各类信息的采集和发布途径；提供协作办理文件的流转、记录和处理平台；提供丰富的辅助工具通过定制的方式实现个性化需求，无需程序开发。

（2）办公自动化系统建设：在办公自动化软件平台基础上，根据办公自动化办公系统的建设目标和要求，提供成熟的办公自动化办公模块来满足某露天矿的办公自动化系统的具体需求。

主要模块包括：办公平台、公文管理、邮件管理、档案管理、会议管理、资源管理、知识管理及系统管理等模块。

同时，依据露天矿的要求，可以在办公自动化软件动态表单与流程引擎基础上，定制适用的应用模型，当然也可以参考和直接启用办公自动化软件已经提供的模型。

（3）系统整合建设：办公自动化软件系统采用 J2EE 架构，具备 J2EE 所具有的全部扩展性系统提供 EAI 功能，可以和任何异构系统作数据级的整合；提供自主设计的 Web 化即时通信系统，同时可以集成腾讯 RTX；系统本身是一个开放性的平台，可以自由编写客户端程序代码，自由设定流程节点逻辑规则，提供流程的前驱后继应用。

（4）统一数据标准建设：系统制定统一的综合办公数据标准、用户管理规则、权限机制。可以与其他软件，甚至非软件产品实现数据统一（需要其他系统的技术支持）。

1. 功能要求

某露天矿协同办公自动化系统基于露天矿专网建设，计划构建一个统一、开放、安全、高效的内部工作网络平台，并通过数据交换平台与现有的其他信息化系统互联互通，避免各级部门的重复建设和信息"孤岛"的出现，实现网上办公、协同工作、远程管理和移动接入，进一步规范公文、会议、管理事务的工作行为，提高工作效率，降低管理成本，推动各级部门的规范、有序、高效运转，为露天矿的发展奠定坚实的基础。

根据需求调研，某露天矿的工作业务主要可以分为以下 3 个方面：内网核心业务、内网辅助业务、内网交流社区。

1）内网核心业务的需求

内网核心业务主要有工作组管理（需要用多角色体现）、工作报告、会议管理、档案管理、业务审批、事务工作流程、公文管理。

（1）公文管理系统：需要模拟现行的公文管理流程，设计处理各类公文的工作流平台，实现文件的起草、修改、审核、签发、催办、删除、分发、归档为一体的标准化公文办理，采用完善的密钥管理机制，实行严格的权限控制，在安全保密的前提下，逐步实现公文处理的无纸化，公文管理系统包括所有的以文件或公文为核心的办公过程和文件管理的实现，其核心部分是保证整个工作流程的动态收、发文系统。

（2）知识及档案管理：针对日常工作中产生的大量知识性文档进行管理。

（3）会议管理：主要用于起草会议通知、审批会议安排、发送会议通知、统计会议出席情况、记录会议纪要。能实现会议信息、会议纪要、会议资源的统一安排和管理。实现会议起草、会议审批、会议安排、会议通知、会议纪要、纪要审批、会议传达、拟归档、会议通知回复、会议档案查阅（结合档案管理）等会议的全周期管理。

（4）其他方面：如虚拟工作组管理，能够以多角色以表现形式，在某人员隶属于组织的前提下，将同一人员分属于不同的角色和虚拟工作组织中，并且进行管理授权。

2）内网辅助业务的需求

内网辅助业务包括印鉴管理、电子期刊、内部文库、办公用品管理、资源管理、个人日志、工作安排等。

（1）印鉴管理：系统要求支持痕迹保留功能，提供批注功能，严格记录保留公文修改痕迹，同时系统提供电子签名和电子盖章，领导的批示意见或签阅需要电子签名和电子盖章。

（2）电子期刊、大事记、内部文库：以知识管理功能为基础，存储整个行业系统发生的重大事件或者以电子手段来管理本行业的固定的期刊文献和重大事件的记录，便于收集和整理，并提供快速检索查询大事记的手段。

电子期刊：对用户内部特定的期刊进行起草、修改、发布的管理。

内部文库：对文档的集中管理和具有部分人员可共享的功能，可以上传和下载文件。

（3）工作安排和个人日志：通过待办事宜桌面为统一显示窗口，提供与操作者本人相关的待办事宜。

提供工作日程安排、以便制订个人的工作计划。提醒用户待阅公文、会议文件，代办事务等。图形化按日、按周、按月分期显示个人工作计划和系统待办事宜情况。

可以查看、编辑自己每天的工作计划，同时领导可根据权限查看下属的工作日程安排，可以按日、按周、按月查看日程安排，同时可以根据权限查询相应部门和人员的日程。

个人日志，用户可以用来记录工作完成情况，并且可以授权给某些人查看。

3）内网交流社区的需求

内网交流社区包括：手机短信、邮件及通信、公共信息、知识管理、意见反馈、电子论坛和通知公告。

（1）邮件管理：电子邮件及通信系统，可制作、发送、接收、阅读、回复、查询、保存电子邮件。可以和使用其他电子邮件系统的用户进行电子通信。

允许用户接收 POP3 和 SMTP 邮件和 IMAP 邮件，并且可以设置多账号。

（2）公共信息：公共信息主要是收集和存放有关政治、经济、文化、教育等方面的信息内容，并进行发布，以便使工作人员了解各地区的各种信息，同时提供工作计划、目标和规划等综合信息的查询，提高综合信息处理效率。

（3）即时消息：办公管理系统上的即时消息传递，通过人员列表可以任意选择交谈的用户，并且可进行群发消息的操作。

（4）BBS 等工作交流：提供用户展开互相讨论的场所，并且允许用户进行发帖、回帖的操作，同时可以允许用户匿名发送信息。

（5）通知公告：在页面的醒目位置完成通知公告的发布、查询。公文通知提供同步手机短信服务功能，在发布会、通知的同时，可以将通知以短信的形式发送给相关人员。

4）软件质量需求

（1）实用性与灵活性相结合，规范业务流程、展现自身特色，灵活性好、集成度高，符合开放性标准、又安全保密。

（2）收文、发文、传阅等文档，既能够支持全文批注和痕迹保留，以及电子印章等，又可以支持版本保留。

（3）要求所提供的软件是通用化的软件产品，并且通过国家软件著作权保护和软件产品登记，以确保软件的品质经过权威机构检测和认可。

5）安全性需求

（1）系统在授权管理方面应采用分类授权、权限校验、存取控制等技术保证网络的安全和实际使用中的安全。在文件流转、批办过程中，每一个过程的修改、批注、签名等能够完整、真实地保存下来，在文件正式形成之后，能够与正文一起归档。

（2）使用姓名、部门、角色来配置权限，任何人访问信息都需要用户 ID 和口令，可以使用特殊密钥技术对权限的访问范围进一步细化。

（3）采用数据加密与数字签名的技术，保证数据的保密性、完整性和有效性。并且签名认证要求内嵌，对于重要的签报、报销、审核等动作都需要有签名认证，而不是简单地在登录系统时进行认证。

（4）提供一定的容错能力与容灾能力，保证数据安全和系统的可靠性。

（5）系统应具有坚固性和稳定性，良好的、多层次的安全性，采用多种手段保证数据存储和数据访问的安全可靠，能够保证全年不间断地运转。

因系统本身具有开放性、分布性、流动性的特性，所以自身安全性和保密性十分重要，通过对系统进行分层次的保护、数据存取的控制保护、信息传输加密等手段，来防止各种形式的非法入侵和机密信息的泄露。

2. 设计原则

经过认真调研与分析，露天矿的协同办公自动化系统建设，应遵循以下原则，才能满足应用现状和未来发展的要求。

1）应用灵活性原则

（1）系统设计要求综合先进性与实用性、开放性与兼容性、安全性与灵活性等原则，以管理信息为主体，面向用户日常业务，辅助领导决策业务管理、信息服务。

（2）充分发挥内部网络的优势，实现信息共享和协同工作，推进无纸化办公进程，建成高质量、高效率的信息系统，为增强领导工作的执行力提供服务。

（3）系统应操作简单、使用方便，使工作人员能够从手工操作平滑过渡到使用电脑操作协同办公系统。

（4）在保证系统先进合理的前提下，实现与现有的应用软件耦合；要求系统具有较好的灵活性和适应性，可根据不同的业务内容、不同的组织结构和运作方式，经简单配置后即能适用。

2）实用易管原则

（1）系统应具有很高的实用性，能够充分考虑实际情况，满足功能和性能上的各种需求。

（2）系统应易学易用，应具有可维护性和高适应性，减少技术支持的工作量，能够方便进行系统管理工作，降低总成本。

（3）初始安装自动化和集中友好的管理员界面，系统的应用与管理应非常容易，普通操作界面和管理界面应该全部基于 Web，并且应完全整合（服务器的控制除外）。

（4）对于应用者而言，能够使用一个简单的用户界面，方便地查询和阅读来自不同地方、不同系统的各种各样的数据和信息，系统应对 IE 浏览器有良好的适用性，能够比较实时地产生各种报表和图表，以及经过深度加工的数据，供领导查询和决策使用，并且通过 IE 浏览器展现。

（5）系统的组织结构树应该支持不规则的多个层级，工作人员都可以直接隶属于具体的子部门，也可以挂在非底层部门，即部门下可以直接挂人员，也可以挂下级部门，以符合组织管理多样性要求。

（6）支持子部门的分级管理，部门管理员在系统管理员授权下，自主管理本部门操作人员的相关信息。

（7）以"设置虚拟人员，系统进行工作委托"的方式，解决同一人员在不同部门任职的情况。支持同一人员可以有"多角色"，以满足事务管理多样性要求。

（8）若露天矿的业务工作范围广、协同相关应用多，其业务体现主要在表单与工作流程的结合上，这就要求系统具有灵活实用的动态表单功能和强大的流程引擎技术，以满足审批和流转类的业务需要。而且在流程定制功能方面要求方便自由，使用户无需编程就可自定义出所需的各种工作流程，并可对流转过程进行实时监控与跟踪。同时有些部门的业务还包括项目管理、财务管理、客户管理等相应业务，这就要求系统既能满足前面所提到的业务流程管理，还可以满足相关的业务扩展需要。

（9）系统必须提供大量的自定义参数项，对公文、邮件、新闻、工作交流等内容可以定制多种内容模板，以适应各种类型的组织现在和将来对协同办公的需求。

3）可靠性原则

系统要求采用先进、开放的 J2EE 软件体系架构，数据库采用应用范围较广的 SQL Server，客户端采用使用频率最高的 IE 浏览器。

4）技术先进性原则

面向服务架构 SOA，软件部件的服务功能可重复被调用，应用服务与业务展现无关。表单应用与流程引擎两个办公自动化软件最为主要的部件，应该成熟、强大，易于维护。

5）开放性原则

系统应具有先进性和开放性，采用符合国际先进水平和工业标准的产品和系统平台，以保证获得较好的性能价格比。

（1）系统应具有开放性，提供应用集成功能，能够与 Internet、电子数据交换等系统进行连接，以保证能在协同工作系统里查看和调用其他系统的数据。

（2）模块化的体系结构，标准化接口，设计开放，全面支持柔性应用建模与系统集成。

（3）支持短信息功能，可以与手机或其他通信设备连接。

（4）支持与 RTX 集成。

6）可维护性原则

由于所有应用服务架构于中间层之上，可任意选择适用的中间件。系统能够自动在线升级，可以基于 Web 化管理整个系统，提供对运行状态的监控与分析数据。

7）可扩展性原则

（1）系统应具有可扩展性，能够随着业务的扩展而方便地进行扩展，可以满足新的业务需要。

（2）可以集成相关的应用软件，并且可以用数据库方式实现数据共享，保证系统使用的统一性。

8）自主技术

除数据库、Web 服务器等必需的第三方软件环境支撑外，整个协同平台需要基于自主技术，而不是基于第三方协同平台之上。软件开发团队应在中国境内，以保障软件更符合中国用户的应用习惯，以及加快软件的升级换代，降低总体应用成本。

12.1.3　办公自动化系统设计

为用户建设协同办公自动化系统，以露天矿现有办公网络为基础，构建高度开放的、可扩展的、技术先进的协同办公平台；在基于统一的平台上搭建成熟的、通用的办公系统，实现露天矿综合办公自动化，重点实现露天矿信息资源整合及其建设协同办公；在内部实现网络互连，形成一个畅通的信息流通环境；实现信息资源共享、传输网络化、交换电子化和管理科学化，为管理提供支持。主要包括以下几个方面：

（1）建设定位：以露天矿的综合办公信息应用为系统主体部分，同时为具有关联业务的各级部门提供信息上报和共享信息服务。

（2）业务应用：网络的业务应用应达到在统一的网络平台上，办公的各项标准化工作都可以在网上进行，包括公文收文登记、公文流转办理、公文发文、文电传输、信息服务、信息数据库、电子邮件、辅助决策、办公服务等。

（3）安全保密：采用现代密码技术和严格的管理措施，多层次、多角度地进行体系化安全保护，包括实体安全、网络安全、系统安全、信息安全、病毒防护、电磁防护等。安全措施要与技术的发展相适应，网络要防止外界非法攻击，内部数据要得到保护，确保网络秘密信息的万无一失。

（4）技术要求：采用先进成熟的技术构成全网基本框架和工作平台，综合利用信息资源，开发必要的应用软件，达到自动化程度高、传输速度快、操作方便灵活、技术先进的要求。

1. 技术路线

根据对办公自动化系统的要求，为露天矿建立起高效、协同、无纸化的办公网络环境。严格遵循安全性、易用性、扩充性、可维护性、可兼容性的原则；采用关系数据库为后台数据库，整个系统采用集中式的浏览器/服务器体系结构。

综合运用软件安全方面的优势，构建一个安全的办公平台。通过网络，系统提供了一个信息交互和共享环境，便于信息顺畅流转、快速发布。通过对各种信息的收集、整理和维护，构筑了用户中心资料库，为用户服务。

办公系统采用主流技术并符合未来技术发展趋势的系统架构和公共组件。能够支持跨平台、分布式环境运行。

为露天矿所设计的应用软件采用服务器/浏览器方式，使用四层应用体系结构，目的是为了开发和维护，这与目前计算机技术和互联网的发展是一致的。所谓四层应用体系结构，第一层为用户层，其主要的工具是 IE 浏览器。第二层是服务器表现层，协同办公系统 Web 层组件可以是 JSP、HTML 页面或 Servlets。正如客户层那样，Web 层可能包含某些 JavaBean 对象来处理用户输入，并把输入发送给运行在业务层上的 enterprise bean 来进行处理。第三层为业务逻辑或者应用服务层，主要是根据露天矿的业务处理逻辑，设计分布式部件对象模型，一种基于标准的远程过程调用，可以使在不同机器上运行的支持 ActiveX 的应用程序进行无缝互操作，它是基于开放式软件基础的分布式计算环境的远程过程调用，这就使用户可以更快、更容易地访问重要的业务信息。第四层为数据层，数据层处理信息系统软件包括基础建设系统例如资源计划和其他业务处理软件的数据，以及办公自动化软件的数据库系统。

露天矿现有的需求既包括管理方面的办公需求，也包括业务需求，如公告、交流方面的需求。主要体现在对系统接口的需求，具体体现在与字表编辑软件的整合，与其他软件整合。网站管理接口、短信平台管理接口以及其他系统整合分析。

2. 系统组成

1）基于 SOA 架构的办公自动化软件

在办公自动化软件的开发过程中采用了 SOA（Service‑Oriented Architecture，面向服务架构）架构，基于 SOA 的办公自动化软件在应用上有两个特点，"所见即所得"和"即插即用"。

"所见即所得"是将所有的管理事务抽象成两个关键的要素，管理表单和流程。采用 SOA 技术的办公自动化软件，可以像 Excel 一样，快速地定制任意管理表单。与 Excel 不同的是，除了表单定制外，SOA 办公自动化软件还能给这些表单定义流程，规定流程触发的条件、流转的方向、处理的时限等。

"即插即用"是一种与其他软件自动接口的技术。SOA 办公自动化软件通过 EAI 功能，与 HR、CRM、ERP 等专业应用软件接口，在统一的协同平台上查看人事、客户、资源等相关数据，免去重复登录各个应用软件的麻烦。同时还可以与酒店、餐饮、外贸、金融等行业性软件建立数据通道，与这些软件建立起协同互动的应用关联（需要对方软件支持）。

2）办公自动化软件的四层应用架构

软件采用目前最为先进的 Brower‑Server 架构，整个系统可以分为四个层次，可以最大限度地满足各方面使用者的需求。4 个层次如下：

（1）Presentation Tier（表示层）：Web Browser。

（2）Web Server Tier（Web 服务器层）：处理客户端（Browser）的请求，它调用位于 Application Server 上的业务逻辑完成对信息的查询和修改，并生成结果 HTML 页面返回给用户。

（3）Application Server Tier（应用服务器层）：完成系统应用逻辑。

（4）Data Tier（数据层）：信息系统。

四层架构是三层架构在 Internet 上的实现，它将应用逻辑从数据源的管理（数据库）和客户端中分离出来，它的好处主要是：

客户端程序仅用于收集用户信息和数据的可视化表示，减小了客户端程序的复杂度，使客户端程序小巧、灵活，降低了对客户端硬件系统的性能要求。

集成了三层架构分布运用的全部优点，同时应用操作层使用浏览器，使得客户端无专用程序。应用程序全部集中在应用服务器，这更便于应用程序的维护管理，降低用户应用成本。

系统的系统升级和功能改进变得更加容易，当程序和系统需要更改时，只需要在 Web Server 上修改程序的界面，在 Application Server 上修改系统的业务逻辑，减少了系统维护和修改的工作量，适合互联网时代的移动应用需要。

3）采用 EAI 技术

软件通过元模型方式，使用统一建模语言（UML）以提供各松散应用系统的耦合，使得应用易于集成和改进，可以连接异构系统和操作环境，大大增强了软件系统的健壮性。

4）办公自动化软件的 CAP 平台

办公自动化软件基于架构式协同应用平台 CAP（Collaboration Application Platform）技

术开发，并且随软件向用户提供了一体化的功能架构，实现互联网应用的管理、运行和维护，更好地适应不断变化的应用环境和业务需求。所有软件系统全部在业务架构平台的基础上，用软件构件组装而成，使一个互联网应用系统能够在统一的数据模型支撑下，有机地分解为一组松散耦合的页面构件、展现流构件、服务构件、对象构件和数据构件。

5）工作流引擎技术

工作流技术适应于用户信息门户平台框架下的具体应用，系统中各个职能部门之间的联办互动工作、公文流转、网上审批、信息传递等系统都要用到工作流技术。采用工作流引擎技术将信任服务、授权服务和工作流等业务流程有机融合在一起，构成安全的工作流业务系统，为实现不同业务系统集成提供技术手段。

3. 系统特点

露天矿办公自动化系统功能如图 12－1 所示，下面将应用在露天矿的办公自动化系统的功能加以阐述。

1.办公门户	2.表单流程	3.公文管理	4. 档案管理	5.会议管理	6.资源管理	控制面板
待办事宜	表单定制	发文起草	收文案卷	会议起草	新增资源	单位设置
个人日程	表单流转	发文流转	发文案卷	会议流转	浏览资源	部门设置
电子考勤	表单流程	收文登记	会议案卷	会议流程	查询资源	用户管理
信息共享	报表分析	收文流转	传阅件案		浏览预约	模板管理
档案借阅	表单分类	公文传阅	签报案卷			知识分类
资产预约	应用平台	签报拟稿	人事案卷			计算机管理
表单填报		签报流转	实物案卷			网络设置
工作交流		公文流程				邮箱配置
知识管理						运行记录
个人设定						消息设置
我的桌面						TEMP 清空
						Web Office
						用户管理

插件方式提供的功能

RTX 控件	电子签名
手写批注	信息门户
电子印章	
Web 文档	

图 12－1 某露天矿办公自动化系统功能一览表

1）办公门户

办公门户是日常事务管理进入口，在这里可以处理日常工作中的代办事宜、个人日程、档案借阅、知识管理等。

（1）待办事宜：它是整个办公自动化办公系统的重要组成部分，公共信息、办公管理、日常管理、个人办公、资源管理、文档管理等系统产生的用户传递信息，需要当前操作人员当日办理的、被系统催办的事项或最新信息都由待办事宜来完成。待办事宜系统是办公自动化办公系统面向领导和具体工作人员的一个窗口，系统正常运行后，上报领导的公文、请示、信息都集中在领导的待办事宜系统中，领导转办的事项集中在办理人员的待办事宜系统中；领导只需查看、处理待办事宜系统中的文件，领导批示、审批、审阅的工作都可以完成，极大地方便了领导办公。同时工作人员需要经常查看待办事宜，办理领导交办的事项，以免本人的待办事宜延误。一般情况下，系统会以短消息通知的方式来提醒用户的待办事宜。

待办信息的主要来源是需要要人办理的公文、流程表单、签报、邮件、会议通知、借阅档案的申请及申请审批情况的反馈等信息。

如果是需阅读、传阅的待办工作，则在察看本信息后，自动消失。如果是需办理的工作，在查看而没有办理的情况下，依然在待办事宜窗口中显示。

在"待办事宜"子菜单里，用户便可以看到各种需要处理的事项，如待处理的收文、发文、报表、签报、传阅件、会议、会议通知、会议传达文件、催办信息等。

在有待处理事项的栏目中点击即可进入处理界面。

处理发文时，点击该条提示，即出现需要处理的发文列表，可以看到文件的信息，包括标题、到达日期、剩余天数、密级、重要程度、紧急程度、处理动作和发文。点击发文标题，即出现发文处理界面。

（2）个人日程：个人日程管理是用来对我们将要做的事项做一个日程的计划安排。日程安排的好处在于，在繁忙的工作中，我们对于一些将需要处理的事项做到一个合理的安排，同时具有提醒功能。此外，工作计划还可以实现共享，被授权的用户可以通过用户进行查询。

个人日程除了个人的工作计划外，还包括了个人日志，以及工作视图。

工作日志管理，是对一天所做工作的一个总结和备忘。同时还设有按时间、按标题、按关键字查询的功能，创建个人工作日志时可以填写时间、标题、关键字和内容各项。

（3）电子考勤：在办公自动化办公网络平台上，以电子化的方式记录考勤，并自动记录上下班 IP 地址，自动计算迟到、早退时间。

（4）信息共享：信息共享的查询与查看，包括信息采集、数据采集、知识共享、新闻中心、规章制度、邮政信息、出行参考等。用户可以在办公门户的信息共享中查看到相关的信息。信息共享由系统管理员授权由专人管理，在此子菜单下用户对信息共享只有查阅权而无修改权。信息共享中相应功能，见其他相关内容。

（5）档案借阅：包括收文借阅、发文借阅、签报借阅、人事档案借阅等。当您提出档案借阅申请后，档案管理人员会收到申请信息，然后给予"同意"或者"不同意"的审批。各种案卷的借阅方法完全类似，只在具体的文档列表和文档申请列表的结构内容上有所不同，点击进入需要借阅的档案案卷类别，需要申请时点"申请查询"，便可将申请递交给管理员。

（6）资源预约：资源管理由系统管理员指定人员进行，在资源申请子菜单下用户只能进行查询资源、审批结果、资源查询及预约列表等操作。

（7）表单填报：它是办公自动化平台最为重要的一个部分之一，在这里可以填写各种表单，如报销、请假、出差申请、项目发起等。并可以进行流程流转，或者流程送审批。

（8）工作交流：包括公告、讨论、投票、意见反馈四种常见的非实时电子化工作交流方式。公告栏由系统管理员授权由专人管理，没有此权限的用户只能对公告栏进行最一般查看、浏览的操作，而不能进行删除、发表等操作。

（9）知识管理：随着露天矿的不断发展，知识管理显得越来越重要。办公自动化管理平台的知识管理包括如下几个方面的功能：

①个人化知识文件夹，可以按照每个人自己的需要对知识进行分类。

②知识公共分类，依据整体规划，对知识进行分类。知识分类中，可以建立用户常见的内部文库、电子期刊等应用分类。

③知识关键字，依据关键字对知识进行标识，支持多种关键字。

④知识地图，依据公共分类立足于不同的知识地理位置，自动对知识内容进行推荐，对知识活动进行分析，也可以由专人进行知识地图的个性化手工编绘。

⑤知识报表，对知识的详细阅读情况记录与分析。

⑥知识查询：对整个知识库的知识进行各种方式的查询，可以按时间、名称、关键字等内容。

此外，还可以对相关的知识进行共享设置，如果一个知识被设成共享，那么矿内部的其他员工就能在自己的"知识共享"看到这些共享的知识。

（10）个人设定：包括各种个性化的工作界面和功能的设置。如语言的选择、工作界面风格的设定、消息提醒方式的选择。还可以自定义桌面、工作台，同时还可以查看自己的权限。

2）表单流程

工作流技术是一种实现办公自动化应用的前沿技术，实现了业务流程自动化，同时在BPM流程再造方面提供解决方案。

办公自动化系统提供了完全可定制的工作流引擎，可供系统各模块自由调用。系统全面采用工作流管理与控制，各项工作的流程可以根据企事业实际工作规范进行配置。系统管理员无须编程便可自定义出符合各种业务特征需求的流程，流程数量不限，调整灵活，能完全适应未来的需求、发展及变化。

办公自动化系统中的工作流管理，具有表单和流程定制功能。可以根据客户的需要，定制各种公文办公流程、请假流程、采购流程以及各种电子商务交易流程。同时配合权限进行管理。

（1）表单定制：可定制出差、请假、报销、借支、物品零用等表单，表单的定制采用向导式，普通人员即能完成表单定制工作，而无须专业的计算机知识。同时，所定义的表单的每个字段可以进行授权操作。

表单定制与流程定制工具结合，编辑流程对应表单样式。支持所见即所得方式编辑表单；允许粘贴其他页面编辑工具编辑完成后的HTML源代码方式更新表单样式。

（2）表单流转：可对已经流转的报表事项进行各种操作，比如删除、转交、催办等。对整个流程可以进行暂停流转、继续流转、取消流转等操作。同时还可以选择流程的流转方式，如手工流转、自动流转等。

（3）表单列表：在此列出系统里已经定义好的表单，以供用户查看，不能进行修改和删除等操作。

（4）表单分类：就是按分类名称列出系统里面的所有表单分类，用户也可以根据业务需要进行表单类别的修改、删除和添加等操作。

（5）流程定制：通过图形化的方式定制各种类型的流程，包括公文中的"收发文流程""会议流程""请示报告流程""业务表单流程"等。点击"流程定制"，显示已经定制好的流程界面。在此界面中，可进行流程的修改、增加、删除等管理工作。

（6）流程报表：用户可以对所有表单分类进行数据的汇总、查询及统计。

3）公文管理

根据我国企业及政府办公的特点，并以工作流为基础应用理念，可以管理公文中的发文、收文、签报、传阅等各种流程。

（1）收文：涵盖上下级，或其他的来文所进行的一系列的处理的过程。包括：登记、拟办、批阅、分发、承办、协办、督办、传阅、归档等处理环节。

"收文管理"基于办公自动化办公系统的工作流引擎来实现，通过自定义表单、流程步骤、流程报表等功能，实现对收文的管理。收文包括来文登记、拟办、批办、批示、传阅、反馈办理结果、整理和归档等操作，逾期自动催办，全程跟踪文件处理、归档。

支持电子公文直接登记接收，重要纸介质公文利用扫描和 OCR 技术转化为电子文档登记接收（需要其他软硬件支持），一般纸介质公文提供目录登记查询。支持收文的模板管理功能。方便灵活地定制、调用、打印"签阅单""批办单"、表格等。支持 Word、PDF、Excel、HTML、TXT 等文档类型格式。

（2）发文：包括发文拟稿、核稿、会签、流转、签发、分发、归档等操作，提供进程查询、逾期通知催办功能，提供回退重新处理，保留修改痕迹，规范公文格式。

支持发文处理流程的图形化编辑与再现功能，能根据发文要求在不同的应用范围构建或选用不同的流程（常规流程：发文起草拟稿→部门负责人审核→部门会签→提交处理→办公室主任核稿、校正公文格式→主管领导审签→机要人员编排文号、加盖电子印章→交相关部门分发电子文档，存档）。

支持发文的模板管理功能。所见即所得，方便灵活地定制、调用、打印"拟稿纸"、红头文件模板、正式公文模板、表格等，支持在线填写。提供常见的九大发文模板：决定、请示、报告、通知、通报、批复、意见、函、纪要。支持 Word、Excel、HTML、TXT等文档类型格式。

"发文管理"是对以本名义发文的处理过程进行管理，它包括拟稿、核稿、会签、复核、修改、签发、成文、归档等处理环节。

与"收文管理"相对应的"发文管理"，同样以办公自动化系统的工作流引擎为核心，可以自定义发文流转单、流程步骤、流程报表等内容，从而实现对发文的管理。

（3）签报：签批报告是常用的一种工作流程，可以说是公文流程的一种形式，它的功能点同收发文流程相似，只是节点更加概括、抽象一些。签报也可以定义各种类型及对应的模板。在实际应用中，如果对数据统计分析要求不高，可以直接用签报功能进行请假、报销、工作报告等内容的签报工作。

（4）传阅：是将文件依次传给多人阅读，在实际工作中比较常见。办公自动化软件的传阅件管理，可以直接拟写的传阅稿件，也可以将收发文转为传阅件。

4）档案管理

档案管理系统改变传统的档案管理模式，不仅可以对档案案卷的建立、档案的添加进行管理，同时还可以对档案的借阅、审批等过程进行管理。主要功能包括有档案原件及档案类目的管理，档案密级管理等。具体功能如下：

（1）类目：建立任意级次的档案类目，对案卷依据名称、关键字、立卷人、日期等内容，进行检索。

（2）查询档案：依据标题、所属部门、归档人、日期，进行档案的检索查询。可以对检索出的档案提出阅读或者修改申请，依据权限查看摘要或者正文内容，对借出的档案归档时进行记录。

（3）申请查询：对于所有的"查询申请"事务记录进行查询检索，对于"查询申请"可以进行是否"批准"的操作，"未批申请"和"有效申请"分开管理，完整保存所有历史记录。

（4）档案借阅查询：依据用户、保密等级、赋权人，进行权限的查询。对用户授予不同级别的权限，资料保密级别可以设定为一般、机密、秘密、绝密等。

5）会议管理

会议管理系统是以会议安排中的事务作为参照，以电子化手段对会议的发起、会议的审批、会议的安排等相关事务工作进行管理。会议管理简易流程如图 12 - 2 所示。

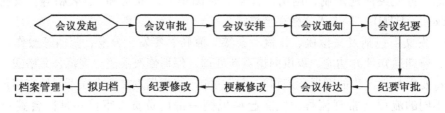

图 12 - 2　办公自动化会议管理简易流程

会议管理包括会议的起草、会议流转和会议流程管理，其流转过程就是一个会议开始酝酿直至确定会议召开的过程。与以前所讲的收文流转比较，可以发现两者非常相像。实际上两者的设计思路基本是相同的，用户在使用会议管理功能时，可以与公文管理功能作一比较。

（1）会议起草：会议的起草和发文起草一样，使用了具有自主知识产权的一个文档编辑控件。在会议起草中，我们可以填写会议标题、选择保密等级、紧急程度等。

（2）会议流转：可对已经发起的整个会议流程进行管理。包括对已经发起的流程的修改，暂停、恢复、删除等。同时还可以查看具体的某个流程的状态。

（3）会议流程：具有"流程管理"权限的用户，在会议管理菜单下也有一个"会议流程"子菜单来进行会议流程的修改、新建、删除等管理工作。

同时会议的管理人员可以查看到与会者的情况，收到通知的人可以给会议组织者发送是否参加会议的反馈，方便会议组织统一进行协调与安排。

收到通知的用户还可以选择是否将会议加入日程，如果加入日程则可利用日程安排功能里的提醒功能来设置会议的提醒。

6）资源管理

资源管理系统以计算机软件为工具，自动完成多人、多部门在资源的预约、使用、归还等事项上的办公自动化工作。这些资源通常包括汽车、投影仪、会议室等共享办公资源，以及电脑、办公桌椅等独用办公资源。资源管理流程可以参照如图 12 - 3 所示流程，也可以依据用户实际情况自由定义。

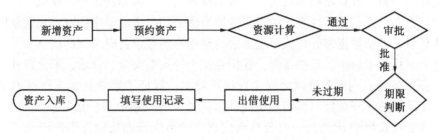

图 12 - 3　办公自动化资源管理管理简易流程

（1）新增资源：建立新的资源类型和资源明细项目。资源类型可以自由设定，如按资源内容设定为汽车、会议室、投影仪、移动电脑等；按资源用途设定为交通工具、办公场所、办公设备等；按资源价值设定为低值易耗品、普通资源、贵重资源等。资源明细包括名称、类型、总数量、所属部门、备注等内容。

（2）浏览资源：以列表的形式，按资源类型分别列出资源清单。

（3）查询资源：按名称、类型、总数量、可用数、所属部门等，进行任意条件组合进行资源查询。

（4）查询预约：对预约的资源按所有状态、尚未审批、已经批准、不予批准、过期预约等资源预约状态，分别进行列示。以图形化的形式，将资源的状态和可以进行的操作，进行提示。

对资源进行使用预约申请、预约申请的批复、资源领用、资源归还登记，依据资源占用情况，对资源使用、申请情况进行综合自动计算，以便合理安排使用资源。

7）信息集成

系统提供的包括"信息采集""数据采集""公共信息""新闻中心""规章制度""出行参考"和"邮政信息"，所不同的是"信息共享"中的这些项目是供普通用户浏览、查看用的，而"信息集成"中的这些项是由"信息管理"权限的用户管理的，可以新建、查询、浏览。

8）系统安全设计

（1）用户安全：办公自动化软件系统提供用户名和密码验证方式，对用户登录系统提供身份验证，并且每个用户名及密码具有唯一性。当同一用户名在其他系统登录时，当前界面会有"当前用户已经在其他机器上登录"的提示，并且自动退出系统。

（2）操作安全：多层的安全控制机制确保只有经过授权的用户才能访问系统资源，而且办公自动化软件支持用户单点登录，即如果相同用户在其他计算机登录时，系统会给当前用户提示，当前用户随即退出，而保持用户的最后一次登录。

系统除了提供对于目标操作对象，如功能菜单、功能点、工作流程与表单等的权限控制外，对每一个操作动作都按部门划分进行权限管理，即用户只在要授权范围内的部门中进行指定操作，最大限度地体现了办公自动化工作的灵活性和安全性，最终解决"管"与"不管"的问题。

（3）数据安全：办公自动化软件系统采用通用的数据接口访问数据库，采用大型关系数据库和安全加密机制，并且在配置数据库时需要密码支持，该密码与安装数据库时设置的密码保持一致，并且密码不可为空，可确保数据不会被非法用户所获取。

同时，在办公自动化软件系统中设置的用户密码和生成电子密钥时写入数据库的信息都为加密信息，即使数据库管理人员也无法得到用户的登录密码及密匙信息。

另外，数据集中保护，集中备份，保护系统中的数据安全、有效，不会意外丢失。

（4）系统安全：内网和外网之间实现物理隔离，保证了系统其他工作点不受外部侵扰，提高了系统整体安全性。详细的访问日志记录了所有系统用户访问系统的登录时间、退出时间及登录系统的 IP 地址。办公自动化软件的系统日志功能为用户记录了详尽的系统运行情况，做到每一步操作都有据可查。

（5）网络安全：采用 HTTPS 技术。HTTPS 是一个安全通信通道，它基于 HTTP 开发，用以在客户计算机和服务器之间交换信息，使用安全套接字层进行信息交换，简单来说它是 HTTP 的安全版。办公自动化软件系统采用 HTTPS 技术，以保证数据传输安全，严格的操作权限检查防止非授权操作或访问。

12.2　煤炭运销管理系统

12.2.1　煤炭运销管理系统概述

煤炭运销管理是整个露天矿行业链条中很重要的一个环节。运销管理系统将露天矿的产、销、运有机结合起来，能够对运煤客户从开票到车辆进厂、称重、出厂进行全过程地有效监控。该系统的使用，能极大提高露天矿企业的工作效率、降低其运营资金和劳动力成本。

12.2.2　煤炭运销管理系统需求分析

1. 功能需求

通过销售管理信息系统的开发，应达到如下要求：

（1）客户档案管理，能够区分合同客户和零星客户。

（2）自动识别合同销售档案。

（3）具备调价功能。

（4）授信管理功能，即允许客户欠款的额度。

（5）认证函管理，即根据客户销售数据，自动为客户形成认证函。

（6）提货大票管理，根据客户要求为客户开具提货大票；合同客户系统将根据账面余额自动识别是否能够开具。

（7）提货大票注销功能应具备针对合同客户不足一车的进行提货大票注销，注销后的余量金额合并至客户可发货金额。

（8）车辆队列管理：系统自动根据开票信息，形成车辆排队队列信息，并自动显示到室外的 LED 显示屏上，为提货车辆供公平公正的排队信息。

（9）称重管理：称重管理分取皮、毛两个子模块，达到自动识别和检测。

（10）车辆预警：对违规客户自动识别并预警提示，能够自动抓拍违规图片及信息。

（11）磅差单管理功能：对于有磅差的提货单，在公司管理层授权下为客户形成磅差单，磅差单与正常票据一同作为开具发票的依据，并冲减客户应收款。

（12）提货单开票审核：开票员在班次结束后，对提货单进行审核，系统根据审核结果形成票据交接表。

（13）提货单销售审核：授权单位审核后开具货款发票。

（14）具备收款、补款、退款、发票管理和发票审核功能。

2. 设计原则

1）遵循国家及企业内部信息化建设要求

严格遵循国家、各部委及企业内部信息化建设要求，建设标准化矿山。

2）强管控性

系统设计中充分利用串口通信技术、网络通信技术、面向对象设计技术、数据库技术、RFID 射频识别技术、图像识别技术、LED 显示技术等先进的自动化技术，从运煤车辆进矿识别、排队、地磅称重及购煤款结算整个环节均由智能终端负责销售数据运算、处理及存储，从而确保整个数据的有效性、相容性及安全性，最大限度地减少了人工操作，实现了数据的准确性、公平性。

3）实时性、可靠性

销售数据是煤矿进行产量统计、制订生产计划、提高生产效益的重要数据来源，是煤矿经营管理最重要的数据之一。

（1）采用关系数据库技术，从根本上保证了数据的可靠性。

（2）利用关系数据库技术提供的丰富的查询等数据分析技术，可以根据经营管理的需要方便地进行数据查询汇总，实现煤种、销量、客户在不同周期的单一和组合查询，为经营管理者提供及时有效的数据查询汇总功能，为生产经营提供第一手的数据，确保了数据统计的实时性。

4）实用性

方案设计遵循实用性原则，考虑到煤炭企业销售合同客户、现金煤客户共存的特点，在系统设计中分别设计了适用于这两种客户的不同流程，确保系统的实用性。

5）开放性

利用数据库技术数据独立性的特点，用户可以很方便通过 ODBC、JDBC、OLE DB 等数据接口将销售数据共享给诸如 ERP 等其他系统，从而确保数据的开放性。

6）安全性

通过客户的权限管理、用户加密、数据备份以及系统的出错处理等各种方法来保证系统的数据安全。

12.2.3　煤炭运销管理系统设计

1. 技术方案

销售管理信息系统工作如图 12 - 4 和图 12 - 5 所示，其中图 12 - 4 表示合同煤客户工作流程，图 12 - 5 表示现金煤客户工作流程。

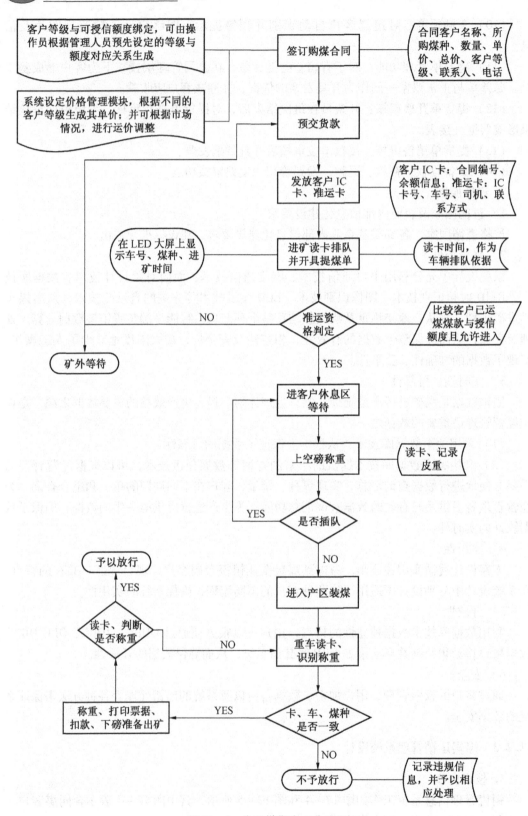

图 12-4　合同煤客户工作流程

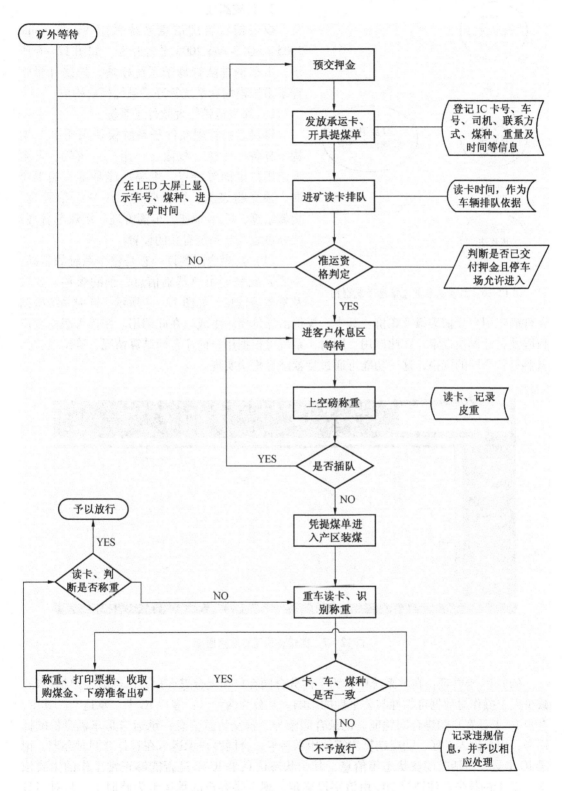

图 12-5 现金煤客户工作流程图

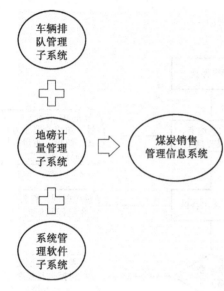

图 12 - 6　煤炭销售管理信息系统框图

2. 系统组成

煤炭销售管理信息系统采用 Visual studio 2005 + SQLServer 2005 平台开发，如图 12 - 6 所示，由车辆排队管理子系统模块、地磅计量管理子系统模块和系统管理子系统模块构成。

1）煤炭运销管理软件子系统

煤炭运销管理软件子系统模块采用 B/S 架构，具备一角色一权限、一用户一密码、自主设定用户桌面等特点。主要功能是签订购煤合同、预交购煤款、煤价管理、用户授信管理、货款结算、IC 卡管理、车辆管理、派煤单管理、待办事宜及与系统有关的设置。

（1）购煤合同签订：它是整个系统的基础，主要完成登记用户基础信息、预购煤种、数量及货款等信息，如图 12 - 7 所示，同时系统根据条件确定用户授信等级及煤价。其中，煤价由煤价模块生成，在此调用。授信等级由客户权限及属性模块设定，在此调用。同时，系统可根据用户前序合同结算情况，确定是否具备签订新合同的资格，这一功能可通过货款结算模块实现。

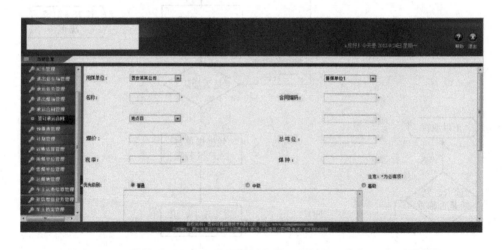

图 12 - 7　购煤合同签订示意图

（2）IC 卡管理：在本系统中，为了区分合同客户和现金煤客户，已经减少票据打印，减少人工操作对数据可靠性与公平性的影响。共分为两种卡：客户 IC 卡、承运卡。其中，客户 IC 卡是客户购煤合同凭证，记录合同编号、预交货款信息；承运卡是车辆身份的标识卡，用户出入矿区、购煤结算均需使用承运卡；合同客户承运卡在签订合同时办理，记录 IC 卡号、激活时间及状态等信息，其中状态信息是 IC 卡是否能够正常工作的主要依据，IC 卡的挂失、注销等功能由该字段确定。现金煤客户的承运卡为临时卡，只对当日当次购煤有效并且与其车辆绑定，当客户完成重车称重并出矿后，该卡即被锁定；在下次发放时，重新激活。

（3）预交购煤款：主要针对合同客户，系统根据多种条件生产预交款额，确保不同等级的客户缴纳不同的购煤款。

（4）煤价管理：主要实现煤价的制定与调整。

（5）用户授信管理：系统根据用户消费记录，生成用户授信级别，相关人员根据合同执行情况，实现催款和用户 IC 卡注销等业务。

（6）派煤单管理：派煤单管理在车辆入场时完成，主要实现承运车辆运输合同客户合同煤及现金煤用户现金煤的相关信息的打印，包括 IC 卡号、车牌号、合同 IC 卡号、煤种、运煤量、进场时间等信息。若出现合同客户充值卡余额小于本次购煤款的情况，则不予开具派煤单；若存在合同客户多个合同充值卡余额大于本次购煤款的情况，则予以开具派煤单。

（7）货款结算：系统统计用户过磅记录，生成结算单，完成货款结算，统计其实际购煤量，实现收款、补款、退款并根据要求审核其提货单，并开具发票，如图 12－8 所示。

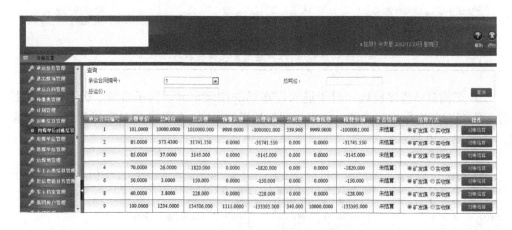

图 12－8　货款计算示意图

（8）车辆管理：实现拉煤车辆管理，车主姓名、性别、住址、联系电话（多组）、身份证号、驾驶证号、车号、车型、皮重、载重吨位、车辆行驶证号、经营许可证号、道路运输许可证号、绑定 IC 卡卡号等信息。

（9）待办事宜：主要是实现催款提醒、合同客户承运卡注销等功能，确保矿方资金安全。

（10）系统设置：主要实现防止空车作弊、磅差处理、用户角色及权限分配等系统功能。

2）车辆排队管理子系统

车辆排队管理系统功能包括进出车辆身份识别、进场排序及显示功能、场内车辆统计功能及重车出场识别功能。

（1）出入口自动道闸管理模块：如图 12－9 所示，运煤车欲进入停车场时，首先在停车场门口 IC 卡读卡器处刷承运卡（最远距离为 1～3 m），驾驶员刷卡后，车辆信息由读卡器传送到车场 IC 卡管理系统服务器进行自动排序并在场内 LED 大屏幕上显示。如果无车辆违规（无车刷卡、场内无停车位），则予以放行，否则不予放行。

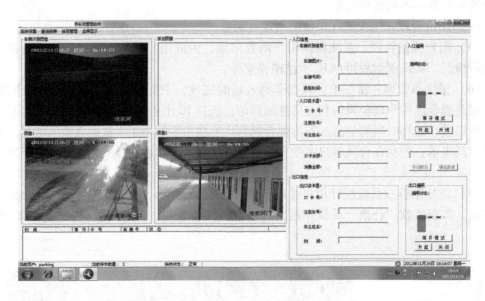

图 12 - 9　出入口道闸管理模块示意图

（2）车辆自动排序模块：对于进入停车场的拉煤车辆，为了合理、公平地组织拉煤秩序，需要对其进行排序管理，体现先到先拉煤的原则，VIP 客户具有优先强插的排队权限，如图 12 - 10 所示。

时　间	事件	卡　号	车牌号	状　态
2012-11-26 16:34:09	驶入	000000000274	陕AS716G	车辆重复入场
2012-11-26 16:31:58	驶出	000000000274	陕AS716G	正常
2012-11-26 16:31:23	驶入	000000000274	陕AS716G	车辆重复入场
2012-11-26 16:29:29	驶入	000000000274	陕AS716G	车牌识别不一致，以注册车号放行
2012-11-26 16:29:20	驶入	000000000274	陕AS716G	正常

图 12 - 10　车辆排队功能示意图

（3）场内车辆统计功能：系统利用出入口读卡器进行场内车辆统计作为车辆进场放行提供依据。

（4）重车出场识别功能：重车出场时，需刷卡放行，系统自动检测该卡状态，若该卡处于重车称重完成状态，则予以放行；否则，不予以放行，防止重车未称重逃逸。另一方面，考虑到有车辆为装煤出矿的情况，当该卡处于排队状态或空车称重状态时，予以放行。

（5）考虑到存在车辆未购煤出场情况，系统设定放行权限；同时为了避免车辆重复出入场影响其他车辆正常排队，系统设置了出入场最小时间间隔，禁止在时间间隔内反复出入场。

（6）考虑到硬件故障问题，系统特设定了工作状态示意图标，绿色圆点表示系统正常，若存在网络、道闸、读卡器故障时，系统会以文字形式在状态栏中提示，并且呈现红色闪烁图标。

（7）考虑到存在非拉煤车辆进出矿及读卡器故障的情况，在系统中设定了手动放行按键，这样做既能达到放行目的，又能记录放行时间及操作人员，防止人员违规操作，如图 12 – 11 所示。

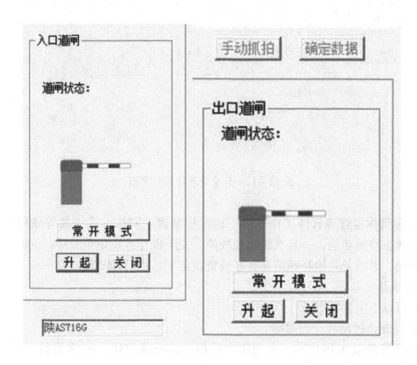

图 12 – 11　手动放行示意图

3）地磅计量管理子系统

地磅计量管理子系统主要实现空、重车称重，如图 12 – 12 所示，该子系统流程如下。

（1）排队车辆到达后，刷承运卡上空磅称重，为避免车辆作弊，在空磅前、后设置红外对射装置，防止车辆不完全上磅；由于在系统管理子系统车辆管理模块已经记录了车辆的车型及皮重信息，系统会自动将地磅传来的空车重量与数据库中的皮重进行比较，当实际重量大于数据库中的皮重超过一定门限时，则判断空车作弊，不予以称重，并以文字或语音方式提醒。

（2）若空车称重正常，则给车辆发放煤种卡，作为提煤依据。

（3）当车辆提煤完后，上磅刷承运卡称重，系统自动记录毛重，并根据该卡所对应的皮重信息自动计算净重，并根据承运卡种类，判定该客户为合同客户还是现金煤客户，若为合同客户则打印单据，并由数据库自动记录其净重，读取充值 IC 卡并扣除重量及煤款，若该客户产生的总煤款等于或小于一车授信款时，则锁定 IC 卡，并提示客户及时补交煤款。若客户为现金煤客户，则在客户缴纳购煤款后，才能打印提煤单并放行。同时，为保证客户煤款安全，在重磅设置车牌识别系统，只有实际车牌号与 IC 卡中绑定的车牌号及客户 IC 卡一致时，才予以放行，否则记录违规信息，予以扣留。

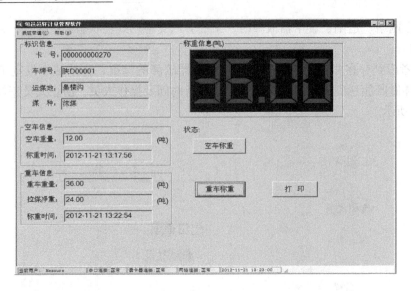

图 12 - 12   计量管理软件示意图

（4）考虑到称重管理软件工作取决于称重控制器、网络、读卡器等硬件设备，在系统中设定了状态检测功能，一旦系统出现故障，便于操作人员定位故障；同时考虑到会存在打印机缺墨、卡纸及其他特殊情况，系统特设定了二次打印功能。

3. 系统特点

系统具有以下主要特点：

（1）支持现金过磅和合同过磅。

（2）业务管理及审核功能，实现客户授信、认证函打印、IC 卡发放/注销、发票开具、磅差单等业务管理及审核功能。

（3）待办事宜提醒功能，根据过磅数据，提醒业务人员进行催款、IC 卡注销、开票等工作。

（4）煤价调整功能，根据市场调整煤价。

（5）提供订单管理功能，支持预付款订货操作。

（6）IC 卡、RFID 射频卡管理，将车辆、货物、购煤单位等信息通过 IC 存储、传递，实现信息封闭管理，确保数据准确。

（7）销售信息存储、统计、查询。

（8）完善的报表功能，包括过磅数据汇总报表、销售明细报表、销售对比报表、关联磅单图像报表。

13 某露天矿综合信息调度系统技术规格书(节选)

13.1 综合信息调度系统建设总体要求

13.1.1 综合信息调度系统项目概述

某露天矿建设规模为 8.00 Mt/a,本项目将用于二、三采区采掘场、生产系统及铁路快装系统生产的综合调度。生产系统主要由采掘场、破碎站、转载站、输煤皮带廊、筛分车间、穹顶储煤场、汽车快装站、产品煤仓等设施组成;铁路快装系统主要由转载站、输煤皮带廊、缓冲仓、火车快装站等设施组成(预留两个井工矿标准接口);配套设施主要有东西南三大工业广场、供电系统、输水系统、炸药管理、销售计量等;地面生产输煤系统设计生产能力为 3750 t/h,铁路快装系统设计生产能力为 3300 t/h,年生产能力为 15 Mt。

13.1.2 综合信息调度系统建设意义

某露天矿是大型露天煤矿,根据煤炭行业相关设计要求,大型煤矿以综合信息调度系统为管理平台,实现快速决策管理、安全生产,提高劳动生产率、设备利用率,降低生产成本。

13.1.3 综合信息调度系统建设目标

某露天矿综合信息调度系统工程是为了满足煤矿生产信息管理、调度指挥、安全生产监控等要求而设计。工程主要由一体化网络平台、信息管理平台、语音调度系统、视频监控系统、生产集中控制系统、生产安全监控系统、视频会议系统及大屏幕信息显示系统等构成。

在露天煤矿综合信息调度系统的方案设计中,本着信息网络的一次规划、分步实施、长期受益的原则,充分采用先进完善的通信设备配置,以灵活可靠的网络结构,打造一个能满足煤矿生产短期和长远需要的现代煤矿综合信息调度网。

13.1.4 综合信息调度系统总构架图

根据露天煤矿生产的特点,其信息调度系统主要分为图 13-1 所示的四层体系结构,即管理层、控制层、通信层和设备层,可简单描述如下(其中配置数量仅作参考,具体以满足现场实际功能的配置数量为准)。

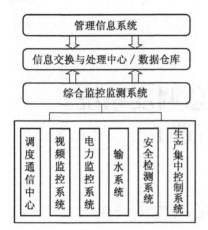

图 13 -1　煤矿信息化管理体系构架图

1. 设备层

主要包括现场设备，如分布式数据采集传感器、语音终端、视频终端、分布式 PLC 控制器等，采用有线数据采集方式。

2. 通信层

通信网络分主干网和接入网，包括交换机、路由器、线路和信道等网络设施。骨干网采用矿用 1000 M 工业 EPON 网络、接入网采用 DP 光纤控制网/RS485 + BNC + FE 光/电和 POTS 语音技术的数据传输网络，接口实现规范化和标准化。

对于露天矿这种大范围工作区信息系统，对通信层有如下要求：

（1）网络稳定，维护量小，网络自愈能力强。

（2）网络带宽充足，能够同时支持低速数据采集以及高速图像监控。

（3）网络所需设备少，但是能达到充分组网的能力。

3. 控制层

生产监控层主要实现对全露天矿生产监控、生产管理自动化，通过建设统一的自动化调度平台，实现对全矿地面生产皮带运输系统、装车系统、筛分系统、供配电系统、供水系统、视频监控系统综合集成，形成统一的调度生产管理平台。

4. 信息管理层

通过生产执行信息系统实现，既包括信息展现设备（图形工作站、大屏幕、视频会议、投影设备、打印设备等）和数据存储设备（数据库服务器、视频存储服务器、Web 服务器等）等相关设施建设，实现综合多媒体信息的存储与查询，也包括管理应用软件（生产管理子系统、生产调度管理子系统、机电管理子系统、安全管理子系统、煤质管理子系统、节能环保管理子系统）等核心应用软件，用于矿山生产、安全、管理和经营的决策智能化。

因某露天矿采场采用外包方式经营，其卡车调度等不含在其综合信息调度系统内（外包单位卡调接入）。故其综合信息调度系统设计确定采用"有线光纤 + 电缆接入"的解决方案，即工业场地采用有线光纤加电缆接入模式，露天采场及生产系统采用有线光纤网络作为多业务平台。

该方案具有高带宽、安全性极强的特点，可实现以下功能：

（1）办公区域、生产系统的有线（IP）语音通信。

（2）办公区域宽带通信。

（3）为露天矿安全生产视频监视提供传输平台。

（4）为综合信息调度系统提供传输平台。

（5）为地面生产系统、铁路快装系统集控及安全监控系统提供通信平台。

13.1.5　综合信息调度系统总体功能要求

1. 综合信息调度系统设计思路

设计采用一体化网络平台，设立统一的网络管理中心，建设语音通信、数据及视频通信并存的一体化网络；从而实现集露天矿生产调度通信系统（有线、无线调度系统）、生产集控系统（对煤炭破碎、运输、装仓系统等生产过程进行集中控制）、视频监控系统（工业场地、采剥和生产系统视频监控）、安全监控系统（包括对产品仓安全监测、封闭式穹顶储煤场安全监测、运煤系统安全监测三个部分）的集成，实现统一平台下的远程监测、控制和管理功能。主要特点如下。

1）数据传输与交换的一体化

在一体化网络平台中，只设一个网络调度管理中心，将其放置在总调度室。除该点以外，所有的交换节点均不设独立的程控调度总机，仅以远端模块的方式构成虚拟调度机，以单模光纤实现模块间的通信。

调度室的调度台作为一个生产指挥的功能组件。将调度室作为交换主机的数据终端，把主机用户端口的状态数据传送给调度室，并将调度室的操作数据传送给交换主机。

2）光纤光端设备资源的综合利用

将工业电视监控系统和双向语音传呼系统及数据监控信号系统，纳入通信网统一考虑。充分依托现有的通信网络，在未来的煤矿专网信息传送中，使光纤光端设备资源充分综合利用，煤矿专网融于一体化网络平台是最合理的发展趋势。

2. 综合信息调度系统总体功能要求

1）分层分布式的体系结构

在软件设计上，采用面向对象的分布式组件化设计。通用平台提供通用的基于组件的网络管理能力，包括分布式组件管理、访问请求代理和通信总线技术。完成不同功能的应用软件，可实现为不同的组件模块，配置在不同的节点上运行，在通用平台的基础之上通过统一的接口方式进行协作，从而实现"即插即用"的灵活集成。

在系统的软件体系上采用分层的架构，底层平台大致包括通用操作系统接口、网络通信中间件、分布式实时数据库服务、通用商用数据库接口等基本组件，中间层次包括基本图形界面、SCADA、FEP 通信等基础应用，最上层则为具体的应用。不同的层利用其下层提供的服务，实现相应的功能，并为上层提供接口。分层的结构屏蔽了硬件平台、操作系统、数据库和网络通信等的具体差异，使上层应用获得更好的灵活性、可靠性和可移植性。

2）跨平台部署

系统对主流的操作系统编程接口进行高性能封装，屏蔽底层硬件和操作系统的具体差异，从而保证上层应用获得更好的灵活性、可靠性和可移植性。在系统提供的通用操作系统接口中，包括对网络通信、线程管理、并发机制、信号中断、内存管理、文件系统等的封装。

系统采用 JAVA 语言开发，有天生的跨平台能力，可单独运行于大多数版本的 UNIX、Windows、Linux 系统之上，同时也支持 UNIX、Windows、Linux 操作系统的异构、混合模式运行。综合自动化监控平台软件应采用通用、标准的 COTS 而非专有的技术，支持跨平台的部署方式。综合自动化监控平台采集服务器支持采用 Linux 嵌入式操作系统配置，使系统具有更高的安全性和可靠性。

3）透明的多商用关系数据库支持

通用平台提供对主流关系数据库管理系统的支持，并在各自的调用访问接口之上进行了统一封装，以支持数据库、表、对象、集合的操作。通用数据库接口屏蔽了不同商用关系数据库系统对持久化数据的不同管理方式，向应用层提供统一的、易用的访问接口。

系统支持 Oracle、SQL Server、DB2、Sybase 等主流关系数据库系统。

4）分布式大容量实时数据库

系统的实时数据库管理建立在高效内存管理及索引机制之上，是面向对象的、开放的、分布式大容量实时关系数据库管理系统。通过采用定时器、内存池、共享内存、改进的 Hash 算法等各种技术，保证了数据库对实时性、一致性、可预见性以及大吞吐量等方面的要求。

平台的实时数据库管理支持按模式、数据表来进行网络化部署，同时严格保证全网数据的一致性。支持同一数据库的多节点镜像部署，保证了数据冗余热备及只读访问请求的负载分担。

平台的实时数据库管理系统完全向应用层开放，库模式、库个数、库大小、表个数、表结构的定义全部支持用户化配置。支持运行中的动态创建表、动态增加域、动态增减记录。支持一对多、多对一关联数据建模及关联数据的快速查询，支持二维数据域。

实时数据库管理系统对数据访问客户提供多种访问接口。

5）丰富的人机界面

系统建模、操作、管理、维护工具齐全，均支持用户灵活定制。

在图形编辑界面中，通过鼠标、键盘的交互，用户可以迅速生成单线图（接线图）、地理图、系统图、趋势画面、实时数据表、动态棒图、饼图、表盘图、系统资源状态图、网络负荷图、系统索引图等。

系统支持图形、模型的增量修改机制和在线修改机制。

增量修改机制支持用户首先对源数据库中的图形、模型进行修改，通过有效性、完整性检验以后，再以增量的形式，应用到实时数据库中。

在线修改机制支持用户通过操作员界面，对图形、模型进行轻量级修改，修改结果只保存在实时数据库中，从而不对源数据库中的完整模型产生影响。

6）图模一体化的图形建模技术

系统实现了基于图、模、库的一体化建模，以图形方式完成系统模型的建立与维护。

支持电气状态着色、电压等级着色、环路着色、电源/电路跟踪与着色、子树着色等动态着色功能。

系统对外提供灵活的图形组态软件，包括图元定义、图形绘制、物理对象及其属性定义、量测映射、图资管理、对象管理、图形显示及数据刷新、事件定义、用户操作、界面定制、告警及动画支持等。

7）支持用户定制的智能告警

系统提供开放的智能告警定制功能。告警类型、告警级别、告警限值、告警方式、确认方式的定义均可由用户定制。支持推图、发声、语音、打印、拨号、短信、灯光联动、中央信号等多种告警输出方式。支持用户按自己习惯，进行告警显示信息组句、告警语音信息组句。提供按告警类型、告警对象、告警时间等分级、分类管理的历史告警信息管理界面。

支持对告警信息进行智能化分析，过滤不必要的从属告警，避免运行人员被大量从属告警输出所淹没。通过告警可快速定位到图形上相应的设备对象，提高事故处理速度。

8）前置通信能力

系统的前置通信子系统运行于前置通信节点上，完成数据采集与命令下发并提供向其他系统的数据转发功能。

前置通信子系统提供多种运行方式的组合。支持前置通信主机成对的主备冗余热备方式，也支持基于通道主备管理的并列运行方式。在系统接入大数量通道的情况下，系统支持多前置组配置，各前置组独立运行，完成数据采集任务的负载分担。

前置通信子系统支持同一 RTU 通过多个通信通道上送数据，多个通信通道介质可不同。支持多通道的不同收发组合，支持通道的自动/手工切换。

9）完备的系统安全性

系统支持按需配置正向隔离装置、反向隔离装置等网络安全隔离装置。系统配置防病毒软件。

系统支持数据备份工具，对关键应用的数据与应用系统本身进行备份，确保数据损坏、系统崩溃情况下快速恢复数据及系统的可用性。

系统具有完备的权限管理机制，支持按地域、按分组。

10）视频、电话、数据系统及计算机网统一

电话、视频、数据在接入网中统一起来，不再各自为政，重复敷设。光缆将在接入网中替代传统的铜缆而成为主要的用户接入方式。接入网资源得以充分利用，使将来的综合数字业务能方便扩展，提供了一个长远的解决方案。

11）组网汇接功能强大、多网合一、平滑扩充

通道资源平时共享，调度优先；紧急情况时针对调度用户提供优先级别业务保护。

行政电话、调度电话、煤炭信息化数据、视频，可实现语音、调度、会议电话、局域网互联、Interent 接入、会议电视、分组业务接入、E1 租用线等多种功能，保证系统的优化运行和平滑扩充。多网合一后的一体化网络平台在控制系统方面，具有冗余容错技术，使系统可靠性大为提高。对网中设备的维护操作可统一进行，简化了通信网的备件提供，运行管理的各种资源均可共享。这是一个以立足现有先进技术，满足未来各阶段使用需求为原则的综合化、智能化的煤矿通信网。

12）综合自动化监控平台冗余功能要求

采用冗余结构设计，系统通过冗余的数据采集服务器构建到数据库及应用服务器再到操作站的冗余数据链路。平台设计应采用的冗余方式有以下几种。

（1）数据流冗余：数据采集服务器到数据库及应用服务器，数据库及应用服务器到工作站的冗余数据传输。

（2）网络冗余：各服务器及操作站采用冗余网卡设计，当一路网络故障时，系统可以自动跳转至另一通信路径。

（3）操作站冗余：通过部署互为冗余的多台操作站实现操作站冗余，当其中一台操作站故障时不会影响其他操作站正常运行。

（4）服务器冗余：数据采集服务器、数据库服务器配置主、备冗余，系统运行时主、

备服务器执行相同任务，互相热备。

13）跨平台部署方式

综合自动化监控平台软件应采用通用标准的 COTS 而非专有的技术，支持跨平台的部署方式。综合自动化监控平台采集服务器支持采用 Linux 嵌入式操作系统配置，使系统具有更高的安全性和可靠性。

3. 综合信息调度系统软件总体目标

（1）支撑矿山管控信息集成管理，达成矿山管理信息化与生产自动化的结合。

（2）能集成与安全生产相关的各类信息，综合自动化平台采集的数据直接应用于管控信息系统，体现煤矿生产管理实时性、联动性，借助信息化手段提升安全管理的针对性、有效性。

（3）以共享、可视化辅助决策信息为煤矿生产经营管理的高效率、高效益提供支持手段。

（4）能够为煤矿及集团公司其他应用软件系统提供接口，实现自身软件的扩展。

（5）根据不同的权限，提供不同的管理信息；根据煤矿的变化，提供数据的实时变化及更新。

（6）提供的软件必须有必要的安全控制功能，能够分层级、分专业划分权限，保证无权限的人员不能进入系统，不能进行无权限的操作，不能进行无权限的信息查询浏览。

应用软件系统应采用目前业界先进的 B/S、C/S 技术，以满足跨操作系统平台的要求。应用软件使用多层架构、要求实现组件化开发，并采用工作流驱动的技术和可视化的审批流程，数据库采用大型关系型数据库——Oracle。

13.1.6　综合信息调度系统建设内容

本工程的招标范围包括某露天矿综合信息调度系统的设计、制造、供货、运输、安装调试、培训、试运行及质保期维护等项目。具体内容如下。

（1）综合信息调度系统平台（建设），包括综合自动化监控平台、生产执行信息管理平台（预留 2 个井工矿标准接口）。

（2）1000 M 工业以太网络系统（建设）。

（3）露天矿生产调度通信系统（建设）。

（4）露天矿电力调度监控系统（部分建设、接入）。

（5）露天矿地面生产系统集中控制（接入）。

（6）露天矿生产系统安全监控（部分建设、接入）。

（7）视频监控系统（建设、接入）。

（8）视频会议系统（建设）。

（9）大屏幕显示系统（建设）。

（10）卡车调度系统（接入）。

（11）生产给水系统（部分建设、接入）。

（12）地磅系统监控（接入）。

（13）炸药库监控（接入）。

项目建设主要有：东部工业广场（视频监控、视频会议、调度通信），炸药库（视频监控接入、调度通信），二、三采区破碎站及排土场（视频监控、调度通信），西部工业广场（视频监控、调度通信），电力系统（监测、监控、通信），输水系统（监测、监控），矿区公路门卫（视频监控、调度通信），南部工业广场调度中心（监测、监控、通信、大屏幕显示）。

地面生产系统，含铁路快装系统（监测、视频监控、调度通信），地面生产、铁路快装系统主要包括破碎系统、转载站、输煤皮带廊、穹顶储煤场、汽车快装站、筛分、产品煤仓、铁路快装缓冲仓、火车快装站等设施。主要设备由 27 条带式输送机、64 台甲带给料机、8 台配仓刮板输送机、4 台博后振动筛、西区及东区 2 套一二级破碎站、2 套筒仓保护系统、110 kV、35 kV 变电站各一座及 11 台配套箱式变电站、一套汽车快装站、1 套火车快装站及配套设备等组成。

13.1.7　综合信息调度系统使用环境条件

（1）海拔：355 m。

（2）环境温度：最高气温 50 ℃；最低气温 −35 ℃（户外）；最大日温差 30 ℃；最高年平均气温 10 ℃。

（3）最大风速：39 m/s。

（4）覆冰厚度：5 mm。

（5）日照强度：0.1 W/cm^2。

（6）污秽等级：Ⅳ级。

13.2　综合信息调度系统设计技术要求

13.2.1　生产综合自动化监控平台功能要求

1. 基础功能要求

（1）实时监测功能要求：综合监控系统应对各集成子系统开发工艺流程监测画面，画面对各子系统数据实现实时监测，画面应支持数字、动画、图表等显示方式。

（2）系统实时监测画面应采用两种方式结合现实：一是基于矿区 CAD 设计图的全局显示，将接入的各系统设备状态、运行数据、视频点位标记在 CAD 监控画面上，实现综合信息一张图显示，画面通过分图层的方式显示不同系统信息，支持画面无极缩放功能。平台必须支持 CAD 图纸更新功能，当采矿设计图纸发生变化后，用户能自主更新监控背景图。二是基于生产工艺的子系统监控画面，除 CAD 监控总画面外，对每个集成的子系统形成子系统监控工艺画面。

监控平台工作站采用双屏显示方式，支持两个显示器分别显示不同信息、鼠标跨显示器画面拖拽等功能。

（3）操作控制功能要求：综合监控系统应具有对各接入监控子系统设备的控制功能，控制功能应包括远程手动控制、远程自动控制、远程/就地切换和联锁/解除控制等。

（4）报警功能要求：系统操作站具备完善的报警功能，可将报警信息进行分级，筛选重组。当出现报警事件时，对调度员进行声音报警，并能根据事件严重性以不同形式分类报警。

（5）趋势分析功能要求：趋势分析是对存储在工业数据库中的相关设备或系统的历史数据，采用趋势曲线的方式进行分析，趋势分析的作用主要是观察相关设备或系统在一定时间段内，某一或多个数据的变化情况。

趋势分析可方便地设定需要分析的时间段，并能方便地进行放大、缩小、平移等操作。支持多条曲线的同画面显示，并能分别设置纵轴坐标，以方便对有关联的数据进行对比分析。不同曲线应用不同的颜色加以区分。

具备测量功能，能利用趋势曲线自带的移动标尺，测量某任意两点之间的时间或数值。

（6）报表统计功能要求：系统应提供符合国内煤矿要求的、可二次开发的中文格式报表功能，并具有强大的报表管理、生成和打印功能，常用报表有报警报表、事件报表、数据统计报表、各种日志报表等，同时授权用户可以定制所需的报表及定制报表格式。

报表可以定时输出，也可以根据操作员命令输出，或自动输出。操作员可选择要打印的报表类型。对定时报表，可定义打印报表的时间间隔。手工输出时，操作员可以通过操作站查看报表。

报表应具有手工和自动填入区域，手工填入区域内容操作员可以在线修改、增加，自动填入的内容不可修改。

应具有在线自定义报表的功能，授权用户可以根据需要在线编辑并生成所需的临时报表，同时可以打印输出。报表可导出存为 Excel 格式。

（7）双屏显示功能要求：综合信息调度系统工作站应配置双屏显示方式，即每个操作站配置 2 台主机、2 台显示器，以实现多种显示和操作功能，投标人在投标方案中对该项功能进行具体描述。

（8）权限管理功能要求：集成监控软件具备完备的权限管理功能，主要的权限包括登录权限、访问权限、远程操作权限、修改权限、删除权限等。通过设立权限组进行权限管理，不同人员的账号归属不同的权限组，当使用不同账号登录后即获得与此用户组相对的权限。管理人员具备全部的权限，同时可对不同账号进行权限管理。

（9）无极缩放功能要求：针对露天矿地域跨度大、设备分散等特点，对露天矿地面集控系统、带式输送机安全监控系统，综合信息调度平台应具有流程图总貌显示画面，总貌画面支持无极缩放、漫游、图形切换等操作。通过无极缩放功能，可以查看监控画面细节，并可对设备进行控制操作。

（10）事件记录功能要求：该功能负责记录和存储系统发生的所有事件信息，并按事件发生的时序存放，事件本质上是开关量和模拟量的变化情况，另外包括设备故障信息和操作员的操作记录。主要包括测点状态变化和异常情况、设备故障、人工操作记录、系统内部提示信息以及其他系统有关的事件。

系统可以查询全部日志信息，也可以按特定条件分类检索，查询结果可以显示、打印。

（11）Web 发布功能要求：系统应具备 Web 发布功能，IE 客户端与 Web 服务器保持高效的数据同步，通过网络可以获得与 Web 服务器上相同的画面和数据显示、报警显示、报表显示等。

系统 Web 用户端授权用户不少于 20 个。用户在办公网任意一台电脑可访问综合信息调度系统画面并可实时查看现场数据，办公网对现场数据的访问应该具有严格的权限控制，以保证系统操作安全。

（12）对外接口功能要求：自动化系统的建设推动煤矿信息化建设，数字化矿山是煤矿建设的最终目标，自动化系统为信息化系统提供基本的生产数据，通过信息手段对生产数据进行统计、分析，从而指导生产。综合信息调度系统作为生产数据的集成平台，应能够为信息化建设提供标准数据接口。要求信息化系统可通过标准 OPC 协议实现与本系统通信。

（13）多业务支持功能要求：系统应具有良好的接入特性，不但对自动化系统可实现无缝集成，对非自动化系统如工业电视系统、安全监控系统、卡车调度系统、大屏幕显示系统、LED 及多媒体广播系统等也应具备集成功能，并实现集成后的系统"联动功能"。

（14）联动功能要求：主要有跨系统报警联动、环境监测数据超限与相关视频联动、环境监测、电力监测与视频联动，综合信息调度系统与大屏幕系统联动等。

（15）子系统接入功能要求：综合信息调度系统建成后对各子系统的监控功能，要求不少于子系统建设时所实现的功能。

（16）除上述功能外还应具有以下功能：

①冗余管理功能；

②（GPS + 北斗）全矿区设备时钟同步功能；

③在线帮助功能；

④基本数据运算、处理功能。

2. 综合自动化监控系统软件性能要求

投标人如使用外购软件，则应提供满足下列参数的相应授权文件，如使用自主开发软件则必须给出详细说明。

（1）系统规模支持不少于 20 万点（通过开标讨论统一确定最终点数，但必须预留井工矿）。

（2）操作站支持最大数量不少于 20 个。

（3）系统支持 1000 个操作员用户。

（4）图形组图软件支持 UNIX、Linux、Windows 跨平台部署。

（5）综合监控系统采用自主知识产权平台，支持二次开发和扩展。

（6）子系统接入采用无硬盘无风扇的嵌入式方式接入。

（7）综合监控平台记录容量不少于 3 年（根据磁盘存储空间）。

（8）模拟量输入传输处理误差：模拟量输入传输处理误差应不大于 1.0%。

（9）模拟量输出传输处理误差：模拟量输出传输处理误差应不大于 1.0%。

（10）累计量输入传输处理误差：累计量输入传输处理误差应不大于 1.0%。

（11）最大巡检周期：系统最大巡检周期应不大于 5 s，并应满足监控要求。

（12）控制执行时间：控制执行时间应不大于 2 s（不包括命令发出后设备动作

时间）。

（13）调节执行时间：调节执行时间应不大于 5 s。

（14）画面响应时间：90% 以上的图形画面调出时间不大于 2 s，最大画面打开应不大于 8 s。

（15）双机切换时间：从工作主机故障到备用主机投入正常工作时间应不大于 5 min。

（16）单幅画形最大分辨率：60000×2000 像素、图元数量小于或等于 10000、数据点在复杂图形时不超过 3000 点。

13.2.2　生产执行信息系统功能要求

1. 集成应用平台

1）集成应用平台子平台

集成应用平台从体系层次结构上可以分成四大子平台：稳定开放的底层技术平台，灵活配置的企业应用运行平台，开放的系统集成平台，统一的系统管理平台。

子平台主要实现各业务子系统的集成化管理应用，能够通过集成技术管理多个子系统，保证各子系统功能独立的同时还能使用集中管理的数据实现跨系统的数据调用与分析，使多个分离的业务系统像一个系统那样为企业提供服务。

2）集成应用门户

集成应用门户是企业资源整合、信息共享发布、促进各相关业务系统的数据进行统一的展现和提升，为公司、基层单位、领导、个人提供方便的办公空间。

（1）系统支持调度门户和工作门户。工作门户还包括单位门户、领导门户、个人门户等多级子门户配置和管理，提供人、部门、岗位、角色的相关设置及分级授权机制。

（2）系统可基于人、部门、岗位、角色进行查询，并支持所有权限的相关调整。可以批量授权，并自定义门户页面主题和布局模板，并分别应用，上级门户的主题可由下一级门户继承。

（3）系统提供统一的门户模板定义和相关配置，各级子门户均可统一应用（子门户自定义内容不受影响）。

（4）门户内容支持细粒度展现，可实现单一文档或记录级的展现，系统根据不同用户权限或角色定义向用户展现的相关内容。

工作门户提供的主要功能有：

（1）个人工作台：备忘、记事本、名片、待办事项、天气等部件。

（2）门户个性化设置：界面风格设置、布局设置、其他个性化设置等功能。

（3）内容管理系统（CMS）：门户内置内容管理功能，包括新闻，文档，公告，栏目、链接组等模块管理，可快速构建丰富的页面功能。

（4）门户后台管理：包括组织机构、人员管理、用户管理、日志管理、参数管理、编码管理和权限管理等模块。

调度门户提供的主要功能有：

（1）调度主页面：能够集成显示各系统调度信息，能够支持总、分屏显示方式。

（2）调度工作站：能够实现调度信息的实时显示，列表或图形化管理各子系统接入口，能够按需要切换系统界面。

（3）调度信息管理：滚动显示调度值班信息、目前的重点实时数据等内容。

3）单点登录

门户最有价值的应用之一就是系统集成，提供完善的第三方系统集成方案，可以根据第三方系统的要求提供各种方式和安全级别的集成方案。

（1）支持与 LDAP 标准的目录服务器（如 Apache Open LDAP、IBM LDAP Server、Sun LDAP Server 等）和 Windows 活动目录（Windows AD）集成，实现与支持 LDAP 协议的其他系统进行双向单点登录。

（2）通过 iframe 技术及二次开发方式，支持从门户单点登录其他 B/S 系统和邮件、即时通信系统。

（3）可向第三方软件系统提供认证服务。

4）平台消息中心

消息中心用于系统之间、系统用户之间的处理信息传递。消息中心显示平台及其之上的应用系统运行中所产生的各种消息并可进行相关的处理操作。消息中心提供个性化定制的功能，每个用户可定制自己喜欢的栏目样式和大小。消息中心还具有排序、定位、查找及过滤功能。

消息分系统与用户之间的消息和系统内消息两种。系统与用户之间的消息，包含短信、邮件两种。基础业务平台通过短信和邮件的方式，发送给相关用户。用户可以是单个系统用户，也可以是一个群组，基础业务平台只提供单向的短信和邮件发送功能，不提供短信与邮件的接收功能。

系统运行时，在系统之间传递的信息，如同时在线人数、系统警示信息，基础业务平台能提供显示方式和消息源接口，行业业务平台通过接口，传递相关消息数据，基础业务平台就根据行业业务平台要求的显示方式处理消息。

5）企业信息应用总线

总线是企业级面向服务架构的基础，使企业能在高度分布但管理集中的架构中，以基于标准、事件驱动的服务整合应用和流程。由于没有单点失败，总线具有可靠、线性伸缩、无性能瓶颈等特性。总线服务包括应用/业务逻辑和基本转换、路由、连接、分布服务，都可以从企业网络中的任何物理位置部署和管理。总线完全基于包括 XML 和 Wcb service 的业界标准而建，在企业内统一应用和基础架构，通过重利用、灵活性和更高的效率实现企业的信息化整合。

6）企业主数据管理

企业主数据是用来描述企业核心业务实体的数据，如组织机构、用户信息、材料分类、科目名称等企业基础编码信息。它是具有高业务价值的、可以在企业内跨越各个业务部门被重复使用的数据，并且多数情况下存在于多个异构的应用系统中。对露天矿来说，企业主数据管理对未来经营管理系统的陆续建设有着更为重要的意义。

主数据管理从 IT 建设的角度来看会是一个相对复杂的应用，它会和企业的数据仓库、决策支持系统以及企业内的各个业务系统发生关联，技术实现上也会涉及数据集成等多个方面，很多主数据管理平台本身就包含了数据抽取、数据加载、数据转换、数据质量管理、数据复制和数据同步的功能。同时，因为主数据是企业决策的核心依据，所以需要经常维护以确保数据信息的时效性和准确性。

2. 执行管理平台内容

生产执行系统涵盖了露天矿从生产计划制订、生产计划执行到生产计划跟踪全过程的闭环管理，包含了生产管理、生产智能调度管理、机电管理、安全管理、煤质管理、节能环保管理等子系统。

该系统与其他系统的接口：从综合调度监控平台获取生产实时数据；从 ERP 系统获取年度计划、设备台账、设备检维修等数据，反馈计划执行结果。

3. 信息执行管理子系统

1）生产计划管理

（1）需求要点：生产管理的范围涵盖了地测、生产计划管理以及用于煤炭辅助生产开采相关技术性管理工作，为煤炭生产开采提供设计方案和技术支持。

（2）系统功能：生产管理子系统分为地质管理、测量管理、生产计划、生产过程优化设计、班组建设、标准化作业、技术资料管理。提供年度生产计划管理，实际完成对比跟踪。提供月度生产作业计划管理，实际完成对比跟踪。

（3）地质管理：实现对地质信息的查询和管理，包括地质钻孔、煤层与煤质分布情况、地质构造、水文地质等信息；能够查询煤炭生产开采的详细地质信息，以及时指导煤炭生产开采；能够查询煤炭资源储量。

（4）生产计划：能够根据生产计划部所编写的数据来编制年度、季度、月度生产计划，以确定计划期采、运、排工程量和工程位置及时空发展关系，以及不同工艺所需配置设备型号和数量，并对生产计划进行审核、审批。

能够根据生产计划部所编写的数据来编制生产计划任务书及图表，描述采、运、排工程量和工程水平，以及设备配置和调度情况。

（5）班组建设：实现班组日常管理、班组考核管理、班组会议管理及员工培训管理等功能。其中，员工培训管理应具备培训题库建设、培训计划制订、周期性培训提醒和培训考核功能。

（6）技术资料管理：将生产相关技术资料、规程（规范）数字化，将文档数字化管理，以供生产作业人员或管理人员查询。

（7）综合分析查询：管理层通过本模块可对企业原煤生产、产品产量、掘进进尺、全员效率、原材料消耗量、各类专项工程等实际完成情况与计划完成量进行对比分析，可以直接从数据库获取或接口文件形式获取来自财务、人事、运销、生产、物资供应等企业业务部门的信息，用于统计工作。为企业生产组织、物料、资金控制、协同作业、成本分析、计划调整提供分析与决策依据。

2）安全生产调度管理

（1）需求要点：生产调度管理的范围涵盖了从生产计划编制到计划执行后的跟踪管理环节，主要用于落实制定的生产计划，并对生产的执行进行调度指挥和协调管理。

（2）系统功能：生产调度管理子系统包含了调度指挥、生产统计、调度值班管理和突发事件应急处理，以及各类生产事故的统计管理。

（3）调度指挥：可根据编制的月度生产计划、区队和人员情况，实现对月度生产工作的分配，也可对生产计划执行进行人工干预；调度室可以向作业设备发送指令，作业设备也可向调度室发送请求指令，实现信息的双向传输，还可通过系统实现视频或语音通话；通过系统可及时记录、跟踪并反馈生产过程中出现的问题，并给出解决方案。

（4）生产统计：对生产作业的采剥量与排弃量进行统计，根据工作人员所录入的数据自动生成生产统计报表，实现对生产计划执行情况的全过程跟踪；根据工作人员所录入的数据，可以对月计划、季度计划完成情况，如土、岩剥离完成情况、原煤生产完成情况、材料备件消耗情况进行统计和分析，或对生产历史数据进行统计、分析与对比，并将统计分析结果以图、表的形式展示出来。

生产统计日报表应包括土、岩剥离日报，运输调度日报，生产煤日报，煤炭外运调度日报，配煤日报，地销煤销售日报。对生产过程、调度指挥、统计分析及调度台账的日常管理，包括调度值班情况、调度汇报、多种通知、多种记录、生产计划、生产日报、车辆情况、煤炭外运、地销等生产调度信息进行统计并且根据工作人员所录入的数据自动生成报表以供查询。

（5）调度值班管理：可对调度值班进行自动排班，也可人工参与排班；可进行调度值班日志管理和交接班管理。

调度日志应记录生产异常问题及处理跟踪，提供生产作业班进度记录，采集产量数据，进度记录，可记录其他与生产相关的内容。

调度会议纪要发布及跟踪需提供调度会议纪要及问题落实情况信息发布。

（6）系统建设目标：

①规范管理方式，并统一数据的上报格式，使管理更规范、明确。

②生产过程中各类计划的编制，应急预案的编制。

③生产单位每天上报的数据都要经过调度审核，保证数据真实、可靠。

④根据原始数据自动生成统计报表，避免手工统计中出现的人为错误，减少工作量。

⑤能随时查询当天的生产情况。优化了业务流程，大大缩短了数据上报时间。

⑥提供强大的查询功能，辅助矿领导决策，为领导提供了详尽的生产、安全数据，及时采取相应的安全、生产措施，保证生产正常进行。

⑦提供较为详细的统计数据，指导制定下年度的生产计划安排。

⑧记录影响生产的所有详细情况，可以随时了解影响生产的原因、时间、地点以及生产恢复时间，也可以了解到影响生产的具体数据。

⑨通过系统了解当前及近期一段时间各采掘工作面等重点工程进展情况。

⑩实时了解煤矿生产情况、工伤事故情况以及危害情况，使矿领导对安全信息有比较详细的了解，将事故率降到最低。

⑪加强安全事故的统计分析能力，实时了解煤矿安全情况。

⑫为确保数据的安全性，采用分级、分权限维护。

⑬可对重要生产信息进行组织，以手机短信的形式及时通知管理人员，保证信息传递的时效性。

3）机电设备管理

（1）设备档案：由工作人员对设备基本档案、技术参数、设备配件等设备档案信息进行登记。系统能够按设备分类树对设备档案信息进行查询。

（2）设备异常故障记录：与实时监控系统结合，在设备出现故障后，进行故障信息采集记录。此外，还可以按设备故障异常类型、责任单位等条件进行查询。

（3）综合显示：将矿方原有的生产系统图，将主要设备的运行情况能实时地表现出来，利用鼠标点击可直接子页面显示设备的管理信息，例如设备厂家、型号、安装时间、保养时限、维修时间、有无备品备件等，对设备相关技术资料及图纸的管理和查询。

4）安全管理子系统

（1）需求要点：安全管理贯穿了露天矿生产过程各个环节，通过安全管理来达到规范露天矿安全生产作业目的，杜绝生产安全事故的发生。

（2）系统功能：安全管理主要用于对露天矿可能存在的安全风险加以分析预防，对作业人员操作行为加以规范管理，并建立事故应急预案机制，加强边坡稳定监测和水害防治管理，以及对安全工作的考核评价。

5）图纸管理

图纸管理系统的核心是建立图纸数据库，内容主要包括调度指挥的图表文字材料、专题图形等内容，功能上需涵盖资料的数字化处理、图纸分类体系的建立、图纸的整理归类、图纸的录入、图纸的分类归档、修改以及图纸的安全权限管理等图纸管理的全过程，提供全文或者关键字检索，提供完备的权限管理功能。图纸和技术资料管理：发布技术文档、查询技术文档、删除生效过期的文档、设置分类目录及权限等。根据不同科室、不同人员管理权限对技术文档进行上传、阅览、更新、删除等管理。

图纸管理系统能够在矿区不同办公地点通过矿区网络访问的系统。管理图文资料、专题图形、企业各种信息资料等功能。大大提高企业的办公效率、应变能力和指挥能力，从而帮助企业实现办公现代化、信息资源化、管理宏观化和决策科学化的系统总体目标。

资料管理主要管理图纸、报告、台账等电子资料，包括电子资料的上传、下载、归档、查阅等功能，只有授权用户才具备相应的功能。

6）边坡监测

根据某露天矿的实际情况，要求在平台系统中建立边坡监测图纸管理功能，能够实时管理上传的图纸，并提供数据信息录入界面和信息查询与显示功能。

7）煤质管理

（1）需求要点：煤质管理的范围涵盖从生产、破碎到装车各环节，这些环节煤质化验信息均记录在系统煤质管理模块中，包括矿煤质和装车煤质。

（2）系统功能：煤质管理实现对煤矿煤质计划、煤质指标体系建立、煤质数据管理和煤质预测功能。采样点由调度定位在矢量图上，煤质化验室取样、分析、化验，将数据分析结果手工录入系统，拥有权限人员即可登录到煤质分析管理模块查看，相关数据可以曲线、柱状、表格等形象的表示方式显示。

13.2.3　综合信息调度系统硬件参数要求

1. 硬件设备通用技术要求

硬件设备的安全运行对矿区的安全生产及管理信息系统的平稳运行尤为重要，选型的产品必须保证煤矿自动化系统中各项应用都可以得到高质量的、高稳定的、不间断的服务。

硬件设备中的非金属器件，如端子排，导线、电缆等绝缘部分，电缆夹，油漆或其他涂料及类似物品应不易燃烧或采用阻燃的材料制造。

对受燃烧影响散发出腐蚀性气体、浓烟或其他危险气体或含有害化学物质的材料，使用量应减少到最低限度。

为了保证足够的空气流通，应设置通气孔，其进风口处应有网罩或百叶窗，还要加装可进行清洗的永久性过滤系统，出口也要用网罩。

所有喷漆（塑）零件的表面应光滑平整、色泽一致，不允许有划痕、斑疵、流挂、脱落和破损。电镀零件的表面应有金属光泽，不允许有裂纹、斑点、毛刺和缺陷。

盘柜应采用标准机柜，满足防灰尘，防溅水，防潮湿、凝结，防虫、鼠害，防腐蚀的防护要求。

所有设备的机架和安装件的结构，应能经受里氏震级基本烈度为 8 度，设备按 8 度设防。

2. 核心网络设备技术要求

（1）核心交换机：国产主流品牌，千兆核心三层交换机；采用分布式处理机制和 Crossbar 交换结构，系统的主控单元、电源等均要求冗余备份；交换容量 ≥1000 Gbps，包转发率 ≥780 Mpps；总插槽数 ≥7，业务板插槽数 ≥5。实配 24 千兆光接口板、48 千兆电接口板各 1 块、电源冗余、主控冗余配置；提供信息产业部入网证及 MEF、EMC、CE 证明材料。

（2）隔离防火墙：采用标准 2U 机架式设备，冗余电源；处理能力（吞吐量）≥2 G；并发连接数 ≥200 万；端口数配置 2 个 SFP 插槽，6 个 10/100/1000BASE－T 端口，1 个 console 口，1 个 USB 口，且每个端口均可连接独立的安全域；VPN 隧道数 8000；每秒新建连接数 ≥50000。

具备链路和服务器负载均衡功能，至少支持 5 条以上链路负载均衡，支持 P2P 引流技术；支持智能 DNS 技术（需提供功能截图并加盖原厂公章）支持可扩展流量控制、IPS、防病毒、VPN 功能。

3. 服务器及其他设备技术要求

（1）实时库服务器：2 颗英特尔至强 E5 系列 CPU，主频 2.4 GHz 以上；24 MB Cache/16 GB SDRAM；内存不小于 16 GB，可扩展到 32 GB；2T×3 HARD DISK；48X 可读写光驱；双 100/1000 Mbps 网卡；热插拔冗余电源；企业级机架式安装；3 年有效现场全天候服务；Windows server 2012 64 位中文标准版。

（2）历史数据库服务器：2 颗英特尔至强 E5 系列 CPU，主频 2.4 GHz 以上；24 MB Cache/16 GB SDRAM；内存不小于 16 GB，可扩展到 32 GB；2T×3 HARD DISK；48X 可读写光驱；双 100/1000 Mbps 网卡；热插拔冗余电源；企业级机架式安装；3 年有效现场全天候服务；Windows server 2012 64 位中文标准版。

（3）生产执行系统服务器：2 颗英特尔至强 E5 系列 CPU，主频 2.4 GHz 以上；24 MB Cache/16 GB SDRAM；内存不小于 16 GB，可扩展到 32 GB；2T×3 HARD DISK；48X 可读写光驱；双 100/1000 Mbps 网卡；热插拔冗余电源；企业级机架式安装；3 年有效现场全天候服务；Windows server 2008 64 位中文标准版。

（4）Web 服务器：英特尔至强 E5 系列 CPU；内存不小于 8 GB；500 GB HARD DISK；

48X 可读写光驱；双 100/1000 Mbps 网卡；热插拔冗余电源；企业级机架式安装；Windows server 2012 中文标准版 64 位；3 年有效现场全天候服务。数据采集主机：i7 主频 3.0 GHz 以上；4 MB Cache/4 G SDRAM 以上；500 GB HD 以上；48X 可读写光驱；双 100 Mbps 网卡；多路图形卡，64 MB 显示内存；2 块 22 英寸 LCD 彩色显示器，分辨率 1680 × 1050，可视角度（水平/垂直）170/160，亮度 300cd/m^2（Nits），响应时间 2 ms，对比度 700∶1；键盘及鼠标器等；Windows7 中文专业版。

（5）操作员工作站：i7 主频 3.0 GHz 以上；4 MB Cache/4 G SDRAM 以上；500 GB HD 以上；48X 可读写光驱；双 100 Mbps 网卡；多路图形卡，64 MB 显示内存；2 块 22 英寸 LCD 彩色显示器，分辨率 1680 × 1050，可视角度（水平/垂直）170/160，亮度 300 cd/m^2（Nits），响应时间 2 ms，对比度 700∶1；键盘及鼠标器等；Windows7 中文专业版。

（6）服务器机柜：19 英寸 42U 服务器网络机柜，黑色，带风扇及 PDU × 3 等。

（7）KVM 显示控制一体机：机架式，17 英寸 LCD 一体机，8 路切换端。

13.2.4　综合信息调度系统平台操作系统软件要求

操作工作站操作系统软件：64 位 Windows7 操作系统。

服务器操作系统软件：Windows2012 r2 中文 64 位。

13.2.5　综合信息调度系统平台主要配置（表 13-1）

表 13-1　综合信息调度系统平台配置单

序号	设 备 名 称	型号及规格	单位	数量	品　牌	单价	总价
(一) 综合自动化监控平台硬件							
1	网络核心交换机	要求见前文	台	2			
2	隔离防火墙	要求见前文	台	1	中兴、华为		
3	实时数据库服务器	要求见前文	台	2	IBM、HP、DeLL		
4	历史数据库服务器	要求见前文	台	2	IBM、HP、DeLL		
5	Web 服务器	要求见前文	台	1	IBM、HP、DeLL		
6	数据采集工作站	要求见前文	台	2	IBM、HP、DeLL		
7	操作员工作站	要求见前文，双屏显示	台	4	IBM、HP、DeLL		
8	服务器机柜	19 英寸 42U 服务器网络机柜，黑色，带风扇及 PDU × 3 等	台	2			
9	显示器	22 英寸液晶显示器，双屏显示	台	8	三星、HP、DeLL		
10	打印机	A3 HP 5200N	台	2	HP		
11	工作站操作站操作系统软件	Windows7 64 位	套	2	正版授权，上门服务		
12	服务器操作系统软件	Windows2012 r2 64 位	套	2	正版授权，上门服务		

表 13-1(续)

序号	设备名称	型号及规格	单位	数量	品牌	单价	总价
(二)综合自动化监控平台软件							
1	综合监控系统软件	含以下内容: (1)实时数据库服务模块; (2)历史数据库服务模块; (3)通用中间件模块; (4)冗余管理模块; (5)网络状态监视模块; (6)设备状态监视模块; (7)时间同步模块; (8)报表服务模块; (9)系统管理配置模块; (10)报警服务模块; (11)运算处理模块; (12)事件管理模块; (13)第三方通信处理模块; (14)HMI模块; (15)备份和文档管理模块; (16)接口通信协议模块	套	1	PSI、SCADA Mining、iFIX、CSC-2000/DM		
2	子系统接入	见要求	套	1			
3	实时数据库软件	与综合监控系统软件匹配	套	1			
4	网管软件	符合系统设备管理要求、能够提供交换机、路由器、OLT、ONU的统一管理	套	1			
(三)生产执行信息系统平台硬件							
1	网络核心交换机	要求见前文	台	1			
2	隔离防火墙	要求见前文	台	1	中兴、华为		
3	应用服务器	要求见前文	台	2	IBM、HP、DeLL		
4	数据采集工作站	要求见前文	台	2	IBM、HP、DeLL		
5	服务器机柜	19英寸42U服务器网络机柜,黑色、带风扇及PDU×3等	台	1			
6	显示器	22英寸液晶显示器,双屏显示	台	1	三星、HP、DeLL		
(四)生产执行信息系统平台软件							
	生产执行信息系统平台软件	包括生产管理、调度管理、生产统计、煤质管理、图纸管理等,具体详见要求	套	1			

13.3　综合信息调度系统（建设及接入）技术要求

13.3.1　EPON 光纤网络设计

1. 技术要求

建设某露天矿 1000 M 工业 EPON 网络，为生产区调度通信、视频监控提供高带宽、高可用性的网络平台，并为各生产自动化系统提供接入服务。在南部工业广场配套建设核心交换机、路由器、防火墙实现各子系统的互联及提供互联网访问出口。

设计某露天矿综合信息系统网络采用 PON 技术架构，组建（EPON）基于 IEEE 802.3 以太网帧的 1000 M 工业以太网，系统以光纤为主传输介质，以无源光分路器进行物理分光，组网示意如图 13 - 2 所示。通过在东、南、西三个工业场地及铁路装车系统布置 OLT 形成主干网传输结构，系统 OLT 与南部工业广场中心机房万兆网管型核心交换机相连，核心交换机作为综合信息调度平台主交换设备使用，地面各生产子系统本着节省光缆的原则接入就近 ONU 设备。

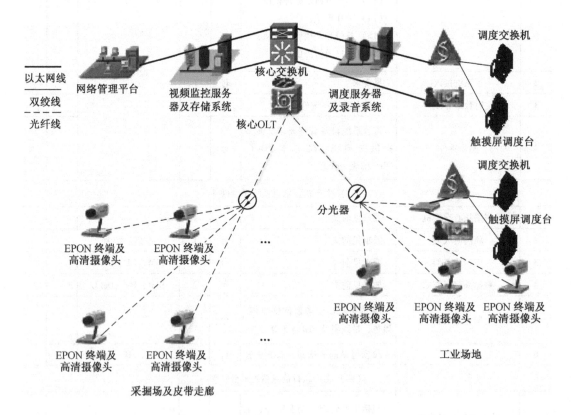

图 13 - 2　某露天矿 EPON 网络通信组网示意图

2. ONU 分布统计

ONU 光节点分布见表 13 - 2，投标单位可对以下配置进行优化。

表 13 - 2　ONU 光节点分布情况

序号	安 装 位 置	ONU（2 上、4 电、2 串）	24 口交换机	单价	总价
东　区					
1	35kV 变电所	1			
2	办公楼	1	1		
3	食堂				
4	浴室				
5	公寓一				
6	公寓二				
7	锅炉房				
8	综合材料库				
9	综合维修车间				
10	污水处理站	待定			
11	设备备件库				
12	卡车备件库				
13	工程机械修理车间				
14	汽车保修及修理车间				
15	矿坑水处理				
16	职工活动中心				
17	磅房	1			
18	炸药库（矿方）	1			
19	三采区采掘场	1			
21	三采区破碎站	1			
22	东 1 号转载站				
23	8 号箱变	1			
24	2 号转载站				
25	3 号转载站及拉紧间	1			
26	7 号箱变				
27	4 号转载站及拉紧间	1			
28	7 号皮带、2 号拉紧间				
29	4 号配电室	1			
30	6 号箱变				
31	5 号转载站	1			
32	东区 6 号配电室				
33	穹顶仓				
34	穹顶仓暗道	1			
35	汽车定量快速装车站				

表 13-2（续）

序号	安 装 位 置	ONU（2 上、4 电、2 串）	24 口交换机	单价	总价
36	3 号门卫（23 km）	1			
37	高位水池	1			
南 区					
1	门卫	1			
2	110 kV 变电所	1			
3	联合泵房	1			
4	二次破碎转载站 3 层	1			
5	二次破碎转载站 2 层	1			
6	二次破碎转载站 1 层	1			
7	工厂 1 及西 3 拉紧间				
8	7 号皮带，1 号拉紧间	1			
9	2 号箱变及配电室				
10	南 1 号转载站地下 2 层	1			
11	南 1 号转载站地下 1 层				
12	3 号箱变及配电室	1			
13	南 1 号转载站 4、5 层	1			
14	南 1 号转载站 6、7 层	1			
15	穿顶仓及工 3 号机头	1			
16	穿顶仓及工厂 4 机头	1			
17	工厂 5 机头	1			
18	澡堂及 5 号箱变	1			
19	锅炉房及工厂 8 号拉紧间				
20	食堂及污水处理	1			
21	区队办公楼	1	1		
22	筛分车间 3 层	1			
23	筛分车间 2 层				
24	筛分车间 1 层及配电室	1			
25	驱动机房及配电室	1			
26	4 号箱变				
27	筒仓 产品仓（仓上）	1			
28	筒仓 产品仓（仓下）	1			
29	地磅房	1			
30	铁路快装系统 1 至 4 号转载站	1			
31	氮气保护及配电室	1			
32	铁路快装 5 号转载站、箱变及配电室	1			
33	铁路快装 6 号驱动间、箱变及配电室	1			

表 13 - 2(续)

序号	安装位置	ONU(2 上、4 电、2 串)	24 口交换机	单价	总价
34	铁路快装 6 号机头仓上转载站	1			
35	铁路快装 6 号仓下	1			
36	铁路快装 6 号驱动间、箱变及配电室	1			
37	火车快装站	1			
西 部					
1	西 2 号转载站	1			
2	西 1 号转载站	1			
3	破碎站				
4	2 号采掘场	1			
5	2 个磅房	1			
6	门卫	1			
7	生活办公区(含卡调)	1			
8	污水处理及清水泵房	1			
9	矿坑水处理				
10	机修车间及汽修车间	1			
	总计	51	2		

3. 光(线)缆敷设量统计

光(线)缆敷设量统计见表 13 - 3。

表 13 - 3 光(线)缆敷设量统计表

序号	起 点	终 点	长度/km	单价	总价
南部及西部工业场地光缆敷设					
1	调度室	产品煤仓	0.7		
2	产品煤仓	火车快装站	2		
3	1 号转载站	二次破碎转载站	0.3		
4	二次破碎转载站	联合给水泵房、变电所	0.25		
5	快装站	门卫	0.5		
6	二次破碎转载站	西区坑下破碎站	3		
7	二采区区域(排土场及道路)	西区生活区、磅房、门卫	5		
	工业场地内		0.3		
	合计		12.05		
东部工业场地光缆敷设					
1	东二转载站	生活区	4.5		
2	东区磅房	炸药库(矿方)	0.7		

表 13 - 3（续）

序号	起　点	终　点	长度/km	单价	总价
3	生活区内		0.8		
4	二次破碎站转载站	东 1 转载站	8		
5	东 4 转载站	汽车快速装车站	0.4		
6	汽车快速装车站	东区门卫	2.5		
	合　　计		16.9		
	总　　计		28.95		

4. 综合设计要求

1）工业级的可靠性要求

系统关键部件包括主控交换、电源以及管理等均采用主备方式工作，保证业务不间断运营。

完善的用户侧光链路层保护，网络侧支持 UAPS/LACP/STP 等保护方式。

工业级的系统和元器件设计，保证设备在各种恶劣环境条件下稳定运行。

2）网络安全性

具有限制每端口最大用户数、端口隔离、报文风暴控制、基于数据流的 ACL 访问控制、PON 口传输数据加密等功能。

3）优异的系统性能

设备采用基于最前沿的环网架构，满足线性无阻塞交换要求。

支持 VoIP、HIS、IPTV 等业界主流业务需求，同时灵活高效的系统构架，丰富的功能保证业务扩展能力，支持丰富的用户鉴权模式，满足客户开展各种高质量业务的需求。

完善的 QoS 控制能力，采用动态带宽分配、优先级控制、多种流量分类机制、多队列调度等技术，支持 SLA，满足不同业务的服务质量需求。

支持数据加密、用户隔离、端口隔离，支持 MAC 地址、IP 地址与端口绑定，可有效防止 DOS 攻击及 IP 欺骗，支持 AES 128 加密方式，支持 L2/L3 的 ACL 控制。

4）完善的管理运维能力

产品运维管理严格遵循 ITU - T TMN 系列管理建议，并支持 RFC 系列 EMS 管理标准。

光接入产品所有系列网元实现统一网管，支持分权、分组管理。

方便灵活的设备安装开通运营能力，支持批量预配置、配置模板化、管理地址自动配置、即插即用等功能。

完善的服务保障能力，降低运维保障风险和故障时间，支持远程监控、远程诊断、远程恢复。

支持 FTTx 业务的批量、自动发放，实现自动化，降低工程开通和维护人员的工作量。

开放的第三方接口，为客户定制的统一接口，与客户统一管理可实现无缝结合。

5）丰富的功能

设备功能完全支持业界主流企业标准、国内标准、国际标准的功能要求。

完善的 L2 功能，802.1D 桥接、STP、链路聚合、802.1Q/802.1ad SVLAN。

丰富的 IPTV service 服务功能，全面支持受控组播能力。

强大的 QoS 能力，L2～L4 分类、802.1D、DSCP 标记能力、拥塞管理调度能力、拥塞避免能力。

强大的接入控制能力，用户标识、流控整形限速能力、802.1X 认证能力、基于流的标识限速能力、基于 MAC/IP 地址的黑白名单。

全面的管理支撑，支持管理层面 ACL、SSH、FTP、SNMP、TELNET 各种协议，支持设备远程维护和升级能力。

5. 光设备要求

1）OLT 技术要求

（1）遵循 IEEE 802.3ah、YD/T 1475—2006《接入网技术要求——基于以太网方式的无源光网络（EPON）》和《中国电信 EPON 设备技术要求》中对于 GEPON OLT 设备的相关要求。

（2）机框式模块设备，高密度大容量，易于扩展和升级。

（3）强大的 L2/L3/L4 功能，整机支持 352 Gbps 背板带宽，支持静态路由、RIP、OSPF 等。具备 QoS、带宽控制、组播等高级性能，实现整体网络增值的优选设备。

（4）坚强的可靠性保障。系统的主控单元、电源等关键模块均可以进行 1∶1 方式的备份，无中断保护系统为提高可靠性提供了最重要的保证，在配置冗余控制模块的情况下，能满足最苛刻的可靠性要求。同时，VRRP、STP、LACP 等功能为用户提供了进一步的可靠性保证。

（5）单块 EPON 卡支持 4 个 EPON 接口，最大支持 48 个 EPON 接口，最大支持 1∶64 分光比，系统最大可支持 3584 个 ONU，传输距离可达 20 km。

（6）支持丰富的接口类型，包括 GE、TE、EPON、POS、E1。

（7）遵循 CTC2.0/2.1，自动发现和兼容各厂商 ONU。

（8）支持 RFC 1213 SNMP（简单网络管理协议），带内网管的形式可采用基于 Telnet 的配置管理（CLI 命令行的形式）或基于 SNMP 的配置管理（图形界面的形式），实现基于网管平台的统一网管。

2）ONU 光节点

（1）设备应满足《接入网技术要求——基于以太网方式的无源光网络（EPON）》和《中国电信 EPON 设备技术要求》中对于 GEPON OUN 设备的相关要求。

（2）端口：至少支持 2 个 GEPON 接口、4 个 FE 接口、4 个 RS232/485 串口、1 个 Console 管理接口。

（3）网络覆盖半径：20 km。

（4）串口类型：支持 RS232、RS485 全双工/半双工。

（5）支持至少 VLAN Stacking 功能、VLAN 转换功能、STP 功能、端口镜像功能、UNI 端口流控功能及 IGMP Snooping 功能。

（6）采用网络标准其开放性好、应用广泛、使用的是透明而统一的 TCP/IP 协议。

（7）支持树形、链型手拉手、环形等结构，具备电网通信链路的"1+1"保护功能，并且实现小于 50 ms 保护切换。

（8）上下行达 1.25 Gbps。

（9）支持基于 ITU – T Y.1291 的 QoS 机制，支持 DBA 机制，对每个 ONU 上行带宽进行分配和限速。

（10）具备有效的隔离保障机制、VLAN 隔离、保护端口、MAC 地址绑定、IP 地址绑定、端口限速、队列技术、流控技术等，能平滑升级扩容。

（11）宽温为 – 40 ~ 85 ℃，能够适应各种恶劣环境，抗强雷击和强电磁干扰，符合 GB/T 17626 电磁兼容 4 级标准和 CE 安规要求。

6. 技术要求

某露天矿网络主干采用 24 芯矿用单模阻燃光缆构成露天矿主干 1000 M 工业 EPON 网络。主光缆由区队办公楼二楼综合调度室敷设到筛分皮带拉紧间再转至筛分车间、产品煤仓、铁路快装系统（火车装车站）及南工厂门卫（8 芯）。在筛分皮带机拉紧间向东敷设到东部三采区东 1 号转载破碎站（在东四机头 100 多米处把东 5、东 6、东部汽车装车站信号及门卫（8 芯）视频监控、通信信号接入），再由此延伸至东部工业广场办公楼及生活区内，在沿线东区地磅房处分支到炸药库一路；在南工广至东区沿线二次破碎站处分支两路，一路向北分支到西区二采区坑下破碎站，再由西一转载站此延伸到露天矿地磅房（在沿线需分支到白石湖生活区），地磅房已有视频监控，需接入系统，再由地磅房分支到门卫将数据接入系统；另一路在二次破碎站向南分支到联合泵房、110 kV 变电站；主光纤用于各点的集控、通信、视频监控、安全监测等，副光纤为原有生产集控光缆（已建），主副光纤故障时可相互切换，在总调利用主副任何一条光纤都可对生产系统设备进行远程操作。主光缆的长度暂定为 28.95 km（16 芯）。主光纤沿皮带廊悬挂敷设，光缆敷设过程中，主干光缆均需考虑敷设光纤冗余通道，未有皮带廊的地方利用高压电线杆安装（距电线 2.5 m），没有利用电线杆的地方，使用防腐木杆架设（50 m/根）。全线架设拉镀锌钢丝绳，抗拉强度满足使用要求，安装符合煤矿或通信部门的工艺要求。为了保证视频信号不衰减，尽量减少熔接次数，主干光纤每 1000 m 要求至少 20 m 的预留，能为熔接时预留长度。

光纤布线要求如下：

（1）布线必须科学合理。

（2）光纤光缆使用寿命应大于或等于 25 年。

（3）光缆采用矿用阻燃单模铠装光缆，具有检测报告。

（4）主干网（24 芯）采用矿用阻燃铠装光缆，每个网络交换机位置设置 1 台 24 芯光纤配线箱。

调度控制中心机房等重要的光缆熔接点，必须采用严格的电信级标准熔接，采用专业的光配线柜及 ODF 配线箱熔接。

所有 EPON 网络设备及安装工艺均要达到煤矿通信设计及施工规范标准。

7. EPON 网络平台主要设备清单

EPON 光纤网络平台主要设备见表 13 – 4。

表13-4 EPON光纤网络平台的主要设备

序号	设备名称	型号及规格	单位	数量	推荐品牌	单价	总价
1	矿用EPON光网络设备OLT	(1)国产主流品牌,背板数据总线带宽不小于1.12T,交换容量不小于320 G。 (2)单框OLT支持不少于40个PON口,任何两个PON接口支持互为主备,本期配置40个PON口。 (3)能提供8个以上千兆以太网上行接口(光电口可选),支持10 GE上行接口、FE上行接口,支持上联口双归属保护。 (4)电源要求:支持DC48 V输入,支持1+1热备份	套	1	中兴、华为		
2	网络接入设备ONU	(1)PON接口要求: 双PON接口,并且2个PON接口支持互为主备。 (2)业务接口要求:同时支持4个10 M/100 M以太网电口和至少2个RS232/RS485串口,且串口接口可通过软件灵活配置为RS232或RS485。 (3)电源要求:支持两种选配,直流12 V/24 V,交流110 V/220 V。 (4)工作环境要求:工作环境支持温度范围-40~85℃,湿度范围5%~93%(凝露条件),满足工业级设备使用并提供权威部门检测报告	套	1	暂定51		
3	无源分光器		套	暂定20	华为、中兴		
4	主干光纤	24芯室外单模阻燃光纤	km	暂定28.95	长飞、烽火		
5	双绞线	超六类4对低烟无卤非屏蔽双绞阻燃电缆	箱	暂定10			

13.3.2 露天矿生产调度通信系统

1. 露天矿生产调度通信系统(语音调度)

某露天矿生产调度通信系统由有线调度和无线调度两部分组成,有线调度系统采用IP调度系统;无线调度依托于当地公网。

2. IP调度通信系统

暂定系统容量为600门,由东部工业场地露天矿调度室IP有线调度系统、南部工业场地生产系统IP有线调度系统通过工业EPON网络提供以太网互联接口实现互联,在南部工业场地配置调度服务器、录音管理服务器实现对全网的集中管理,在东部、西部工业场地通过语音接入设备和IP电话进行接入,实现各工业场地间的语音调度通信。

IP调度通信系统用户终端应覆盖南工厂、东工厂、西工厂、地面、铁路生产系统及3

个区门卫、3 个区地磅房、1 个炸药库及施工单位炸药厂、变电所、输水系统等场所。

3. IP 调度系统结构

某露天矿 IP 调度系统由 IP 调度服务器、触摸屏调度台、工业 EPON 网、调度终端组成。

1）IP 调度服务器

IP 调度服务器负责所有内部语音终端的语音交换和调度应用。IP 调度服务器对外可以通过中继网关连接到 PSTN、传统 PBX 程控交换机、传统程控调度机等系统，为系统提供对外呼叫路由；对内可以限制语音终端的呼叫权限，同时定义不同终端或呼叫的路由走向，来实现语音通信。

IP 调度服务器决定了不同等级和权限的逻辑关系，并维护成员的分组以及实时监测通信状态，随时将调度台发出的指令传输到终端，并反馈执行信息。IP 调度服务器将所有调度成员按组织结构或作业分工划分到不同的基本组，并根据工作性质的不同严格区分调度等级和权限。

IP 调度服务器支持双机热备，主机失效后，备机快速切换，保证系统安全。

2）触摸屏调度台

触摸屏调度台采用 17 寸触摸屏设计，含有一体化的左右双手柄。调度台用于监控所有调度成员的通信状态，调度员能够对各基本组发起广播通知、会议或组呼，用于命令的快速下达。除此之外，在调度工作中可以灵活使用强插、强拆、代接、监听、转接、对讲等业务，以加强管控。

3）录音服务器

录音服务器负责系统内成员录音功能，录音文件格式支持 MP3 等通用格式，录音服务器支持 Web 管理维护，支持检索、查询、在线收听及下载等功能。录音文件名按时间格式保存，方便查询。

4）GA90 中继网关

GA90 中继网关支持 5 路插槽，可以选配 E1/T1、FXO、IP Trunk 等接口，实现任意组合，用于连接 PSTN、传统 PBX 程控交换机、传统程控调度机等系统。

4. IP 调度系统特点

IP 调度机可配合各种调度终端组成完善的生产、生活调度系统。具有如下技术优势：

（1）可完全按照需求布网，最大程度符合用户需要。

（2）可按照最优化原则引进功能最合适的终端，并可与旧系统兼容。

（3）系统兼容性更强。

（4）实现平战结合，平时所有系统均可作为正常办公和生产调度系统使用；一旦发生紧急情况，所有系统均可实现联动，快速响应调度台指令。

（5）多数据网融合，语音、数据和视频三网合一，为生产管理和应急指挥提供最及时最准确的信息。

5. 调度系统功能描述

MDS 调度系统包括业务功能、呼叫功能、监控功能和管理功能四部分基本功能。

（1）业务功能：拨号呼叫、来电接听、多线路切换、振铃组、轮询组、语音信箱、公共会议室、自动转接、手动转接。

（2）呼叫功能：呼叫、强插、强拆、代接、监听、禁话、转接、对讲、夜服、热线、组播、会议、广播通知。

（3）监控功能：能够通过图标颜色和文字指示出用户状态，如呼叫、振铃、通话，监控中继线路状态和显示通话记录。

（4）管理功能：系统管理、分组管理、账号管理、权限管理、热线管理。

6. 调度系统高级功能

调度系统还可提供一些高级功能，如紧急召开临时会议，紧急发起分组会议，紧急调度外线电话，紧急预案广播，多级调度，短信调度，分布式部署，双机热备，通话录音等。

7. 生产调度通信系统功能要求

1）主要调度功能

（1）多方通话：调度多方双向无障碍通话。

（2）调度强插：调度按用户键直接强插正在通话中的用户，无阻塞。应可以随时呼叫系统内的终端，可强拆、强插中继或用户线，保证调度通信畅通无阻，具有最高优先级。

（3）调度监听：调度按监听功能键进入监听状态，监听任意用户通话。监听时对监听用户通话无影响。

（4）调度转接：内外线呼入调度时，调度可任意转接至系统内各分机。

（5）紧急呼叫处理：分机发起紧急呼叫，调度台提示声光告警，显示紧急呼叫的终端号码，以区别于普通用户的呼叫，提示当前有紧急电话呼入，必要时并可进行语音录音。

（6）调度交换机宜能召开多方会议，用户可随时发言，也可由调度控制发言。

（7）调度交换机应能处理多路呼叫。

（8）缩位拨号：可将常用的外线号码储存在调度软件中，调度呼叫该外线时直接按所设定的转发号码键即可。

（9）首长用户：有强插权的首长用户可强插任何正在通话中的用户。

2）主要程控功能

（1）来电显示：来电显示制式为FSK，自动更新分机不正确的话机时间。来电显示同时支持内、外线来电显示（外线需具备来电显示功能）。

（2）来电转移：支持分机遇忙转移、分机无应答转移、所有来电转移。

（3）遇忙自动回叫；主叫遇忙回叫后，当主叫分机和被叫分机都空闲时，系统同时呼叫主被叫话机，双方摘机后即可通话。

（4）免打扰：提供10种免打扰方式供用户选择，分别对内线、外线或同时内外线进行免打扰设置。分机免打扰设置对调度无效，且权限可控制。

（5）闹钟功能：提供定时叫醒和不定时叫醒两种闹钟功能。

（6）自报号：拨#＋号码（系统设定），系统即自动将该分机号码以语音形式告知该用户。

（7）自回叫：拨#＋号码（系统设定），挂机后即被振铃。

（8）自报日期和时间：拨＃＋号码（系统设定）听日期，拨＃＋号码（系统设定）听时间。

（9）通话限时、分机通话限时：限制分机内部通话或占用外线的时间。外线定时时间到会有提示音提示分机本次通话将结束。

（10）占线时长可在 1～99 分钟内自由设定。

（11）呼入管制：内线或外线呼叫该被叫分机时被管制，不能到达对方，可对内线或外线分别管制。

（12）分机间禁止呼叫（呼内限制）：分机间禁呼（限呼）是指主叫分机（调度除外）是否允许呼叫其他分机。

（13）外线呼入限制：外线呼入到分机是否被限制。

（14）特服号码 110、119、120 等的处理：可选择是对内特服呼叫还是出局特服呼叫。对内特服呼叫时，自动呼叫内部特服号码岗位，如保卫部门—110、医院—120、电话故障报修—112、人工话务台—114、消防部门—119 等。出局特服呼叫时呼叫公网或专网的特服号码。

3）调度台软件功能

（1）纵向调度（调度呼入、呼出无阻塞、强插、强拆）。

（2）横向拨号（分机自动交换、双音频、脉冲兼容）。

（3）用户等级设置［热线用户、首长用户、特服用户号（110、119、122）］、限拨外线等。

（4）分机直拨外线、外线直拨分机、人工转接。

（5）调度/分机、中继/分机、分机/分机主叫铃声区别。

（6）自动催挂、夜间服务。

（7）市话、长话控制。

（8）集呼、组呼。

（9）中继分组、多向出局、汇接、中继方向可选（专发、转收、双向）。

（10）电话会议、会议点名、会议预编、多方通话。

（11）用户状态双灯多态显示、自动显示呼叫调度用户号、声光提示。

（12）一机多席复设、定席呼叫、虚拟调度、调度分局。

（13）数据设定及掉电保护。

（14）维护终端，主机数据全部通过计算机的维护终端软件调置。操作终端软件可查看每一用户状态，并可替代操作键盘。

（15）电脑话务员功能，用户拨 112 自动报报号功能。

（16）通过话机拨号进行强插和监听。

4）分机功能

（1）外线直拨分机：系统可通过后台维护管理系统设置任一分机为外线振入分机。

（2）本局呼叫：可进行用户呼叫用户、用户呼叫调度台、调度台呼叫用户等局内呼叫操作。

（3）出局呼叫：用户可根据所需中继组或指定中继组出局。

（4）入局呼叫：外线可通过调度台转接方式入局，亦可通过电脑话务员自动转接入局呼叫。

（5）用户等级限制功能：用户可根据需要通过后台维护管理系统完成用户等级、权限的设置。

（6）用户出局等级设置：对每一用户都可设定呼出级别，决定该用户是否具有"直通""本局""市话""国内长途""国际长途"等权限。且具有呼出局向限制功能。

（7）弹性编码：对每一个用户分机的号码实行弹性分配，使用编码更加灵活，根据需要可随时更改。

（8）内线分组功能：可将用户分成不同组别，可设置用户组内或组外通话权。

（9）呼叫转移：任何分机都可预设呼叫转移分机，该分机的来话呼叫自动转移到指定分机。

（10）遇忙转叫：如某分机设置了遇忙转叫功能，当该分机忙或者久叫不应时，对该分机的呼叫将转移到已设置的遇忙转叫分机。

（11）主叫号码显示功能：调度台具有显示主叫号码的功能，能自动显示来电主叫号码及中文用户名，内部用户具有来电显示主叫号码功能。

8. 生产调度通信系统主要技术参数

生产调度通信系统主要技术参数要求如下。

1）端口容量

（1）系统最多端口数量：2048。

（2）系统最多模拟用户数量：2048。

（3）系统最多中继数：1800。

（4）系统 DTMF 收发码器：64 路。

（5）系统 MFC 收发码器：64 路。

（6）系统最多会议双工数量：64。

（7）系统最多支持键盘数量：112。

（8）系统最多同时录音路数：（30 + 16）路。

2）接口种类

（1）用户接口：32 路/板（16 路/板可选）。

（2）二线环路中继：16 路/板（8 路/板可选）。

（3）2M 数字中继：2 × 30 路/板。

（4）四线 E/M 中继：8 路/板。

（5）载波中继接口。

3）信令系统

（1）数字、模拟 E&M 信令系统。

（2）中国 1 号及 R2 CAS 信令系统。

（3）中国 7 号信令系统及 QSIG、PRI 信令。

（4）DTMF、MFC 记发器信令系统。

9. 某露天矿调度电话分布表

调度电话分布情况见表 13 – 5。

表13-5　调度电话分布情况

序号	安 装 位 置	普通电话	本安电话	单价	总价
东　区					
1	35 kV变电所	1			
2	办公楼	20			
3	食堂	2			
4	浴室	2			
5	公寓一	1			
6	公寓二	1			
7	锅炉房	1			
8	综合材料库	1			
9	综合维修车间	1			
10	污水处理站	1			
11	设备备件库	1			
12	卡车备件库	1			
13	工程机械修理车间	1			
14	汽车保修及修理车间	1			
15	矿坑水处理	1			
16	职工活动中心	1			
17	加油站	1			
18	磅房	1			
19	炸药库（矿方）	1			
20	三采区破碎站	1			
21	东1号转载站及配电室	1			
22	2号转载站		1		
23	3号转载站及拉紧间		1		
24	4号转载站及拉紧间		1		
25	4号配电室		1		
26	5号转载站		1		
27	东区6号配电室		1		
28	穿顶仓		1		
29	穿顶仓暗道	1			
30	汽车快装站		1		
31	3号门卫（23 km）	1			
南　区					
32	门卫	1			
33	110 kV变电所	1			
34	联合泵房	1			

表 13-5（续）

序号	安装位置	普通电话	本安电话	单价	总价
35	二次破碎转载站		5		
36	2号箱变及配电室		1		
37	南1号转载站		2		
38	3号箱变及配电室		1		
39	穿顶仓及工广3号机头		4		
40	工广5号机头		1		
41	澡堂及5号箱变	1			
42	锅炉房及工广8号拉紧间	1			
43	食堂及污水处理	1			
44	区队办公楼	20			
45	筛分车间		5		
46	驱动机房及配电室		2		
47	筒仓 产品仓（仓上）		3		
48	筒仓 产品仓（仓下）		4		
49	地磅房	1			
50	铁路快装系统1~4号转载站		2		
51	氮气保护及配电室		2		
52	铁路快装5号转载站、箱变及配电室		2		
53	铁路快装6号驱动间、箱变及配电室		1		
54	铁路快装6号机头仓上转载站		2		
55	铁路快装6号驱动间、箱变及配电室		1		
56	火车快装站		1		
西 部					
57	西2号转载站		2		
58	西1号转载站		2		
59	破碎站及配电室		2		
60	2号采掘场	1			
61	2个磅房	2			
62	门卫	1			
63	生活办公区、宿舍	20			
64	污水处理及清水泵房	1			
65	矿坑水处理				
66	机修车间及汽修车间	1			
合 计		96	52		

10. 技术要求

地面生产系统（含铁路快装系统）存在煤尘的地方，电话均用矿用本安型电话机

（必须可设置语音同播功能），其他场所使用普通电话机，包括所有设备及通信电缆供货及安装。通信线路要保持畅通，悬吊要整齐，与动力电缆间距符合《煤矿安全规程》的相关要求，接口连接要规范，严禁出现明接头等失爆现象。

生产电话设备内置本安可充电电池，保证停电后不少于 2 小时的通话时间。通信系统应有备用电源，与主电源能实现自动切换，备用电源的容量保证系统连续运行不少于 2 小时。

所有通信设备及安装工艺均要达到设计及施工规范标准。

13.3.3　露天矿电力监控系统

1. 电力监控系统概述

某露天矿设有 110 kV 变电站 1 座、35 kV 变电站 1 座、10 kV 移动地面生产系统箱式变电站 11 座。110 kV、35 kV 变电站均设有微机综合保护及后台装置（视频监控、调度通信），10 kV 箱变 11 座（箱变增加采集上传设备），生产系统 16 个配电室的视频监控、调度通信的接入，要达到联网上传功能。110 kV、35 kV 变电所现具有通信管理机和上位机，已对各综合保护器数据进行采集，通过光电转换后接入网络平台，最终将检测信号上传区队办公楼二楼调度中心，集成到露天矿综合信息调度平台，并实现"四遥"功能，达到无人值守，可快速查出故障点，节省巡检时间及减少影响生产带来的损失，达到减人增效的目标。

2. 电力监控系统接入功能

1）系统监控功能

通过电力综合保护系统的接入，在调度中心实现监测变电所及箱变的运行参数和馈电开关的运行状态。

监测变电所进线参数，如电流、电压、进线开关状态等；监测变压器参数，如温度、出线电流、电压、油色谱在线监测等；监测各个馈电开关的工作状态、电流等。

实现远方合分闸功能，故障信息可以远程自动调阅、全系统 GPS + 北斗对时功能；实现远方自动电量计费功能，最终实现中央变电所无人值守功能；实现各变电所系统"四遥"功能（遥信、遥测、遥控、遥调）。

2）上位监控画面组成

（1）变电所一次系统实时监测画面。

（2）各个回路开关的控制画面。

（3）系统报警画面。

（4）实时、历史趋势画面。

3. 电力监控系统技术要求

110 kV、35 kV 变电所及 11 座 10 kV 箱变后台系统的接入，由光纤连接主网，电力系统在运行时，开关远程分合闸功能必须与皮带机等设备设有联动联锁关系。在综合调度中心设监控主机一套（软件程序要与变电站后台一致），电力监控系统须满足上述技术要求。后台硬件主机选用戴尔商用电脑，其他配置选用国产知名品牌。箱变没有配置数据采集上传设备的，投标方负责配齐并经招标方及设计院认可，必须满足远程读取数据及控制的要求。

13.3.4 地面生产集控系统

1. 集中控制装备水平

某露天矿地面生产系统主要由转载站、输煤走廊、产品煤仓、穿顶储煤场、快装站等设施组成。生产系统属连续生产工艺，主要设备由 27 条带式输送机、64 台甲带式给料机、8 台刮板输送机、4 台博后振动筛、2 套一二级破碎站、2 套筒仓保护系统、11 台配套箱式变电站、1 套汽车快装站、1 套火车快装站等组成。因生产系统主要是破碎、储煤、返煤、筛分装车，设计按其工艺流程确定采用二级装备水平，并按工艺流程分为以下几个系统进行集中控制。

（1）东区破碎 + 储煤系统（东区穿顶储煤场）。

（2）东区破碎 + 储煤系统（工广穿顶储煤场）。

（3）东区破碎 + 筛分装仓系统。

（4）东区返煤装车系统（公路快速定量装车站）。

（5）东区破碎 + 筛分装仓系统 + 铁路快速定量装车站。

（6）西区破碎 + 储煤系统（穿顶储煤场）。

（7）西区破碎 + 筛分装仓系统。

（8）西区返煤筛分装仓系统。

（9）西区返煤装车系统（铁路快速定量装车站）。

（10）其他可自定义流程。

2. 生产集控系统接入功能要求

生产系统集中控制集成后，其控制方式和功能应满足以下要求：

（1）控制方式：集中控制系统采用集中（闭锁）就地（解锁）的控制方式。

（2）集中控制应有以下功能：

①起车设有预告信号。

②逆煤流起车。

③顺煤流停车，按下停车按钮，各设备均按顺煤流停车。

④故障停车：其一，若某台设备的电气或机械发生故障，现场按下停车按钮，即可实现（顺煤流方向）故障点前的设备瞬时停车；其二，紧急情况下立刻在控制台上实现设备瞬时全部紧急停车。

（3）要求在集控中心的在线操作站实现一键按预定的逻辑切除故障的 PLC 系统（所属全部分站），同时按预定的逻辑给备用 PLC 系统、备用操作站和网络上电，完成备用集控系统接管生产集中控制功能。

3. 集控要求

投标方经过主光缆将集控分站 PLC 数据进行采集上传，在信息管理平台集成与原有生产集中控制系统（已建）相同编程、画面、点检等数据，并要实现在综合调度平台上进行集中控制，主系统出问题时可以切换到备用系统。把地面生产、铁路快装系统所有设备的集中控制信号和控制上位机接入总调（需达到生产集中控制集成商对接软件、功能等要求），达到集控操作站与总调显示控制一致。总调软硬件必须满足生产系统集中控制的整体接入要求，实时控制显示所有画面信号等功能，达到地面生产输煤系统整体集中控制的要求。

集中控制上位机设在区队办公楼调度中心，与调度中心共用大屏幕系统，操作人员可根据生产情况操纵转换开关实现集中就地两种控制方式。

上位机可用于显示就地设备的运行状况，并可实施就地自动操作，可以实现系统各设备的监控、设备故障的查询和运行参数的设定。各种信息均可存档，方便打印。

主要画面有人员登录画面、系统整体工艺显示画面、设备运行参数实时曲线显示画面、历史数据画面、变频器运行参数画面、变频器参数设定画面、故障报警消息显示画面等。所有画面均选用不同的颜色、背景和闪烁用以区分不同的状态。文本和数字数据也可按照实际需要在画面上显示和对设定参数的修改。其中主要画面实现以下内容：

（1）工艺图画面。内容有工艺流程图及各工况点的参数，如胶带输送机驱动电机、变频调速系统、胶带保护传感器的状态的指示及参数显示，以及必要的设备工作状态指示及设定等。

（2）报警画面。报警的各种指示等，包括拉紧装置故障、电机温度、胶带保护系统保护动作信号、变频调速系统控制器保护动作信号等故障报警。报警画面中还有报警确认和报警启用或禁止等功能。

（3）历史趋势画面。提供按时间查询的各种工艺参数的历史趋势曲线画面等。

（4）参数设定画面。对必要的工艺参数和保护参数进行设定，包括步序执行的设定时间、报警值等。该画面须特殊的用户账号才能进入。

4. 子系统接入及要求

1）对汽运、火车快装系统的接入要求

汽车、火车快装车站为单独控制系统，要求快装系统提供 OPC、Modbus 或其他标准协议接口。系统接入方式如下：

（1）方案一，采用与快装系统控制器间通信的方式进行连接（如快装系统控制器可提供标准通信协议接口），快装系统控制器就近接入集控系统控制分站。

（2）方案二，采用与快装系统上位控制计算机通信的方式进行连接，要求快装系统上位机能提供标准、稳定的 OPC 接口。

可实现的功能如下：

（1）系统可根据快装煤仓煤位及装车情况自动控制上仓皮带及给煤机启停。

（2）集成装车站上位监控画面，实现装车系统远程监视功能。

（3）要求在火车快装系统内增设安全监控、视频监控、通信等系统，并接入调度中心内。

2）对卡车调度系统的接入要求

卡车调度系统为外包系统单独控制系统，要求卡车调度系统提供 OPC、Modbus 或其他标准协议接口。

（1）系统接入方式：采用与卡车调度系统上位控制计算机通信的方式进行连接，要求卡车调度系统上位机能提供标准、稳定的 OPC 接口。

（2）实现功能：要求在调度室可直接观察卡车调度情况，把外包单位现有卡车调度系统服务器的生产数据接入综合信息调度系统，实时传送到矿方指挥调度中心。系统画面同时在大屏幕和计算机工作站上显示。

3）对计量监控系统接入要求

计量监控系统为单独控制系统，要求计量系统提供 OPC、Modbus 或其他标准协议接口。

采用计量监控系统上位控制计算机通信的方式进行连接，要求计量监控系统上位机能提供标准、稳定的 OPC 接口。

把三个地磅房及电子秤计量数据经光缆采集到调度中心，可观察到计量室车辆来往的视频情况（接入通信电话），并可查看存储打印计量室的相关计量数据。实现对生产数量的统计，采集所有电子皮带秤计量信号，统计报表，销售数量统计，采集所有地磅房计量、汽车快装、火车快装等系统的计量信号，统计报表；产品库存管理包括产品入库、出库，库存调整等功能。将所有生产数据汇总，形成产量、销量统计系统，每天汇总计算产、销统计报表。

13.3.5 安全监控系统

1. 安全监控系统概述

某露天矿生产系统安全监控系统主要用于监测地面生产系统成品仓（接入）、火车缓冲仓（预留接口）、封闭式穹顶储煤场下暗道、筛分车间、破碎站和所有地面、铁路系统转载站的瓦斯浓度、温度、烟雾、一氧化碳浓度等，实现瓦斯超限声光报警和断电控制，使煤矿生产安全可靠，有效地预防和及时处理各种突发事故。

2. 安全监控系统设计原则

安全监控系统的设计原则应充分体现系统的可靠性、先进性、开放性、可扩展性及经济性，在满足生产的同时能及时、有效获得监测、监视等管理信息的需要，同时还要考虑煤矿近、远期的发展，以及产品的技术更新与升级换代，售后服务、传输接口等多方面的因素。

3. 安全监控系统建设内容

（1）安全监控系统专用以太网网络建设。生产系统的安全监控系统采用专用传输网络，因此，本项目中拟在生产系统中的产品仓、各皮带转载点应设置矿用网络交换机，各交换机通过光纤连接，最终形成覆盖全矿生产系统的传输网络。

（2）生产系统安全监控主站。

（3）8 个筒仓安全监测惰化保护（接入）。

（4）封闭式穹顶储煤场及暗道安全监控。

（5）筛分车间、破碎站、所有转载站安全监控。

（6）所有生产系统降尘监控（接入）。

4. 安全监控系统设计

安全监控系统主要由监控计算机、数据服务器、系统软件、交换机、数据采集箱、各类传感器、各类断电器、避雷器和传输平台等组成。

监控主机负责整个系统检测数据的分析处理、控制等，与数据采集箱实时数据通信、统计存储、屏幕显示、查询打印、画面编辑、网络通信等任务。

系统软件完成生产系统数据采集、处理、加工、显示、存储、查询和报表打印。

传输平台为安全监控专用光纤工业以太环网传输平台。

各类传感器为系统前端神经末梢,对各监测点现场环境参数进行监测、数据采集、就地显示、超限报警、信息传输等。

各类断电器在接收分站、传感器等关联设备的控制命令后,控制防爆开关执行断电控制。具有馈电功能的,能真实反映开关的执行结果。

生产系统安全监控主机设在调度中心,数据采集箱和各类传感器设在现场,系统通过传输平台和数据采集箱将现场监测数据传至监控主机。

5. 安全监控系统功能

(1)采用温度监测、可燃气体浓度监测、烟雾监测,对封闭式穹顶储煤场及暗道的各个参数进行监测。

(2)在筛分车间、破碎站、转载站分别安装温度监测、可燃气体浓度监测、烟雾监测传感器,预防煤自燃及瓦斯爆炸。

6. 安全监控系统技术要求

1)生产系统安全监控制系统主站

生产系统安全监控主站设在调度中心,主要设备包括工控机、液晶显示器、打印机、操作台和最新工控组态等(并与惰化气体保护系统进行相同编程、画面、点检等),要求具有逼真画面显示、人机对话、报警记录、事故追忆查询、打印报表以及数据曲线等功能。主站对现场数据采集箱传输的(如甲烷气体、一氧化碳、温度等)工况参数进行实时监测,当出现异常情况时,发出声光报警信号,并采取相应措施消除隐患,防止灾害发生。并将所采集的数据都能在监控系统的 HMI 上进行显示和远程操控。

2)产品煤仓的安全监测

本矿地面生产系统设6个产品煤仓、铁路快装系统设2个缓冲煤仓。

(1)产品煤仓已安装惰化气体保护系统,可监测仓内温度,当温度过高时自动灌入氮气进行灭火,该系统有独立的上位机及软件程序,本次需接入上传。

(2)缓冲煤仓未安装惰化气体保护系统,该系统在产品煤仓惰化气体保护系统使用正常后,再进行设备采购,本次预留上传接口。

3)封闭式穹顶储煤场及暗道安全监测系统

本矿地面生产系统共设有3座封闭式穹顶储煤场。

(1)闭式穹顶储煤场及暗道安全监测原理:通过对封闭式穹顶储煤场及暗道的红外温度传感器、可燃气体浓度传感器、烟雾传感器,对圆形封闭煤场内及暗道的各个参数进行监测。

(2)封闭式穹顶储煤场及暗道安全监测系统包括温度监测,烟雾监测,可燃气体监测,监测系统的数据采集、数据处理及控制系统。

(3)封闭式穹顶储煤场及暗道安全监测系统技术要求:每个封闭式穹顶储煤场内配置4个CH_4气体检测、4个CO气体检测、4个烟雾检测共使用1个数据采集箱采集信号,数据采集箱内安装2个8路的可燃气体采集仪表(数量可调整),分别采集CH_4、CO气体检测信号。安装1个EDA9050模块采集烟雾信号。

数据采集箱的防护等级满足电气部分要求。数据采集箱放置在圆形煤场挡煤墙外,表面配置有就地报警灯,便于人员了解报警情况及操作。

南部封闭式穹顶储煤场暗道内配置8个CH_4气体检测、8个CO气体检测,共使用2

个数据采集箱采集信号,东部封闭式穹顶储煤场内暗道内配置 3 个 CH_4 气体检测、3 个 CO 气体检测,1 个数据采集箱采集信号。

数据采集箱通过 RS485 接口将采集到的信号传输到上位机,配置上位机软件模拟现场逼真的显示数据画面。

4)筛分车间、破碎站、所有转载站安全监控

(1)筛分车间、破碎站、所有转载站在运行过程中会产生大量煤尘存在着瓦斯和煤尘爆炸的危险。通过 CH_4、CO 传感器对筛分车间、破碎站、转载站可燃气体浓度进行监测,当传感器监测到可燃气体超限时,发出声光报警。通过及时通风,达到预防瓦斯爆炸的目的。

(2)筛分车间、破碎站、转载站安全监控系统包括温度监测和可燃气体监测两部分。

(3)筛分车间、破碎站、转载站安全监控系统技术要求如下:

每条带式输送机的起始端和受料端均配置 1 套甲烷气体传感器和 1 套 CO 气体传感器,检测带式输送机可燃气体浓度,当传感器监测到可燃气体超限时,发出声光报警。

若带式输送机长度超过 500 m,则每间隔 500 m 布置 1 套可燃气体监测装置。配置安装附件安装在带式输送机顶部。

可燃气体传感器信号集中处设就地数据采集箱,地数据采集箱用以各类仪表并提供对外的硬接线及通信接口,并将信号传输到安全监控系统中。

5)所有生产系统降尘监控

根据招标方各种设备在转载站、破碎筛分落料点安装的降尘监测系统,预留上传接口,要求在总调度室可以读取相关数据参数,并能进行远程控制功能。

6)筛分车间、破碎站、所有转载站安全监测设备

(1)具体布置见表 13-6。

表 13-6 安全监测设备的具体布置情况

序号	安 装 位 置	说明	CO 传感器个数	甲烷传感器个数	分站
东 区					
1	2 号转载站		4	4	1
2	3 号转载站及拉紧间		6	6	1
3	4 号转载站及拉紧间		6	6	1
4	7 号皮带及拉紧间		2	2	
5	7 号皮带机中部		6	6	1
6	5 号机头		2	2	1
7	6 号机头		2	2	1
8	穹顶仓		6	6	1
9	穹顶仓暗道		3	3	1

表 13-6（续）

序号	安装位置	说明	CO 传感器个数	甲烷传感器个数	分站
	南 区				
10	二次破碎转载站 3 层		2	2	1
11	二次破碎转载站 2 层		3	3	1
12	二次破碎转载站 1 层		3	3	1
13	7 号皮带 1 号、西 3、工厂 1 号拉紧间		6	6	1
14	南 1 号转载站地下 2 层		2	2	2
15	南 1 号转载站地下 1 层	含东与机头	8	8	
16	南 1 号转载站 4、5 层		4	4	2
17	南 1 号转载站 6、7 层		4	4	1
18	穹顶仓		6	6	1
19	筛分皮带机拉紧间		2	2	1
20	筛分车间 4 层		3	3	1
21	筛分车间 3 层		3	3	1
22	筛分车间 2 层		3	3	1
23	筛分车间 1 层		3	3	1
24	块煤煤皮带机驱动间		2	3	1
25	产品煤仓最上层		3	3	1
26	产品煤仓下		12	12	2
27	铁路快装系统 1~4 号转载站	两层各 5	8	8	2
28	铁路快装系统 5 号转载站		4	4	1
29	铁路快装系统 6 号驱动间		4	4	1
30	铁路快装系统 6 号机头仓上转载站	两层上 2 下 4	6	6	1
31	铁路快装系统 7 号驱动间		4	4	1
32	铁路快装系统 7 号机头		3	3	1
	西 部				
33	西 1 号转载站		2	2	1
34	西 2 号转载站		4	4	1
35	西 3 中部		4	4	1
	合　计		145	145	37

（2）数据采集与数据处理。所有数据采集箱到上位机监控系统时，近点可直接采用485总线，远点采用点到点的光纤传输，并配置相应的收发和转发设备，最大限度地避免因个别转载站的数据采集箱发生故障时，整条传输线路失灵。

现场数据采集箱应与计算机控制系统进行通信，招标方必须提供相应的系统软件对各监测点进行监控、报警和处理，并在工控机上可视化图表模拟显示现场实际情况。工控机系统采用双机热备的方式，当一台机器出现故障后，另一台应能立即工作。

数据采集箱安装位置应方便人员操作及日常维护，防护等级为IP65。

所有生产系统安全监测设备及安装工艺均要达到设计及施工规范标准。

（3）生产系统安全监测系统主要设备见表13-7。

表13-7　生产系统安全监测系统的主要设备

序号	设　备　名　称	型　号　及　规　格	单位	数量	推荐品牌	单价	总价
		（一）生产系统安全监控主站					
1	上位机组态软件 V1.0		套	1			
2	煤场监控系统组态网关软件 V1.0		套	1			
3	煤场物联网通信协议仿真软件 V1.0		套	1	知名品牌		
4	升降式综合监测机构软件 V1.0		套	1			
5	煤场物联网远程监控软件 V1.0		套	1			
6	研华工控机	INTEL 酷睿 3 GHz 及以上 CPU, 4G NECC DDR3 内存, 1G 显存独立显卡, 1TB 企业监控级硬盘	台	2	高配		
7	LCD	22 寸	台	2	知名品牌		
		（二）筒仓安全监测系统（接入）					
		（三）3 个穹顶储煤场监测系统					
1	3 个穹顶储煤场下暗道安全监测						
2	筛分车间、破碎站、转载站安全监测保护系统						
（1）	甲烷气体传感器	GT - 1030	个	152	知名品牌		
（2）	一氧化碳传感器	GT - 1030	个	151			
（3）	烟雾探测器	GQQ0.1	个		知名品牌		
（4）	组合安装附件		套				
		（四）数据采集、处理系统					
（1）	分站		个	38	知名品牌		
（2）	DS18B20 采集模块	SM1200B - 160			知名品牌		
（3）	可燃气体采集仪表	8 路	个		知名品牌		
（4）	开关量采集模块	8 路	个		知名品牌		

表 13-7（续）

序号	设 备 名 称	型 号 及 规 格	单位	数量	推荐品牌	单价	总价
（5）	矿用以太网工业交换机		台		知名品牌		
（6）	所有线缆及辅材			数量满足要求			

（4）生产系统降尘监测设备：投标单位在投标前需对现场设备、光缆、线缆、传感器、安装路径方式进行勘察，根据降尘厂家的设备，确定安全监测系统的可行方案及列出设备清单，设备功能配置及数量必须保证正常使用及运行要求。

7. 安全监控系统安装技术要求

安全监控系统必须满足 GB 50581—2010 的要求，并符合 AQ 1029—2007 的要求，有产品合格证、出厂检验合格证，是取得煤矿矿用产品安全"MA"标志的产品。煤矿安全监控系统的主机（包括传输接口）必须双机或者多机热备份，当主机出现故障或者断电，备用机能在 30 秒内自动启动并正常工作，保证安全监控系统 24 小时连续运行。所有设备设计、安装都要符合煤矿安装规范，达到煤炭安监部门及质监部门的验收标准。

13.3.6　视频监控系统

1. 视频监控系统总体要求

某露天矿视频监控项目应实现采掘场、排土场、所有生产系统以及三个工业场地生活区的视频监控功能。在各排土场、采掘场、工业场地生活区安装高清网络摄像机，现场可以采用网络数字视频接入方案，数字视频接入点不可以小于 130 万像素，数字视频接入点不小于 700 线，所有摄像机应具有红外功能，通过光纤网络将视频数据传输到视频监控管理平台。

视频监控系统建成后实现在南部工业广场调度中心统一管理功能，实现对南部、东、西部地面生产系统（含铁路快装生产系统）生产运行及安全保障的视频监控功能。全部视频画面必须集成到综合自动化监控平台，与各生产工艺结合显示在操作工作站人机界面上。

工业视频监控系统应采用统一组网和统一存储的系统架构，存储时间应满足高清信号存储 60 天。

2. 视频监控系统中心管理平台

某露天矿视频监控系统管理平台是一个基于 TCP/IP 协议的视频管理系统，由三层千兆路由交换机组成。系统管理平台设备组成及功能如下：

（1）中心管理单元：包括中心管理服务器、操作系统、中心管理软件等，在监控系统中，中心管理单元是平台功能的核心设备，提供客户端对系统中各个部分的访问通路，实现系统的管理逻辑。包括状态服务模块、平台管理模块、业务管理模块、客户端接入、PU 设备接入、控制服务、告警、调度模块等。

（2）媒体转发单元：包括媒体转发服务器、操作系统、媒体转发软件等，负责从前端设备（DVS/DVR/IPC）或者其他媒体转发单元请求媒体流，并且转发给相应的客户端、存储单元或其他转发单元，具有集中转发、复制转发、多级转发、状态信息上报等功能。

（3）媒体存储单元：包括媒体存储服务器、操作系统、视频存储软件等，具有视频集中存储、定时录像、告警录像、预录管理、远程下载录像、远程回放录像、定时删除录像、循环覆盖录像、状态信息上报等功能。

（4）磁盘阵列：在视频监控中用于视频数据的集中存储，一般推荐采用 IPSan 的方式。

（5）视频解码器：专业的解码设备，在需要解码视频输出时使用，接受监控业务台的管理，完成数字视频信息在监控中心系统上显示输出。

监控业务台用于公共安全监控系统中，中心通过电脑显示器浏览和显示远端视频，可实现视频浏览、前端设备配置、云台控制、历史视频查询、回放界面等。

管理业务台采用 Windows 操作系统，通常采用 PC 机即可。在视频监控系统中，主要用于提供用户管理、设备管理、系统管理、产品管理、权限管理以及图像控制管理的人机接口。一般监控业务台和管理业务台可以部署在一台 PC 主机上。

系统管理平台监控中心可以通过 DLP 大屏幕显示系统（或电视墙）、视频监控客户端两种方式实现。

3. 视频监控系统功能要求

1）终端模拟显示功能

（1）生产调度中心大屏幕显示（实时调用生产监视画面）。

（2）生产调度中心综合信息调度系统画面显示。

（3）东、西采区监控中心电脑终端显示。

2）图像显示功能

（1）图形中文界面（当前日期/时间、安装地点）。

（2）实时显示高质量的图像。

（3）支持画面小、中、满屏显示。

（4）支持单画面、四画面、九画面、十六画面及大小组合画面显示方式，支持单画面、多画面轮巡显示（其轮巡组合可手动配置）。

（5）图像亮度、色度、对比度及灰度可调。

3）录像功能

（1）支持定时、手动、报警联动、视频移动侦测等四种录像方式。

（2）支持定制订时录像计划。

（3）录像质量多级可调，支持录像文件按时间分割。

（4）支持多硬盘、线性录像和循环录像方式，盘满告警。

（5）全天 24 小时监控录像，画面效果清晰，晚间设防应具有同步自动报警，自动启动电源。

4）检索回放功能

（1）提供多种录像文件检索和组合检索方式。

（2）支持录像回放。

（3）支持录像回放抓拍。

（4）在一些重要事件的取证时，可对录像文件进行快、慢放及单帧回放抓拍功能。

5）控制功能

（1）支持多路控制输出。

（2）可控各类云台和球机。

（3）根据具体情况配备的控制键盘分级别设置权限，生产调度指挥中心控制键盘权限最大，生产调度指挥中心键盘使用时其他键盘无权限查看和控制前端摄像仪。

6）管理服务功能

（1）对整个网络监控系统的信息进行统一处理，其中包括信息的设置、信息的记录、信息的转发及信息的查询。

（2）对监控地点及用户信息的编辑，包括新建、修改、删除。

（3）对用户进行权限设置，采用灵活的菜单级权限设置方式。

（4）对用户的操作请求进行权限认证。当用户请求的操作具备相应操作权限时，此用户才可以进行相应的操作，同时将本操作记录到操作日志中。当用户请求的操作不具备相应操作权限时，此用户无法进行相应操作。

（5）实时记录来自客户端的操作，同时生成操作日志，并可对其进行维护与查询。

4. 视频监控系统要求

（1）据现场实际情况安装最佳监控角度位置，个别点位需要采用立杆安装方式，其他点位采用加工支架安装方式，达到安装牢固，视场角度效果理想。

（2）信号传输方式，摄像机附近（100 m 内）有 ONU 的采用就地直接接入方式，如有 2 台摄像机则需要加装 1 台交换机合并后接入 ONU。如果摄像机与 OUN 距离超过 100 m 情况下，建议采用无线 AP 一对一方式接入 ONU，或者中间加装交换机进行信号的延长传输。

（3）供电方式采用就地取电敷设方式，可根据情况架设或敷设线路。

（4）生活区新增网络监控摄像机，可直接接入附近 OUN，也可以采用交换机汇聚方式，由交换机接入 OUN，也可以采用无线 AP 的方式进行传输。

（5）生活区及炸药库现有的模拟监控系统，采用录像机网络接口与 OUN 进行连接实现远程监控功能。

（6）炸药库现有的防盗报警系统，有一台需要更换成霍尼韦尔的报警主机后方可通过 ONU 的 RS232 串口协议进行传输。

（7）东部办公楼 LED 大屏幕显示系统，采用网络远程传输模式，及时发布公司内部信息，现场安装 1 台固定式摄像机，用于核对屏幕信息。

5. 视频监控布置清单

列出具体的防爆摄像机数量及所在部位。

6. 视频监控系统主要设备组成

工业视频监控系统主要设备分为三部分，分别为前端图像采集部分、传输部分、终端显示部分。传输部分 EPON 网传输采用近距离采用网线传输和远距离采用光纤传输。终端设备包括解码器、存储服务器、视频服务器等。

7. 视频监控系统安装技术要求

（1）矿区东、西、南部 3 个工业广场视频监控由招标方提供模拟摄像机 25 部，硬盘录像机 3 台，投标方负责安装调试，剩余摄像机由投标方供货及安装调试。招标方提供视频监控设备清单见表13-8。

表13-8 视频监控设备清单

序号	设备名称	型号及规范	单位	数量	生产厂商
		(一)辅机控制系统软件(后端工作站、工厂区电视监控设备及控制软件)			
1	监控站电源柜	成套,2260×800×600,含电源及配电回路	台	1	
	监控站上位机	Intel奔腾双核,2.6 GHz,4 GB内存;500 GB硬盘容量	台	1	DELL
	监控站交换机	工业交换机	台	1	MOXA
	工业级监视器	LA52B620R3F,52寸液晶监视器	台	2	三星
	视频监控用户软件	控制软件,包括视频监控、管理、报警记录及历史录像回放等功能	套	1	
2	电视监控设备				
	就地监控箱	成套,含电源及配电回路	台	1	
	网络硬盘像机	DS-8116HS,16路网络硬盘录像机	台	1	海康、大华
	摄像机	SDN-550P,彩色1/3英寸SuperHAD CCD,日夜转换型,最低照度0.002Lux,彩色540/黑白570TV	套	11	三星
	室外枪型防护罩	室外中型防护罩,防水,防尘	只	11	亚安
	光端机和光缆	铠装光缆、光端机、光纤附件等	批		LIFO
	视频专用电缆	监控设备专用电缆、控制电缆、视频电缆	批	1	天康
	视频系统附件	光纤熔接附件,视频接头等	套	1	国产品牌
		(二)电视监控设备			
1	就地监控箱	成套,含电源及配电回路	台	1	
	网络硬盘录像机	DS-8116HS,16路网络硬盘录像机	台	1	海康威视
	摄像机	SDN-550P,彩色1/3英寸SuperHAD CCD,日夜转换型,最低照度0.002Lux,彩色540/黑白570TV	套	3	三星
	室外枪型防护罩	室外中型防护罩,防水,防尘	只	3	亚安
	光端机和光缆	铠装光缆、光端机、光纤附件等	批		LIFO
	视频专用电缆	监控设备专用电缆、控制电缆、视频电缆	批	1	天康
	视频系统附件	光纤熔接附件,视频接头等	套	1	国产品牌
2	电视监控设备				
	就地监控箱	成套,含电源及配电回路	台	1	
	网络硬盘像机	DS-8116HS,16路网络硬盘录像机	台	1	海康威视
	摄像机	SDN-550P,彩色1/3英寸SuperHAD CCD,日夜转换型,最低照度0.002Lux,彩色540/黑白570TV	套	7	三星
	室外枪型防护罩	室外中型防护罩,防水,防尘	只	7	亚安
	光端机和光缆	铠装光缆、光端机、光纤附件等	批	1	LIFO
	视频专用电缆	监控设备专用电缆、控制电缆、视频电缆	批	1	天康
	视频系统附件	光纤熔接附件,视频接头等	套	1	国产品牌

表 13-8（续）

序号	设备名称	型 号 及 规 范	单位	数量	生产厂商
		（三）电视监控设备			
	就地监控箱	成套，含电源及配电回路	台	1	
	网络硬盘录像机	DS-8116HS，8 路网络硬盘录像机	台	1	海康、大华
	摄像机	SDN-550P，彩色 1/3 英寸 SuperHAD CCD，日夜转换型，最低照度 0.002Lux，彩色 540/黑白 570TV	套	4	三星
	室外枪型防护罩	室外中型防护罩，防水，防尘	只	4	亚安
	光端机和光缆	铠装光缆、光端机、光纤附件等	批	1	LIFO
	视频专用电缆	监控设备专用电缆、控制电缆、视频电缆	批	1	天康
	视频系统附件	光纤熔接附件，视频接头等	套	1	国产品牌

（2）炸药库原有模拟摄像头需采用合理方式接入视频系统，要求在总调度室能看到视频监控及报警信号，如需增加设备投标厂家根据现场设备进行匹配。

（3）所有视频监控系统设备及安装工艺均要达到设计及施工规范标准。

8. 视频监控系统清单

视频监控系统的相关设备清单见表 13-9。

表 13-9　视频监控系统的相关设备清单

序号	设备名称	型 号 及 规 格	单位	数量	推荐品牌	单价	总价
1	视频管理服务器	满足招标文件技术要求	台	1	浙江大华、海康		
2	流媒体转发服务器	满足招标文件技术要求	台	2	浙江大华、海康		
3	视频存储服务器	满足招标文件技术要求	台	1	浙江大华、海康		
4	显示器	22 英寸宽屏液晶显示器	台	2	IBM、HP、DELL		
5	工作站		台	2	IBM、HP、DELL		
6	磁盘阵列双控主柜	满足技术文件要求	台	2			
7	磁盘阵列扩展柜	满足技术文件要求	台	6			
8	中心管理软件	提供客户端对系统中各个部分的访问通路,实现系统的管理逻辑。包括状态服务模块、平台管理模块、业务管理模块,客户端接入、控制服务、告警、调度模块等	套	1	浙江大华、海康		
9	媒体交换软件	具有视频集中转发、视频复制转发、视频多级转发、提供计费信息、视频集中存储、定时录像、告警录像、预录管理、远程下载录像、远程回放录像、定时删除录像、循环覆盖录像、状态信息上报等功能	套	2			
10	媒体管理授权费用（100 路视频）		套	1			
11	媒体管理授权费用（10 路视频）		套	2			
12	用户管理授权费用（10 个用户）		套	1			

表 13 - 9（续）

序号	设备名称	型号及规格	单位	数量	推荐品牌	单价	总价
13	监控客户端软件		套	2			
14	管理客户端软件		套	1	厂家配套		
15	数据库软件	与系统匹配	套	1	厂家配套		
16	操作系统	Windows Server 2008	套	2	厂家配套		
17	服务器机柜		台	2	厂家配套		
18	四合一上架套件		套	2	厂家配套		
19	高清解码器	满足技术文件要求	台	4	厂家配套		
20	三维网络控制键盘		台	1	厂家配套		
21	130 万像素高清 ICR 日夜型数字枪形摄像机	含护罩、支架、镜头等附件，满足技术文件要求	台	74	海康威视 浙江大华		
22	130 万像素高清 18 倍宽动态数字高速球机	含护罩、支架、镜头等附件，满足技术文件要求	台	37	海康威视 浙江大华		
23	摄像头安装抱杆及配套安装材料	同施工辅材	套		海康威视 浙江大华		
25	光纤收发器（或无线 AP）		对		国产前三品牌		
26	百兆网管型工业以太网交换机	6 口（网络接口扩容）	台		国产前三品牌		

13.3.7　视频会议系统

1. 视频会议系统

视频会议地点设在某露天矿办公楼，数量暂定为 1 个，安装 1 个视频（2×2 拼接屏，每块 55 寸）会议终端与集团公司视频系统及电信公网汇接，信号传输借助光纤通信网络，形成现代化视频网络系统，考虑选用高清视频会议终端，具体选型与上级公司同一系列视频会议终端（需核实设备）。

对某露天矿视频会议系统，系统应满足煤矿的视频会议需求，应具有视频远程显示、视频本地显示、会议发言、麦克扩音调音等功能部分。

2. 视频会议系统主要设备清单

视频会议系统的主要设备清单见表 13 - 10。

表 13 - 10　视频会议系统的主要设备清单

序号	设备名称	型号及规格	单位	数量	推荐品牌	单价	总价
1	视频会议工作站	Intel 酷睿 i3 - 3220, 2GB DDR3, 500GB 7200 转, SATA, DVD - ROM, 含 Windows7 专业版, 含显示器、操作系统	台	1	联想		

表 13-10（续）

序号	设备名称	型 号 及 规 格	单位	数量	推荐品牌	单价	总价
2	会议发言系统	会议发言系统（含控制主机、主席发言、代表发言等设备）	套	1			
3	摄像机	高清、自动对焦（含底座及支架）	个	2	SONY EVI-D70P		
4	投影仪	4000 流明，支持高清接口，最大分辨率 1600×1200	台	1	一线品牌		
5	视频会议终端	H3C MG6050	套	1	一线品牌		
6	调音台	10 路单声 2 立体声；中频可选项，18 dB 的高通滤波器；+48 幻象供电	套	1	一线品牌		
7	功率放大器	功率：185WX2；频率响应：20 Hz～20 kHz，THD＜0.1%	套	1	一线品牌		
8	音箱	全频：频率范围 45 Hz～20 kHz，功率容量 175 W，灵敏度 89 dB，阻抗 8 Ω	只	2	一线品牌		
9	无线话筒	U 段无线会议话筒	套	2	一线品牌		
10	液晶屏	LCD 55 寸，分辨率 1920×1080，700 cd/㎡，支持 16：9 和 1080P，具有 HDMI 接口	台	4	原装三星面板、国产前三品牌		
11	东部办公楼 LED 大屏	4000×1600 三基色	套	1	一线品牌		
12	图像拼接控制器		套	1	厂家配套		
13	大屏幕控制管理软件		套	1	厂家配套		
14	控制计算机	与东部楼 LED 屏共用	台	1	厂家配套		

13.3.8　工业大屏幕显示系统

1. 工业大屏幕显示系统概述

某露天矿生产调度中心拟设置液晶拼接大屏幕系统一套，信号主要来自各生产场地的监控视频信号和调度室操作站信号，大屏幕系统主要用来显示矿区运作状况与生产流程的实时信息，还提供对设备位置、分布、信息统计、查询、图形管理等功能的直观显示。能够及时直观地得到煤矿安全与生产信息，便于监察管理，为安全问题提供有效的技术手段。

大屏控制系统具有强大的网络图形显示和视频显示功能，不仅能在大屏幕系统上清晰显示图形计算机的信号，也能显示多路实时视频信号。同时，具有多种显示控制功能，可实现任意开窗、跨边界拖动和缩放等功能。

2. 工业大屏幕显示系统组成

本项目大屏幕拼接显示系统要求采用 3×4（行×列）液晶拼接方式，两侧各设 6 块液晶显示屏，系统包括拼接单元组合墙体、前维护支架、图形控制器、大屏控制管理软件、矩阵切换器、接口设备、专用线缆、装饰装修等，大屏显示系统设备清单见表 13-11。

表 13-11 大屏显示系统设备清单

序号	设备名称	型号及规格	单位	数量	品牌	单价	总价
1	LCD 显示单元	55 英寸 LCD，高亮，超窄边，满足招标文件技术要求	台	12	长虹、创维、TCL 等一线品牌		
2	液晶显示单元支架	定制	个	12			
3	图形拼接处理器	8 路 RGB 信号输入，32 路视频信号输入，24 路 HDMI 输出，1 个标准 RJ45 网络端口	台	1	知名品牌		
4	显示墙应用管理系统软件		套	1	知名品牌		
5	大屏幕连接专用线		批	12			
6	大屏幕控制电脑	i3-3220（3.3G）/4G/500G SATA/DVDRW/双千兆网卡/512M 显卡/22 英寸显示器/Windows7 专业版	台	1	IBM、HP、DELL		
7	LED 电子屏	双基色，长度与大屏一致	套	1			
8	VGA 分配器	一分二	台	5			
9	液晶显示器	32 英寸		12	长虹、创维、TCL 等一线品牌		
10	电源柜		台	1			
11	机房装修	包含防静电地板、电视墙装修及辅材等	套	1	采用名优产品		

3. 工业大屏幕显示系统显示功能要求

大屏幕系统建成后要求实现以下显示功能。

1）视频信号显示

系统前端采用网络摄像机通过 EPON 网接入网络视频解码器，解码后模拟视频信号接入大屏幕控制器，实现视频信号的控制与显示。要求能满足矿区全部视频信号的大屏幕显示、切换功能，同时，视频解码显示设备应具有一定的扩容能力，以满足后续增加视频路数的需求。

2）计算机 RGB 信号显示

系统要求能够实现调度中心操作站计算机信号的接入与显示功能，计算机画面可在大屏幕上任意切换，系统应满足 16 路计算机信号接入接口。

3）高分辨率图像显示

图像拼接控制器应支持高分辨率静态图像及实时 GIS、SCADA 等，并可直接调用上屏，实现超高分辨率图像显示，且整屏的图像无论大小，应保证图像的清晰度。

4）多信号混合显示

系统应能实现各种输入信号的协同配合显示处理功能，应具有处理计算机 RGB 信号及网络视频信号的同时显示和不同类型信号混合显示的功能。

4. 工业大屏幕显示系统主要设备技术指标

1）55 英寸液晶显示单元基本参数（表 13－12）

表 13－12　液晶显示单元的基本参数

尺寸	55 英寸
分辨率	FullHD 1920×1080
双边拼缝/mm	5.3
显示区域/(mm×mm)	1210（宽）×681（高）
外形尺寸/ (mm×mm×mm)	1217 宽×688 高×330 厚（箱体式） 1217 宽×688 高×112 厚（壁挂式）
点距/mm	0.63
工作分辨率	1920×1080（向下兼容）
色彩	16.7M
色彩饱和度	72%
对比度	4000:01:00
亮度/(cd·m^{-2})	700
光源	LED
响应时间/ms	8
信号接口	输入：HDMI×1，DVI×1，VGA×1，复合视频×1 输出：复合视频×1 可扩充至：2×DVI In/2×RGB In/2×复合视频/1×S－Video
控制接口	输入：RS232/RJ45×1，红外遥控×1 输出：RS232/RJ45×1
输入电压	AC 100~240 V
视角	178°（水平)/178°（垂直）
堆叠	任意矩阵类型
工作环境	工作温度 0~40 ℃；工作湿度 10%~85%
寿命/h	≥50000
其他	自动颜色调整（ACA），红外环接联控，自动温控 过热保护，使用时间记录，快速 ID 设置

2）拼接控制器基本参数（表 13 - 13）

表 13 - 13　拼接控制器的基本参数

磁盘驱动器	支持磁盘冗余阵列（RAID0/1/5/10）
	DVI - ROM 光驱（SATA）
	具有 RS232 接口和 USB 接口
图形卡	32 路 DVI 输出
	连接器：DVI - I 接口（可通过转接头输出 VGA 信号）
	640 × 480@ 60Hz ~ 1920 × 1200@ 60Hz
	色彩深度：32 位
系统底板总线交换带宽	180GB/S
信号输入	8 路 RGB 信号输入
	16 路视频信号输入
	1 个标准 RJ45 网络端口
控制	串口控制	控制协议	RS232（波特率：9600 数据位：8 位 停止位：1 无奇偶校验位）
		连接器	9 针 D - sub（DE9F）插座 2 = TX 3 = RX 5 = GND
	IP 网络控制	控制协议	TCP/IP/6（2 ×3）
		连接器	RJ45 接头 100Base - T 以太网
电源	高可靠性、低功耗 ATX 电源，热插拔
	AC100 ~ 240 V，50/60 Hz，3.0 ~ 1.5A
	可选：1 + 1 热备份冗余电源
工作温度	0 ~ 40 ℃
工作湿度	10% ~ 90%（无凝露）

3）大屏控制主机

（1）i3 - 3220，主频 3.3 GHz 以上。

（2）4 MB % eCache/2G 以上 SDRAM 。

（3）500 GB HD 以上。

（4）48X 可读写光驱。

（5）双 100 Mbps 网卡。

（6）多路图形卡，64MB 显示内存。

（7）22 英寸 LCD 彩色显示器；分辨率 1680 × 1050，可视角度（水平/垂直）170°/160°，亮度 300 cd/m^2（Nits），响应时间 2 ms，对比度 700 : 1。

（8）键盘及鼠标器等。

4）监控主机

（1）i3 - 3220，主频 3.3 GHz 以上。

（2）4 MB Cache/2G 以上 SDRAM。

（3）500 GB HD 以上。

（4）48X 可读写光驱。

（5）双 100 Mbps 网卡。

（6）多路图形卡，64 MB 显示内存。

（7）22 英寸 LCD 彩色显示器；分辨率 1680×1050，可视角度（水平/垂直）170°/160°，亮度 300cd/m² （Nits），响应时间 2 ms，对比度 700∶1。

（8）键盘及鼠标器等。

5. 工业大屏幕显示系统技术要求

1）屏幕安装技术参数

屏幕采用无缝拼接技术，拼接缝隙不大于 5 mm。任何情况下屏间拼缝在外观上横平竖直，整体无变形。屏幕表面没有任何妨碍视觉的存在。屏幕前面 1 m 内为暗区，不能安装日光灯管。可安装内藏式筒灯，平行于屏幕排列，开与关要单独可控，灯光不能直接照射到屏幕上。

2）对显示系统室内的要求

交流接地电阻不大于 1Ω，消防喷头要远离液晶拼接显示墙 1 m 左右，不能采用喷水消防头，要用喷雾灭火剂。系统的电源要有保护接地。插座数与显示屏数有关，拼接系统和拼接控制器及控制 PC 等要求同相供电。电源电压要稳定、可靠，特别防止断电后立即加电。因此，显示系统的电源必须有备用电源，长期承重 350 kg/m²。作为拼接墙体的装修墙，要求墙体牢靠，窗口四周平直不变形，系统的网线要接到大屏控制器位置。大屏房间要求恒温、恒湿。大屏幕背后要装空调，最佳工作环境温度 18～25 ℃，最佳工作湿度小于 60%。电视墙后预留 1.5 m 的通道，电视墙的安装高度要求在 1.1～1.2 m 之间。位于液晶拼接显示墙室内的空调（中央空调或柜式空阔），其出风口位置应尽量远离拼接墙（0.4 m 左右较好），并且，出风口的风绝对不能对着液晶拼接显示墙直吹，要朝远离液晶拼接显示墙的方向，以避免显示墙因冷热不均匀而损坏。放在液晶拼接显示墙前面的空调机（柜式机）要朝远离屏幕的方向吹，不能垂直对着屏幕。

所有系统软硬件及显示均要达到上述技术要求，大屏拼接安装工艺要求均要按照设计及施工规范标准来执行。

13.3.9　地面生产给水系统

地面生产系统供水系统东部、南部水井已接入消防管道，两个水源井矿方设计采用就地变频控制，需增加压力控制器传感器。设定压力值后，达到自动控制目的，远程控制要接入综合调度中心，南部水井接入清水泵房及输水管线上。水泵房已根据水压设计为自动控制给水，设定上下限后，达到自动控制目的。远程控制要接入综合调度中心，在调度中心起到显示水泵运行指示、运行参数、压力值、水位显示等功能，可对水泵进行远程控制。

东部高位水池需增加水位传感器，电源采用太阳能供电，将水池水位数据通过无线网上传至调度中心。

13.3.10　地磅系统监控

本矿共有东、南、西三处地磅房，每处地磅房设有 4 套独立的称重系统和 1 套视频监控系统，视频监控系统采用海康硬盘录像机存储。本项目需将地磅系统及对应的视频系统接入综合信息调度平台。

地磅系统就近接入到本项目网络平台交换设备，接入光缆及接入设备由项目投标人提供。

13.3.11　炸药库监控

本矿炸药库有矿方炸药库和炸药厂炸药库两处，目前两处炸药库监控室均设有视频监控，实现了就地监控显示，通过硬盘录像机存储，矿方炸药库设置硬盘录像机 1 台，施工方炸药库硬盘录像机设置 3 台。

本项目需要两处炸药库实现网络覆盖，将现有视频监控接入到本次建设的视频监控平台和综合自动化监控平台。

13.4　综合信息调度总体安装调试运行技术要求

13.4.1　系统设备及器材

投标方需为本工程提供以下设备和材料。

（1）投标方提本项目设备安装所需的所有室内、外线缆，包括但不限于：网络线、数据线、电源线、接地引接线、机柜及组合柜间的连接线缆、室内外光、电缆（含尾纤）等。

（2）所有室内箱盒和室外箱盒，均由投标方提供。

（3）室外设备的外壳设计应能防止腐蚀物质的进入，并应封闭防尘、防水。

（4）投标方应提供用于各阶段系统和设备安装、诊断、测试、维护和维修所需的专用仪器仪表和工具。

（5）本工程所有设备和器材的安装装置和安装附件均由投标方提供。

13.4.2　材料

系统所选择的材料应能适应预期功能，且适应工程现场条件。投标方应对所使用材料的标准、强度特性、疲劳特性、抗腐蚀性等进行详细说明。

系统中的光电缆应采用适当的绝缘材料和具备一定屏蔽性能的外包装，并有以下几点要求：

（1）地面的光电缆须具备低烟、低卤、阻燃、耐高温、耐寒、抗紫外线辐射、抗老化。

（2）所有光电缆表皮的颜色应符合招标方的要求。

（3）光电缆防虫咬的特性。

13.4.3　工艺

（1）系统设备所选择的工艺水平应能满足系统的整体要求和适应预期功能，且适应工程现场条件。通用工艺应高质量标准，且应采用高档设备和材质以及最好的现代化工艺。

（2）筒仓、穹顶仓、皮带走廊、转载站、破碎站、筛分车间等地点所选设备、材料、电源、接线箱盒等，必须是有防爆合格证的产品。

（3）设备的机械结构应保证散热性能好，室外设备应做到有效地防潮、抗寒、隔热及防尘，满足本项目所处极端恶劣环境下工作的要求。

13.4.4　布线

（1）投标方应提供本项目其供应的设备所需的所有线缆、连接器、接插件、接线端子排和其他附件。

（2）室内机柜间配线应设计为架空线槽或地板下走线槽走线方式。

（3）所有的室内外设备、接线端子排、电缆和接线应采用招标方批准的标签标识。

（4）机柜内的配线及布线应结实、合理、整齐、排列有序（标注线号），配线和布线应采用不同颜色区分，易于连接和识别，开关必须有用途标示。

（5）系统设备间的内部配线应整齐排列或捆绑，并应符合相关标准。

（6）投标方提供的电缆内部的芯线应分组和分颜色排列。

（7）投标方所提供的用于电缆敷设的支撑和固定件需确保没有毛边、毛口和尖角。

（8）投标方应负责提供为其所供设备在相关设备房内进行安装时一切所需的电缆布线系统。

（9）所有电缆管道入口需使用无机、无毒、防火、水密、气密的密封剂与被认可的矿棉材料密封，且此类密封剂需易于在不损坏电缆的情况下清除。

（10）室外光缆采用立杆架空方式敷设，间距 50 m，施工方式考虑当地气候条件，应能保证抗十二级以上强风的要求。

（11）沿皮带走廊可借助走廊结构敷设线缆，但不能影响皮带系统的生产和维护工作，线缆走向每个 0.5~1 m 应设置线缆支架承托线缆重量，整齐排列或捆绑，并应符合相关标准。

13.4.5　电缆基本技术要求

（1）投标方应提供其投标系统所用的全部电线缆（煤矿专用）。

（2）电缆应有较高的机械强度和绝缘性能，此外弯曲能力及抗冲击能力也应良好，且能防腐、防水、防虫鼠害、防电磁干扰。

（3）电缆应适应于较为恶劣的复杂环境。

（4）电缆的导线绝缘、内护套、外护套均应采用低烟、无卤、阻燃的材料。

（5）电缆的电气性能如导线直径、导线电阻、绝缘电阻、工作电容、分布电容等电气参数，应满足相关标准和要求。

（6）电缆使用寿命应不少于 20 年。

13.4.6　光缆基本技术要求

（1）投标方应提供其投标系统所用的全部光缆。本系统的信息传输通道采用独立的单模光缆。

（2）光缆护套以内的所有间隙采用油膏填充阻水措施，包带及其内外的缆芯间隙采用油膏连续充满。内套和护套之间的间隙连续放置阻水膨胀带。

（3）光缆护层结构采用内护层为双面涂塑铝带粘接 PE 套和双面涂塑轧纹钢带，以及低烟、无卤、阻燃聚乙烯护套，结构和护层并具有防腐、防水、防虫鼠害等特性。

（4）光缆成束后的燃烧试验必须符合 IEC 332 - 3C；低烟指标透光率大于60%（IEC 1034）；无卤指标 HCL 的含量小于 4 mg/g。

（5）光缆的使用寿命应不小于 25 年。

13.4.7 机柜与机箱

（1）投标方应提供容纳和保护所供设备的所有机柜和机箱。

（2）钢制机柜、机箱、面板盘和其他支撑结构应经细致清洗和防锈处理，并可适应本工程的环境条件。机柜及机箱和支撑结构应涂漆并着色。机柜、机箱、面板盘的颜色应协调，在第一次设计联络中由投标方提出建议，招标方确认。

（3）机柜的尺寸设计应满足机房空间要求及维护空间要求，最大参考尺寸为 2200 mm × 800 mm × 600 mm（高×宽×厚），室内机柜与机箱的尺寸大小应一致，室外设备机柜的高度不宜超过 0.6 m。此外，机柜及机箱的设计还应便于测试和更换。

（4）机柜内应预留一定数量的模板插接位置。

（5）所有机柜和机箱应可随意安置，并应有固定装置和设备底座。电缆进出机柜的方式应满足工程现场条件，走线方式应一致。除挂墙式机箱外，所有机柜应具有前后门。柜门应提供锁匙或扳手等安全措施。

（6）机柜和机箱的设计和布置应有利于散热通风，如有必要则应设置散热和通风设备，且应在每一机柜及机箱的正面提供描述设备功能的铭牌，机柜及机箱和功能模板应有明显的标示，在机柜及机箱内的适当位置须印有或附有设备的结构框图。

13.4.8 外观一致性

（1）在整个系统中，设备的形式和外观应协调一致。

（2）系统设备外观一致性要求可通过采用统一风格的标志、字母和符号，以及协调的颜色来实现。

（3）机柜及机箱的大小及尺寸应协调一致，且接线方式和走线方式应一致和美观。

13.5 技术资料及售后服务（培训）要求

13.5.1 技术资料一般要求

（1）投标人提供的资料应使用国家法定单位制，语言为中文。进口部件的外文图纸及文件应由投标人免费翻译成中文。

（2）资料的组织结构清晰、逻辑性强。资料内容要正确、准确、一致、清晰、完整，满足工程要求。

（3）投标人应根据招标书提出的设计条件、技术要求、供货范围及保证条件等提供完整的标书文件和图纸资料。图纸资料的交付进度应满足工程进度的要求。投标人应在合同签订后 7 个工作日内提供工程设计的基础资料，满足设计院的基础设计。在合同签订后 10 天内给出全部技术资料清单和交付进度，并经招标人确认。

（4）投标人提供的技术资料一般可分为投标阶段、配合工程设计阶段、设备监造检验及施工调试、试运、性能验收试验和运行维护等 4 个方面。投标人须满足以上 4 个方面的具体要求。

（5）对于其他没有列入合同的技术资料清单，却是工程所必需的文件和资料，一经发现，投标人也应及时免费提供。如本期工程为多台设备构成，后续设备有改进时，投标人也应及时免费提供新的技术资料。

（6）招标人要及时提供与合同设备设计制造有关的资料。

（7）投标人提供的随机技术资料数量为每台设备纸质资料 6 套，电子版 1 套。

（8）投标人在配合工程设计阶段应提供的技术资料为本期工程 6 套（设计院 2 套、招标人 4 套），电子文件 2 套（设计院、招标人各 1 套）。

（9）投标人应对招标人最终版的设备基础图纸会签。

13.5.2 资料交付基本要求

1. 技术文件与资料

除特殊要求外，投标人提供的技术文件与资料应包括图纸、说明书、试验报告等 3 项，具体内容在下列各条中说明。

投标人在标书中应提供下列中文资料，但又不限于下列资料：

（1）按规范书的要求，提出供货的计算机及外设的型号和技术参数，包括输入、输出设备（现场控制单元、I/O 单元）的性能和技术参数。

（2）提出适用规范书要求的现有软件（配置清单和功能）。

（3）提出与招标人设备的接口说明，以及接口的规约。

（4）所供设备对环境、电源、接地和其他方面的要求。

（5）系统的防干扰措施。

（6）所供设备的供货记录，包括设备的安装地点、投运时间和运行情况等。

（7）所供设备选用的标准。

（8）在正常情况下，设备的使用期限。

（9）投标书所提供的技术数据资料必须是保证性能数据。对中标厂家，上述数据资料将列入合同，未经招标人同意不得有任何差异。

（10）按标书要求提供一份详细的偏差表。

（11）投标书还应提供一份详细的制造计划进度表。

2. 图纸

投标人还应提供以下技术图纸及相关说明文件。

（1）系统接线图及其说明。

（2）原理接线框图及其说明。

（3）测控单元原理接线图及其说明（包括手动控制、操作原理接线和电气闭锁原理接线）。

（4）设备内部接线及其说明。

（5）设备组装成柜后的内部接线图，包括柜的前面和背面的布置图、柜的端子排图及说明，包括光纤网络设备的连接及安装图。

（6）设备布置和安装图，包括设备尺寸和安装尺寸。

（7）设备连接的端子排图包括与招标人设备接口的端子排。

（8）微机监控系统所有设备清单，包括设备型号、技术参数、性能数据及参数。

（9）微机监控系统各种硬件的配置说明书，系统监控与操作功能规范书。

（10）微机监控系统各种软件程序说明书。

（11）提供与各级调度的通信接口，以及投标设备的接口。

（12）所有产品合格证、使用说明书、出厂检验报告。

（13）防爆产品应提供安标资质。

（14）投标人认为必须提供的图纸和说明。

招标人有权对供货设备的投标人图纸提出修改意见，对此招标人不承担任何附加费用。投标人应按招标人意见进行针对性的修改。在收到招标人对图纸的最终认可之前，投标人因提前采购材料或加工制造而发生的任何风险和损失由投标人自行承担。图纸经招标人认可，并不能解除投标人对其图纸的适用性、完整性和正确性应负的责任。

3. 投标人随货提供的成品图纸及文件

投标人提供正式图纸资料_____套，发货前寄来_____套，随机_____套。

投标人用光盘提供一套上述完整资料，其中文字性资料用 Word（A4）文档编存，图用 CAD 软件制作。包括产品合格证明书或文件、储存和装卸说明书（可靠地扎牢在装运设备的外部）、产品各种出厂试验报告，以及产品的各种成品图，包括系统结构图、柜内接线图、原理接线图、柜面布置图、端子排图、设备清册、图例说明等。

4. 招标人向投标人提供的技术资料

招标人向投标人提供的技术资料主要包括 I/O 测点清单、各种画面底图、打印表格、控制约束条件、操作票文本、通信接口规约、统计计算的要求等。

5. 图纸资料的移交

设备供货时提供成套设备清单，备品备件清单，专用工具清单，其他技术资料，使用说明书及外购件合格证，每样资料6套。

投标人用磁盘（或光盘）提供一套上述完整的图纸资料，其中文字性资料用 Word（A4）文档编存，图用 CAD 软件制作、保存。

6. 售后服务的要求

投标人必须向招标人承诺提供技术后援支持，为今后用户系统中的主要设备、软件和系统功能扩充提供一年的技术支持服务（包括一年现场支持）。服务的内容应包括（但不限于）热线电话支持、现场服务、设备维修与更换、系统故障报告和预防、软件版本升级与增强、后期技术培训、备品与备件服务等。投标人在应答时应详细阐述技术支持的内容与范围。

13.5.3　产品保修要求

投标人必须承诺向标书中的所有网络设备和相关软件提供为期一年（12 个月）的免

费保修服务，自双方代表在验收单上签字之日起计算。保修期内，投标人负责对其提供的设备进行维修，不收取额外费用。

13.5.4　培训要求

人员培训作为项目实施的一个重要环节，对整个项目至关重要。投标人应负责对招标人技术人员进行项目技术培训，培训目标是使矿方技术人员能够完全掌握系统正常情况下的日常运行维护和简单故障排除等。

培训内容应至少包括：针对投标设备的技术基础培训，实施技术方案培训，各设备、软件的安装、配置、使用和维护培训等。系统运行主要负责人、操作人员应能参加本项目模拟系统的培训，培训具体形式应至少包括基础理论培训和现场实践技能培训两种。

对于提供的所有培训，投标人必须保证师资力量，主要培训教员应有相应的专业资格和实际工作经历并至少有 5 年的教学经验。所有培训必须使用中文教学，否则投标人必须免费提供相应的翻译。

投标人在应答时应详细制定人员培训方案，培训方案应包括培训目的、培训时间安排、人员、教材内容、培训课程安排、培训师资情况，培训组织方式及培训考试内容等，直至参加培训人员考试成绩合格为止。

参 考 文 献

[1] 荣福升. 数字技术在露天矿采剥场验收测量中的应用 [M]. 露天采矿技术, 2010, (3).

[2] 黄明. 露天矿优化设计方法 [J]. 世界采矿快报, 2000, (3).

[3] 戴立新, 张万超, 赵志杰. 露天矿出矿构成与配矿方案的优化采矿技术 [J]. 中国矿业, 2001, (3).

[4] 魏长长. 浅析采矿软件系统在露天采矿中的应用 [J]. 甘肃冶金, 2010, (5).

[5] 巫瑞良. 影响露天采矿成本的因素与控制方法 [J]. 露天采矿技术, 2010, (3).

[6] 张维国, 杨志勇, 孙效玉. 露天矿 GPS 卡车调度系统数据流处理方法 [J]. 地理信息世界, 2008, (5).

[7] 喻春华, 王宁. 数字露天矿的建设 [J]. 科技致富向导, 2010, (24).

[8] 吴文君, 井石滚, 顾清华. 基于 WiFi 技术的露天矿数字化生产调度系统 [J]. 金属露天矿, 2010, (8).

[9] 毕林. 数字采矿软件平台关键技术研究 [D]. 中南大学, 2010.

[10] G. S. 托马斯, 李钟学, 李显靖. 露天矿优化设计及生产计划的现状与发展趋势 [J]. 国外金属露天矿, 1998, (3).

[11] 刘明, 宋子光, 霍燕斌. 胜利露天煤矿 GPS 车辆智能调度系统的应用研究 [J]. 露天采矿技术, 2010, (3).

[12] 张春雷, 刘学军. GPS 技术在露天矿中的应用 [J]. 江西有色金属, 2008, (4).

[13] 杨志勇, 何帅, 等. 露天矿卡车调度系统在安全生产中的应用 [J]. 露天采矿技术, 2011, (1).

[14] 姚再兴, 刘海娟, 白润才. 一种露天矿卡车实时调度算法 [J]. 露天采矿技术, 2007, (2).

[15] 郝全明, 陈丽林, 孟祥铭. 露天矿生产车辆调度的最优化选择 [J]. 露天采矿技术, 2011, (1).

[16] 李克民, 王树忠, 曾昭红, 等. 露天矿生产信息综合处理系统 [J]. 中国矿业大学学报, 2000, (5).

[17] 张峰. 露天矿生产计算机调度系统的分析探讨 [J]. 广西大学学报 (自然科学版), 2001, (3).

[18] 高建敏, 张新光. 信息技术在三道庄露天矿中的应用 [J]. 有色金属 (露天矿部分), 2010, (3).

[19] 视频监视升温 IP 摄像机/服务器将成主流 [J]. 安防科技, 2006, (12).

[20] 孙效玉, 宋守志. 露天矿卡车优化调度系统实时调度方法 [J]. 金属露天矿, 2005, (8).

[21] 汤应. 矿产资源称量过磅系统的设计与实现 [D]. 电子科技大学, 2010.

[22] 陈勇, 郭丽. 车辆管理中 GPS 监控系统的研究与应用 [J]. 科技创新导报, 2011, (5).

[23] 姚再兴, 刘海娟. 遗传算法在大型露天矿卡车优化调度中的应用 [J]. 露天采矿技术, 2007, (3).

[24] 张金山, 孙晶, 刘业娇, 等. 露天矿安全管理信息系统模块结构研究 [J]. 有色金属 (露天矿部分), 2011, (4).

[25] 董红娟. 露天矿卡车调度系统关键技术分析 [J]. 科技创新导报, 2010, (10).

[26] 张新光, 方伟. 露天矿无线视频监视技术及实践 [J]. 采矿技术, 2010, (3).

[27] 孙庆山. 设备管理信息化 (EAM) 系统在露天矿应用 [J]. 露天采矿技术, 2011, (3).

[28] 赵志明, 丁雷. 煤炭企业设备管理信息化的几个问题 [J]. 中国煤炭, 2004, (12).

[29] 吴立新, 殷作如, 邓智毅, 等. 论 21 世纪的露天矿——数字露天矿 [J]. 煤炭学报, 2000, (4).

[30] 张幼蒂. 露天采矿系统工程 [M]. 北京: 煤炭工业出版社, 1989.

[31] 吴立新. 数字地球、数字中国与数字矿区 [J]. 露天矿测量, 2000, (1).

[32] 宁永香, 安润莲. 建立数字城市、数字矿区和地理信息系统 [J]. 东北测绘, 2002, (2).

[33] 何天贵. 露天矿采剥计划智能决策方法初步研究与应用 [D]. 武汉科技大学, 2005.

[34] 朱孟忠, 刘鹤, 王福军. 大屏幕显示系统的设计 [J]. 电脑编程技巧与维护, 2009, (S1).

［35］王守言，雷波涛．大屏幕显示系统［J］.智能建筑，2008，（11）.

［36］李卫国，潘国杰．煤矿多媒体光纤工业电视监控系统［J］.山西煤炭．2000，（1）.

［37］冯宁一．视频会议系统设计与应用［J］.黑龙江科技信息2011，（2）.

［38］王永利，姜波．露天矿排土场边坡监测及稳定性判别［J］.露天采矿技术．2015，（10）.

［39］于泓．IBIS－M系统在露天矿边坡监测的应用［D］.中国地质大学硕士论文，2012，（5）.

［40］唐芬，郑颖人．强度储备安全系数不同定义对稳定系数的影响［J］.土木建筑与环境工程，2009，（6）.

［41］谢斌．高台阶排土场边坡稳定性分析及灾害防治研究［D］.北京科技大学硕士论文，2005，（5）.

［42］王文喜．黄土基底排土场边坡稳定性分析与评价［D］.辽宁工程技术大学．2006，（12）

［43］田冬梅，蒋仲安．中外粉尘监测技术的比较［J］.金属矿山，2008，（7）.

［44］陈玉，刘超．露天矿地面生产系统粉尘治理方案［J］.露天采矿技术，2015，（1）.

［45］白润才，白羽．浅谈露天矿粉尘防治［J］.露天采矿技术，2013（4）.

［46］姚海飞，金龙哲．基于全工班的煤矿呼吸性粉尘特点的研究［J］.中国安全科学学报，2009，（1）.

［47］赵彤宇，刘生玉，等．矿井粉尘监控和高效治理技术的研究与应用［J］.煤矿开采，2010，（10）.

后　　记

对于露天矿建设方而言，信息化建设不是很重要的工程，因为它不像生产系统，不直接产生经济效益。有钱就做，没钱暂缓；钱多就多做，钱少就少做。即使多上马一些信息化工程项目，其投资也仅占整个建矿总投资的3%～5%，比例不高。但是，信息化建设又是必须、必要、必上的项目，因为它是必不可少的"管、控、监"工具，可以提高企业的生产、经营、管理、决策效率和水平，从而提高企业经济效益和提升企业核心竞争力。

对于露天矿信息化工程集成商、生产商而言，信息化听起来是一种高大上的行业：从业者学位高、数量众多；整个行业技术水平高，工资待遇高；露天矿对设备的防爆要求不高，可以将世界上最先进、成熟的技术应用于信息化建设中，利用先进技术拉开技术档次和服务距离。

工程承包方内心的甘苦只有自己清楚，矿山信息化系统装备产能过剩，竞争激烈，食之无味，弃之可惜。工程招标往往是低价中标，大家拼刺刀拼得血淋淋的，造成饿死同行、累死自己、坑死甲方的后果。

对于从事信息化技术研究、开发、教学的科技教育工作者来说，信息化工程是一个令人爱恨交加的领域。技术发展日新月异，三天不学习，就赶不上时代的步伐。露天矿信息化工程彰显度高，可以把最先进的技术，比如互联网、物联网、云计算、大数据、虚拟现实技术、全球定位系统、北斗卫星导航系统等综合应用到工程建设中，是一个最容易出彩、最容易获得工作满足感、自豪感的领域。

近几年，我国经济下行压力较大，煤炭和矿产资源市场不景气，矿山企业经济效益大幅下滑，信息化建设也遭遇瓶颈。因此，我们需要实施创新驱动发展战略，发挥科技创新的支撑和引领作用。

笔者作为一个从事信息化技术研究、开发、教学的高校老师有一种感觉：如果不紧跟上这个时代的变革就会在一恍惚间被甩出它的轨道。在中国经济转型的关键期，在新的历史转折点上，我们必须有所作为！

图书在版编目（CIP）数据

露天矿信息化建设/李文峰，李文娟，王斌编著. --北京：煤炭工业
出版社，2017

ISBN 978 - 7 - 5020 - 5581 - 3

Ⅰ.①露… Ⅱ.①李… ②李… ③王… Ⅲ.①露天矿—信息化建设
Ⅳ.①TD804 - 39

中国版本图书馆 CIP 数据核字（2016）第 294229 号

露天矿信息化建设

编　　著	李文峰　李文娟　王　斌
责任编辑	成联君
责任校对	高红勤
封面设计	王　滨

出版发行　煤炭工业出版社（北京市朝阳区芍药居 35 号　100029）
电　　话　010 - 84657898（总编室）
　　　　　010 - 64018321（发行部）　010 - 84657880（读者服务部）
电子信箱　cciph612@ 126. com
网　　址　www. cciph. com. cn
印　　刷　北京建宏印刷有限公司
经　　销　全国新华书店

开　　本　787mm×1092mm$\frac{1}{16}$　印张　16$\frac{1}{4}$　字数　385 千字
版　　次　2017 年 1 月第 1 版　2017 年 1 月第 1 次印刷
社内编号　8444　　　　　　定价　48.00 元